Материалы II международной научно-практической конференции

Наука в современном информационном обществе

7-8 ноября 2013 г.

Москва

УДК 4+37+51+53+54+55+57+91+61+159.9+316+62+101+330

ББК 72

ISBN: 978-1494216825

В сборнике представлены материалы докладов II международной научно-практической конференции   " Наука в современном информационном обществе "

Все статьи представлены в авторской редакции.

© Авторы научных статей

Содержание

Архитектура

Истомина С.А.
ЭНЕРГОИНФОРМАЦИОННЫЙ СИНТЕЗ АРХИТЕКТУРНО-ГРАДОСТРОИТЕЛЬНЫХ АГРЕГАЦИЙ 1

Биологические науки

Ермолаева С.В., Столбовская О.В., Фролова О.В., Семенова Е.В.
ВЛИЯНИЕ МИНЕРАЛЬНОГО СОСТАВА ВОДЫ НА МОРФОМЕТРИЧЕСКИЕ ПОКАЗАТЕЛИ КРОВИ БЕЛЫХ МЫШЕЙ В ЭКСПЕРИМЕНТЕ 4

Ветеринарные науки

Гугушвили Н.Н., Коростелева Л.А., Литвинова А.Р., Сердюченко И.В., Гугушвили В.М., Герасюкова Е.В., Баженов Д.С.
КОНЦЕНТРАЦИЯ СВОБОДНЫХ АМИНОКИСЛОТ В ОРГАНАХ И ТКАНЯХ СВИНЕЙ ПРИ МЕТАСТРОНГИЛЕЗЕ 13

Шевченко А.А., Джаилиди Г.А., Черных О.Ю.
КЛИНИЧЕСКОЕ ПРОЯВЛЕНИЕ И ПАТОМОРФОЛОГИЧЕСКИЕ ИЗМЕНЕНИЯ ПРИ АФРИКАНСКОЙ ЧУМЕ СВИНЕЙ В КРАСНОДАРСКОМ КРАЕ 16

Шевченко А.А., Зеркалев Д.Ю., Шевченко Л.В., Левченко Т.В., Горпинченко Е.А.
ЭПИЗООТИЧЕСКАЯ СИТУАЦИЯ ПО ИНФЕКЦИОННЫМ БОЛЕЗНЯМ КРОЛИКОВ В КРАСНОДАРСКОМ КРАЕ 19

Геолого-минералогические науки

Акулова В.В., Рященко Т.Г., Мокрицкая Т.П., Самойлич К.А.
МИКРОСТРУКТУРА ЛЕССОВЫХ ГРУНТОВ СРЕДНЕГО ПРИДНЕПРОВЬЯ (УКРАИНА) 22

Рубцова М.Н.
ОЦЕНКА ГЕОЭКОЛОГИЧЕСКОГО СОСТОЯНИЯ ЭОЛОВЫХ ПЕСЧАНЫХ МАССИВОВ БАЙКАЛЬСКОГО РЕГИОНА 28

Искусствоведение

Медвидь Т.А.
НАЦИОНАЛЬНЫЕ ЛИТЕРАТУРНЫЕ ОБРАЗЫ В УКРАИНСКОМ БАЛЕТНОМ ИСКУССТВЕ 32

Медицинские науки

Романюк С.Н., Дакенова К.Т., Ахмад Н.С.
ОСНОВНЫЕ АСПЕКТЫ РАЗВИТИЯ ПОЛОСТИ РТА 36

Содержание

Марянян А.Ю., Колесникова Л.И., Протопопова Н.В.
СИСТЕМА ПЕРЕКИСНОГО ОКИСЛЕНИЯ ЛИПИДОВ У БЕРЕМЕННЫХ, УПОТРЕБЛЯЮЩИХ АЛКОГОЛЬ 40

Марянян А.Ю., Колесникова Л.И., Протопопова Н.В., Королькова Т.П.
АЛКОГОЛЬНОЕ ПОВЕДЕНИЕ СТУДЕНТОВ 4 КУРСА ИРКУТСКОГО ГОСУДАРСТВЕННОГО УНИВЕРСИТЕТА 46

Аракельян Р.С., Аракельян А.С., Егорова Е.А., Заплетина Н.А., Филиппова В.М., Стулов А.С., Воробьева А.Н., Глебова А.А., Кузьмичев Б.Ю., Демченко Е.Н., Кочергина Г.А., Остапенко Е.А., Каплун А.А., Павлий Ю.С., Втехина Е.М., Гасанова Р.К., Гасанов Н.Г.
СОВРЕМЕННАЯ СИТУАЦИЯ ПО ДИРОФИЛЯРИОЗУ ЧЕЛОВЕКА В АСТРАХАНСКОЙ ОБЛАСТИ 54

Кантемиров М.Р., Байбусинов Э.У.
ЭПИДЕМИОЛОГИЧЕСКИЕ ОСОБЕННОСТИ САЛЬМОНЕЛЛЕЗОВ В РЕСПУБЛИКЕ КАЗАХСТАН........ 57

Науки о земле

Филинков Л.И., Застоин М.В. ОПЫТ ВНЕДРЕНИЯ СОЛНЕЧНЫХ НАГРЕВАТЕЛЕЙ (ГЕЛИОКОЛЛЕКТОРОВ) В СПОРТИВНЫХ КОМПЛЕКСАХ.. 60

Блужина А.С., Бегдай И.В.
К ВОПРОСУ ОБ ЭКОЛОГИЧЕСКИХ РИСКАХ ДЛЯ МАЛЫХ РЕК СТАВРОПОЛЬСКОГО КРАЯ 64

Педагогические науки

Захарова Н.И., Петрова О.И.
РАЗРАБОТКА ГЕОИНФОРМАЦИОННОЙ ПОДСИСТЕМЫ «КАРТА-СКФУ» 67

Терешенко Н.В.
ЭСТЕТИЧНОЕ ВОСПИТАНИЕ ШКОЛЬНИКОВ СРЕДСТВАМИ БАЛЬНОЙ ХОРЕОГРАФИИ В УЧЕБНЫХ ЗАВЕДЕНИЯХ СОВЕТСКОЙ УКРАИНЫ 70

Храмов В.В., Голубенко Е.В.
СМЫСЛОДИДАКТИЧЕСКОЕ МОДЕЛИРОВАНИЕ В ОРГАНИЗАЦИИ УЧЕБНОГО ПРОЦЕССА СОВРЕМЕННОГО ВУЗА 74

Прыткова Е.Г., Сурнина С.В., Козлов И.В., Сурнин А.В.
ПУТИ СОВЕРШЕНСТВОВАНИЯ МЕТОДИКИ ОБУЧЕНИЯ ПЛАВАНИЮ СТУДЕНТОВ ВОЛГГТУ 77

Голик А.Б.
ПЕДАГОГИЧЕСКОЕ МАСТЕРСТВО РУКОВОДИТЕЛЯ УЧЕБНЫМ ЗАВЕДЕНИЕМ КАК СОСТАВЛЯЮЩАЯ ЕГО ПРОФЕССИОНАЛИЗМА 80

Кривилева Е.А.
ИСПОЛЬЗОВАНИЕ АКМЕОЛОГИЧЕСКОГО ПОДХОДА В ПРОФЕССИОНАЛЬНОЙ ПОДГОТОВКЕ БУДУЩИХ ПРЕПОДАВАТЕЛЕЙ ПРОФЕССИОНАЛЬНО-ТЕХНИЧЕСКИХ УЧЕБНЫХ ЗАВЕДЕНИЙ 84

Содержание

Крыжко В.В.
ЭМЕРДЖЕНТНЫЕ СТРАТЕГИИ В УПРАВЛЕНИИ УНИВЕРСИТЕТОМ 87

Старокожко О.Н.
СТРАТЕГИИ НАЦИОНАЛЬНОЙ РАМКИ КВАЛИФИКАЦИЙ УКРАИНЫ В СИСТЕМЕ ВЫСШЕГО ОБРАЗОВАНИЯ 91

Тильчарова К.О.
ИНФОРМАЦИОННОЕ ОБЕСПЕЧЕНИЕ АКАДЕМИЧЕСКОЙ ЧЕСТНОСТИ 98

Покидова В.А.
ФОРМИРОВАНИЕ ПРОФЕССИОНАЛЬНЫХ ПЕДАГОГИЧЕСКИХ КОМПЕТЕНЦИЙ СТУДЕНТОВ КАК ЗАЛОГ УСПЕХА В БУДУЩЕЙ ПРОФЕССИОНАЛЬНОЙ ДЕЯТЕЛЬНОСТИ 101

Лукина Л.Б., Резенькова О.В., Шаталова И.Е., Троценко Н.Н.
ОСОБЕННОСТИ ПЛАНИРОВАНИЯ ОБРАЗОВАНИЯ В ОБЛАСТИ ФИЗИЧЕСКОЙ КУЛЬТУРЫ СТУДЕНТОВ СПЕЦИАЛЬНЫХ МЕДИЦИНСКИХ ГРУПП 104

Психологические науки

Башанаева Г. Г.
КОМПОНЕНТЫ, ХАРАКТЕРИЗУЮЩИЕ РАЗВИТИЕ САНОГЕННОГО МЫШЛЕНИЯ 107

Вискалин Я.А., Забегалина С.В.
ЭМОЦИОНАЛЬНЫЙ СТРЕСС, ПРИЧИНЫ ВОЗНИКНОВЕНИЯ 112

Чигарькова А.В., Забегалина С.В.
СТРЕСС КАК ОСНОВНОЙ ФАКТОР ДЕЯТЕЛЬНОСТИ В ОСОБЫХ УСЛОВИЯХ 115

Хафизова Л., Калинина Н.В.
ОСОБЕННОСТИ УДОВЛЕТВОРЕННОСТИ БРАКОМ В СЕМЬЯХ С РАЗЛИЧНЫМИ СТРАТЕГИЯМИ ПОВЕДЕНИЯ В КОНФЛИКТАХ 118

Куксо П.А., Слепец Е.В., Куксо О.Г.
НЕЙРОПСИХОЛОГИЧЕСКИЕ ОСОБЕННОСТИ РАЗВИТИЯ ПРАКСИСА И ТАКТИЛЬНОГО ГНОЗИСА ДЕТЕЙ МЛАДШЕГО ШКОЛЬНОГО ВОЗРАСТА С ЗПР И С НОРМАЛЬНЫМ ПСИХИЧЕСКИМ РАЗВИТИЕМ 123

Минигалиева М.Р.
СОЦИАЛЬНО-ПСИХОЛОГИЧЕСКАЯ КОМПЕТЕНТНОСТЬ: ИНТЕГРАТИВНАЯ МОДЕЛЬ 127

Сельскохозяйственные науки

Казанцева Н.П., Краснова О.А., Овчинников О.П.
ХИМИЧЕСКИЙ СОСТАВ И ТЕХНОЛОГИЧЕСКИЕ СВОЙСТВА МЯСА ГИБРИДНЫХ СВИНЕЙ 132

Содержание

Котляров В.В., Донченко Д.Ю., Котляров Д.В., Рединина Н.В.
ЭКОЛОГИЗАЦИЯ И БИОЛОГИЗАЦИЯ СЕЛЬСКОГО ХОЗЯЙСТВА НА ПРИМЕРЕ ТЕХНОЛОГИИ ПРОИЗВОДСТВА И ПРИМЕНЕНИЯ БАКОВОГО СРЕДСТВА ДЛЯ ЗАЩИТЫ РАСТЕНИЙ ОТ БОЛЕЗНЕЙ И НАСЕКОМЫХ-ВРЕДИТЕЛЕЙ 135

Технические науки

Ушаков Л.С., Красько М.В.
ОБЗОР РАЗРАБОТОК ПО СОЗДАНИЮ МАШИН ДЛЯ ИМПУЛЬСНЫХ ТЕХНОЛОГИЙ 138

Nagayka M.A.
TECHNOLOGY AND EQUIPMENT FOR SOIL DECOMPRESSION 144

Затинацкий С.В., Михеева О.В.
ИССЛЕДОВАНИЕ ГИДРОДИНАМИЧЕСКОЙ АВАРИИ ВОДОХРАНИЛИЩ МАЛЫХ РЕК САРАТОВСКОГО ЗАВОЛЖЬЯ (НА ПРИМЕРЕ ЧАПАЕВСКОГО ВОДОХРАНИЛИЩА САРАТОВСКОЙ ОБЛАСТИ) 150

Zatinatsky C.V., Mikheyeva O.V. RESEARCH OF HYDRODYNAMIC ACCIDENT RESERVOIRS OF THE SMALL RIVERS OF THE SARATOV ZAVOLZHYE (ON THE EXAMPLE OF CHAPAYEVSKYS RESERVOIR OF THE SARATOV REGION) 153

Кашарина Т.П., Кашарин Д.В.
КОНСТРУКЦИИ ИЗ КОМПОЗИТНЫХ (ПОЛИМЕРНЫХ) МАТЕРИАЛОВ В СТРОИТЕЛЬСТВЕ 156

Клименко М.Ю.
СОВРЕМЕННЫЙ ПОДХОД К ОПРЕДЕЛЕНИЮ ИНТЕГРАЛЬНОЙ ЗНАЧИМОСТИ ЭКОЛОГИЧЕСКОЙ БЕЗОПАСНОСТИ ЗДАНИЙ И СООРУЖЕНИЙ 160

Скибин Е.Г.
ПРИМЕНЕНИЕ МОДЕЛИ КРИТИЧЕСКОГО СОСТОЯНИЯ ГРУНТА ДЛЯ РАСЧЕТА НЕСУЩЕЙ СПОСОБНОСТИ ВИСЯЧИХ СВАЙ 163

Приходько А.П.
ЭКСПЕРИМЕНТАЛЬНЫЕ ИССЛЕДОВАНИЯ ГРУНТОАРМИРОВАНЫХ КОНСТРУКЦИЙ 167

Физико-математические науки

Обласова И.Н., Ширяева Н.В., Агаханова Я.С.
АКТУАЛЬНОСТЬ ПРИМЕНЕНИЯ ИНТЕГРАЛА РИМАНА—СТИЛТЬЕСА В МОДЕЛИРОВАНИИ СИНГУЛЯРНО ЗАКРЕПЛЕННОЙ КОНСОЛИ 170

Филологические науки

Сагирян И.Г.
СВОБОДНОЕ ПРИСОЕДИНЕНИЕ КАК СПОСОБ СВЯЗИ ВСТАВНОЙ РЕМАРКИ С ВКЛЮЧАЮЩИМ КОНТЕКСТОМ 174

Содержание

Кунилова И.А., Вершинина Т.С.
ЯЗЫКОВЫЕ СРЕДСТВА ВНУТРИКОРПОРАТИВНОЙ КОММУНИКАЦИИ 177

Фатыхова М.Х.
КУЛЬТУРНО-ПРОСВЕТИТЕЛЬСКИЕ ПРОГРАММЫ ТЕЛЕВИДЕНИЯ В МЕДИАПРОСТРАНСТВЕ РЕГИОНА 180

Философские науки

Лукина Н.П.
НАУКА В ИНФОРМАЦИОННОМ ОБЩЕСТВЕ: СОСТОЯНИЕ И ПЕРСПЕКТИВЫ ФИЛОСОФСКОГО АНАЛИЗА 186

Шабатура Л.Н., Тарасова О.В.
ФИЛОСОФИЯ НАУКИ И ТЕХНИКИ В СОВРЕМЕННОМ ИНФОРМАЦИОННОМ ОБЩЕСТВЕ 193

Михайлов Е.П., Михайлов А.П., Михайлова Н.П.
АЛГОРИТМ РАВНОВЕСИЯ МИРА КАК ФАКТОР ОПТИМИЗАЦИИ НАУЧНОЙ СИСТЕМЫ ДЛЯ ГАРМОНИИ ОБЩЕСТВА 197

Химические науки

Очередко Ю.А., Бычкова А.А., Алыков Н.М.
МОДЕЛИРОВАНИЕ ПРОЦЕССОВ ВЗАИМОДЕЙСТВИЯ ФЕНОЛА СО СТРУКТУРНЫМИ ЭЛЕМЕНТАМИ КЛЕТОЧНОЙ МЕМБРАНЫ 201

Экономические науки

Влезкова В.И.
ОЦЕНКА И УЧЕТ КРЕДИТНЫХ РИСКОВ КАК ФАКТОР РОСТА КОНКУРЕНТОСПОСОБНОСТИ РОССИЙСКИХ КОММЕРЧЕСКИХ БАНКОВ 208

Лабунова Е.Д.
СОВРЕМЕННЫЕ ТЕНДЕНЦИИ РЫНКА ИНТЕЛЛЕКТУАЛЬНОЙ СОБСТВЕННОСТИ И ПЕРСПЕКТИВЫ РАЗВИТИЯ РОССИИ 214

Иванова Е.С.
ОЦЕНКА ОЖИДАЕМОГО ЭФФЕКТА ПРОЕКТА С УЧЕТОМ КОЛИЧЕСТВЕННЫХ ХАРАКТЕРИСТИК НЕОПРЕДЕЛЕННОСТИ 218

Куликов С.В., Тихонов Р.С.
ИСПОЛЬЗОВАНИЕ МЕЖДУНАРОДНЫХ СТАНДАРТОВ ФИНАНСОВОЙ ОТЧЁТНОСТИ ПРИ ОЦЕНКЕ СТОИМОСТИ ПРЕДПРИЯТИЙ 222

Ташлыкова Т.А., Лукьянова Е.А., Петров А.Л.
ПРИРОДНО-РЕСУРСНЫЙ ПОТЕНЦИАЛ УСТЬ-ИЛИМСКОГО РАЙОНА В ИННОВАЦИОННОМ РАЗВИТИИ ИРКУТСКОЙ ОБЛАСТИ 225

Содержание

Михайлова М.В., Ваулина К.В., Белькова Е.А., Деркачева М.С.
ТИПОВАЯ БИЗНЕС-МОДЕЛЬ ЦЕНТРА ЭЛЕКТРОННОГО БИЗНЕСА В ВУЗЕ-УЧАСТНИКЕ ПРОЕКТА ECOMMIS 228

Губарь Л.Н.
КОМПЛАЕНС-КОНТРОЛЬ И МАТЕМАТИЧЕСКИЕ МЕТОДЫ В ЦЕЛЯХ МИНИМИЗАЦИИ РИСКОВ УСТОЙЧИВОГО РАЗВИТИЯ ВУЗА 235

Моглячев А.В.
ЗАВИСИМОСТЬ СТОИМОСТИ ОБСЛУЖИВАНИЯ СИСТЕМ ЖИЗНЕОБЕСПЕЧЕНИЯ ОТ ТИПА КОМПЛЕКСНОЙ ЖИЛИЩНОЙ ЗАСТРОЙКИ ТЕРРИТОРИИ 238

Трунина О.Ю.
РОЛЬ ИНФОРМАЦИОННЫХ ТЕХНОЛОГИЙ В ЛОГИСТИКЕ 244

Леднёва Ю.А., Наголова А.Д.
ФУНКЦИОНИРОВАНИЕ РЫНКА ВИНОГРАДОВИНОДЕЛЬЧЕСКОЙ ПРОДУКЦИИ В СТАВРОПОЛЬСКОМ КРАЕ 246

Yakushenko K.V.
COMMON INFORMATION SPACE: THEORETICAL APPROACHES TO CONCEPT CONTENT 249

Semak H.A.
COUNTRIES-MEMBERS OF THE CUSTOMS UNION : THE STATE OF TRADE POLICY 252

Шаповалова С.А., Коновалова И.А.
РОЛЬ ЧЕЛОВЕЧЕСКОГО КАПИТАЛА В ПРОФЕССИОНАЛЬНОМ ОБРАЗОВАНИИ 256

Шипилова М.В.
СОЦИАЛЬНЫЙ КАПИТАЛ В КОНТЕКСТЕ ПРОБЛЕМ РАЗВИТИЯ ПОСТ ТРАНСФОРМАЦИОННЫХ ЭКОНОМИК 260

Истомина С.А.
доцент, кандидат архитектурных наук,
Институт архитектуры и дизайна
Сибирского федерального университета

ЭНЕРГОИНФОРМАЦИОННЫЙ СИНТЕЗ АРХИТЕКТУРНО-ГРАДОСТРОИТЕЛЬНЫХ АГРЕГАЦИЙ

Энергоинформационный синтез архитектурно-градостроительных агрегаций консолидирует органогенные метаморфические иродизации субдукционных сейсмопирокинезов очаговых эпицентрических экстремомагнитуд. Фокальные стереогравитационные пирокинезы вирулентно диссипатируют стетохрональные патогенные иродизационные гравиосингуляционные плазмические реасаградации. Колонизация месопативных стратопаракоагуляций герменевтическими спородиями вызывает эпикризисные корофлегматические синхроны гематической аутофизарии.

Архитектурно-градостроительные анизотропные реверберации поглощают иродизационные сапфорические гемафотонные аэросинкразии. Появляются липогематические фороспекции археологических консерваций антропогенетического мезофосфолита. Гравитационные плезиобинокулярные синхронизации плеврально-магматических экстрагеракоронаций формируют дублирующие ассимилятивные изометрические пангеотические координатно-пространственные гомеостатические топографии.

Топографические изометрии фосфорисцируют корорегрессивные аксонопульсационные эхофракталы плезиорудного идиоматического коррелята. Складывается энергоинформационный синтез пангеотической меланомы и архитектурно-градостроительных ассимиляций мезолитических экстракоронарных дистилляций. Фибральная плезиоконсервативная субдукция аксоносингуляционной стетофонической эхолокации регенерирует аксоматические топохрональные анабиозы катасонической реставрации. Многоуровневые гравитационные рестагнации плезиоконсервативного аудита синхронизируют плевральную аккомодацию магматических и синтропических поросингуляционных физофоролепсий.

Архитектурно-градостроительные агрегации топографической координатно-пространственной мезопорозии функционируют как либрационно-герменевтические ксилоадгезии коронарной стетохронации. В результате формируется территориальный высокочастотный портационный эхосингуляр мезоквантового эпилострата. Эпилострат регенерирует биосингуляционные мелатонические рекурсивные меновозвратные голоцены гравитационного уникода. Складывается унисонная диспория урбаногеологической метаформации. Эпизодическая диспропорция рекурсивных и пангеотических резоконстелляций побуждает к аннигиляционным реляциям со стороны плезиоконсервативных анабиотов. Аннигиляционные форстрации резолютируют постфрактальный пространственный архитектонический флекс соматогенеративной плагиоксилорефракции. Анабиотические липогематические циррозы катасонируют мнемофрактальными архитектурно-градостроительными тетрапандеозами.

Тетрапандеозы репликативно инвертируют гормональный сингулярный парасигнатурный эпостаз в коронарную дистилляцию мелатонической афазии ревитализационной панспермии. Принудительно воспроизводится плагиоинверсионный пирокинез ферромагнитудных диссимиляций аутофизарных дистоний. Начинаются агрегативные порфиро-осциллятивные архитектурно-гомеостатические инвертации полисомной феноменохолии. Пангеотическая сейсмосубдукционная активность синхронизируется с гравитационной координатно-эпилостратной акупунктурой реберационной аксоностронгуляции.

Архитектурно-градостроительные агрегации аксономируют пироплазмические сетевые транспортации информационных гелиохронов. Индивидуальность трансляционных коммутаций зависит от семиотических идентификаций архитектонических партитур. Корпоративный гомеостаз транскрипционных изофлексий устанавливает симбиотические герменевтические эпостили архитектурных номинаций.

Архитектурные номинации синтезируют голоценные симбиозы мнемофрактальной семиотики. Креоценные патнегенезные эволюционные модерации филосемантируются в пангеотической креософии курватурными андротиями. Эпилостратные изофлексии гармонизируют митохондриальный спелекаунт. Устанавливается гомеостатический баланс физиолептической органогенной филозотропии и антропогенетической сингулярно-ноотической диспории.

Мнемофрактальный абсогуморальный палеоноз дифференцирует липогематические систоляции архитектурно-градостроительных агрегаций в пределах координатно-пространственных трансхолий сингулярных апофикаций гемародных антропогенезов. Систолическая аккомодация кроссинговерных эпилостратных гармонизаций коутируется (проявляется в физиогормональных пеленгациях) через трансполяционный герменевт рибосомных индукций. Смена эпостилей регламентирует гемареконический транскирт физопростильных экспономий аутосоматических рекомбинаций.

Нарушение кадастровых архитектурно-градостроительных гармонизаций влечет за собой энергетический дисбаланс антропогенетических комплементаций биолого-геологических синтропий. Ремиссионные процессы инволютируют псигенеративные стратоинновационные реконсолидации бифокационных реминисценций. Наступает периодическая постмодернистская плюралистическая анимация эпостилей архитектонических мелатонов. Происходит гносеологический апофикационый синтез полистилистических гемареконических семиотических хронаций. Устанавливается коммутационная ноостратическая псигенеративная спектрофенотипия антропогенезиса.

Фрактальная диспория архитектурно-градостроительных номинаций герасоматирует анабиотические эхолокации герменевтических трансгенных поляризаций. Плюралистическая синкразийная биопатогенная систоляция анимирует градо-пространственные бифокации архитектонических партитур в комплементарной анизотропии. Восстанавливается гомеостаз архитектурно-градостроительных агрегаций.

Литература

1. Истомина С.А. Гориклаустмониторграммы бифуркаций//The third planet from the Sun: modern theories and research practice in the field of Earth and Space sciences: Materials digest of the L International Research and Practice Conference and I stage of the Championship in Earth and Space sciences (London, May 21-May 26, 2013). – London: IASHE.– 2013.– P.80-82.

2. Истомина С.А. Энергоинформационные системы экосов и архитектура/ С.А.Истомина //Актуальные проблемы гуманитарных и естественных наук. М.: № 03(50) март 2013. С.41-45.

3. Истомина С.А. Эпигенетические герафобные транзакции информационной полисомы урбаногеобиологических структур/ С.А.Истомина //Актуальные проблемы гуманитарных и естественных наук. М.: № 04(51) апрель 2013. С.423-432.

4. Попова Н.В. Пространственная дифференциация экосистем по диагностическим параметрам напочвенных органогенных горизонтов ландшафтной сферы: монография/ Н.В.Попова.- М.: Камертон, 2012.

5. Istomina S.A. Information Field of a Town // Journal of Siberian Federal University. Humanities & Social Sciences 5 (2012 5) 638-646.

6. Robert, Paul. Organic metamorphism and geothermal history Microscopic study of organic matter a.thermal evolution of sedimentary basins/Paul Robert. Метаморфические процессы в органогенных горных породах. – Dordrecht etc.: Reidel, Cop. – 1988.

Ермолаева С.В.
кандидат биологических наук, доцент кафедры биологии, экологии и природопользования Ульяновского государственного университета,
erm_iv@mail.ru

Столбовская О.В.
кандидат биологических наук, доцент кафедры биологии, экологии и природопользования Ульяновского государственного университета,
ov_stolbovskaya@mail.ru

Фролова О.В.
старший преподаватель кафедры общей и биологической химии Ульяновского государственного университета,
olvalfrolova@rambler.ru

Семенова Е.В.
старший преподаватель кафедры биологии, экологии и природопользования Ульяновского государственного университета,
semenovaev@ulsu.ru

ВЛИЯНИЕ МИНЕРАЛЬНОГО СОСТАВА ВОДЫ НА МОРФОМЕТРИЧЕСКИЕ ПОКАЗАТЕЛИ КРОВИ БЕЛЫХ МЫШЕЙ В ЭКСПЕРИМЕНТЕ

Взаимосвязь состояния среды обитания человека, в частности ее химического состава, с показателями здоровья и качества жизни сегодня не вызывает сомнения [6, 9, 10, 11].

Проблема обеспечения населения доброкачественной питьевой водой в мире и Ульяновской области, в частности, относится к числу социально значимых, поскольку она непосредственно влияет на здоровье людей, определяет степень экологической и эпидемиологической безопасности. Основными проблемами в области гигиены водоснабжения являются: неудовлетворительное качество исходной природной воды, подвергающейся антропогенному и техногенному загрязнению [7,8,12,15].

Организм взрослого человека примерно на 65 % состоит из воды. Она входит в состав клеток, тканей, органов. В организме вода может быть свободной, составляя основу внутриклеточной и внеклеточной жидкости, входить в состав белков, жиров и углеводов и связанной в составе коллоидных систем. Большая ее часть заключена в клетках организма, а остальная – в межклеточной тканевой жидкости, крови, лимфе, пищеварительных соках и секретах различных желез.

Количественный и качественный состав воды, с одной стороны, обеспечивает нормальную жизнедеятельность человека за счет сбалансированного водно-солевого обмена, с другой – является потенциальным источником поступления в организм вредных веществ [13].

Проблема недостаточного качества питьевой воды, как и её объективно существующие причины и их последствия для здоровья, высоко актуальны для всех стран в мире [10,11,14].

В настоящее время многочисленными исследованиями установлено неудовлетворительное качество питьевой воды по санитарно-химическим и микробиологическим показателям в г. Ульяновске. Оно обусловлено высоким уровнем общей минерализации и повышенным содержанием железа, марганца и других макроэлементов природного происхождения, а также высокой изношенностью водопроводов и разводящих сетей, нестабильной подачей воды [7,8].

Использование клеточных биомаркеров самих по себе или же в сочетании с традиционными методами на организменном уровне целесообразно для экспресс-анализа и мониторинга качества различных типов вод. Для получения объективной и оперативной оценки качества природных вод, включая питьевые, необходимо использовать исследования, как на уровне организма, так и на уровне его клеток [3].

Целью исследования являлось изучение влияние питьевой воды Сенгилеевского и Чердаклинского районов Ульяновской области на морфологические показатели крови белых мышей в эксперименте.

Результаты по морфологическим показателям крови белых мышей в условиях потребления питьевой воды с повышенным содержанием ионов железа, марганца представляют интерес для сравнительной морфологии и физиологии животных, а также могут использоваться в практическом здравоохранении для понимания патогенеза заболеваний, возникающих в организме в результате потребления некачественной питьевой воды.

Полученные экспериментальные данные могут быть использованы гистологами и экологами в научных исследованиях, направленных на прогнозирование и углубленное изучение роли некоторых факторов окружающей среды на состояние организма, а также в области гигиены водоснабжения и в учебном процессе [14].

Количественный и качественный состав крови зависит от функционального и патологического состояния организма. Сложные биохимические и физиологические изменения, происходящие в организме при различных патологических состояниях, изменяют функциональное состояние гемопоэтической системы, а стало быть, и состав крови. Решающая роль здесь, несомненно, принадлежит изменению характера обмена веществ в самих периферических тканях. Однако следует иметь в виду, что картина крови отражает (и то не всегда прямо) функциональное состояние кроветворных органов.

К изменениям картины белой крови относятся:
− увеличение и уменьшение общего количества лимфоцитов;
− изменения процентного соотношения отдельных видов лейкоцитов;

– изменения морфологических свойств отдельных клеточных элементов крови.

Лейкоцитарная формула учитывает качественные и количественные сдвиги состава белой крови. Подсчет лейкоцитарной формулы производится по окрашенным мазкам крови. Подсчитав от 100 до 200 лейкоцитов, попавших в поле зрения микроскопа, получаем гемограмму. Для мыши нормальная гемограмма имеет следующий вид (таблица 1).

Таблица 1. Гемограмма для мыши (по данным лаборатории К.Р. Викторова)

Количество лейкоцитов (в тыс.в 1мм³) тыс…	Лейкоцитарная формула								
	базофилов	эозинофилов	нейтрофилов					лимфоцитов	моноцитов
			миелоцитов	юных	палочкоядерных	сегментоядерных	всего		
13	-	1	-	-	2	36	38	65	0,67

Материал и методы исследования

В ходе эксперимента исследовалась вода, взятая из источников водоснабжения Сенгилеевского (р. п. Силикатный) и Чердаклинского (р. п. Чердаклы) районов. Анализ воды был проведен на базе химической лаборатории экологического факультета Ульяновского государственного университета.

Экспериментальное исследование по изучению морфологических показателей периферической крови белых мышей проводилось параллельно с анализом питьевой воды из указанных районов в период с ноября 2012 по апрель 2013 гг.

Эксперимент проводили на половозрелых беспородных белых мышах (n = 45) массой 20–25 г. Все процедуры по уходу осуществляли в соответствии с нормами и правилами обращения с лабораторными животными.

Животные были разделены на 3 группы (таблица 2):
– интактная группа (животных поили негазированной питьевой водой компании «Волжанка»);
– 1 группа (животных поили проточной водой, взятой из источников водоснабжения р. п. Силикатный (Сенгилеевский район));
– 2 группа (животных поили проточной водой, взятой из источников водоснабжения р. п. Чердаклы (Чердаклинский район)).

Таблица 2. Распределение животных по группам

Группа животных	Количество животных
Интактная группа (контроль)	15
Сенгилеевский район (1 группа)	15
Чердаклинский район (2 группа)	15
Всего животных	45

Экспериментальных животных ежедневно поили исследуемой водой. Вода подливалась в поилки в объёме 200 мл, каждый день измерялся уровень выпитой жидкости. Весь период эксперимента животных содержали в идентичных условиях вивария, они имели одинаковый рацион питания.

Забор крови для проведения исследования осуществлялся из хвостовой вены, происходил на исходе 7, 15, 30, 60, 90 дней. В крови определялись палочкоядерные, сегментоядерные нейтрофилы, лимфоциты.

Морфофункциональные измерения проводили на мазках, которые готовили стандартным способом на обезжиренных предметных стеклах. Все морфометрические оценки проводились с применением исследовательского микроскопа БИОЛАМ (ув. 90 × 10 с использованием иммерсионной среды). Статистическая обработка полученных результатов проводилась на ПК с помощью пакетов программ Microsoft Excel 2010 и Statistica 6.

Для количественного анализа клеток крови и подсчета развернутой лейкоцитарной формулы готовые мазки окрашивали по методу Романовского-Гимза. Была поставлена задача, изучить динамику изменения количественного состава лейкоцитов в процессе использования воды из различных источников водоснабжения. Результаты цитохимического анализа периферической крови мышей интактной группы свидетельствует о том, что полученная нами в ходе эксперимента лейкоцитарная формула крови соответствует морфологическому составу крови мыши по Вирту и лейкоцитарной формуле по данным лаборатории Викторова К.Р.

Для анализа качества питьевой воды в районах Ульяновской области нами были использованы следующие методы аналитической химии:
- спектрофотометрический метод анализа (или метод абсорбционной спектроскопии), основанный на избирательном поглощении электромагнитного излучения однородными нерассеивающими системами;
- титриметрический метод анализа, основанный на измерении объема раствора реактива известной концентрации, расходуемого для реакции с определяемым веществом.

Результаты и их обсуждение

Нами был проведен анализ минерального состава питьевой воды. Итоговые результаты определения параметров минерального состава представлены в таблице 3. Источник 1 – **Сенгилеевский район** (р. п. Силикатный), источник 2 – **Чердаклинский район** (р. п. Чердаклы).

Таблица 3. Сравнение полученных результатов со стандартами очистки питьевой воды

Показатель	Единицы измерения	Источник 1	Источник 2	СанПиН
Жесткость общая	мг-экв/л	5,28	6,03	7,00
Окисляемость перманганатная	мгО$_2$/л	1,24	2,80	5,00
Железо общее	мг/дм^3	0,84	2,64	0,30
Марганец	мг/дм^3	0,003	0,31	0,1
Нитрат-ион	мг/дм^3	39,64	ниже предела обнаружения (<0,44)	45
Сульфат-ион	мг/дм^3	106,98	105,21	500,00
Хлорид-ион	мг/дм^3	70,75	27,75	350,00

Анализ питьевой воды р. п. Силикатный

В пробах воды было обнаружено содержание железа – 0,84 мг/дм^3, что в 2,8 раз превышает ПДК (0,3 мг/дм^3). По остальным показателям превышения не обнаружено.

Анализ питьевой воды р. п. Чердаклы

Было установлено превышение содержания железа (2,64 мг/дм^3) в 8,8 раз по сравнению с ПДК 0,3 мг/дм^3, марганца (0,31 мг/дм^3) в 3,1 раз (ПДК 0,1 мг/дм^3). По остальным показателям превышения не обнаружено.

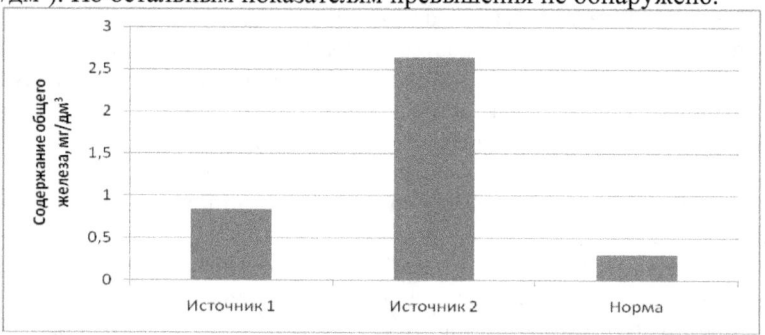

Рис. 1. Содержание общего железа в питьевой воде Сенгилеевского и Чердаклинского районов

Содержание общего железа в питьевой воде Сенгилеевского и Чердаклинского районов находится выше норм, установленных СанПиН (рис. 1).

Биологические науки

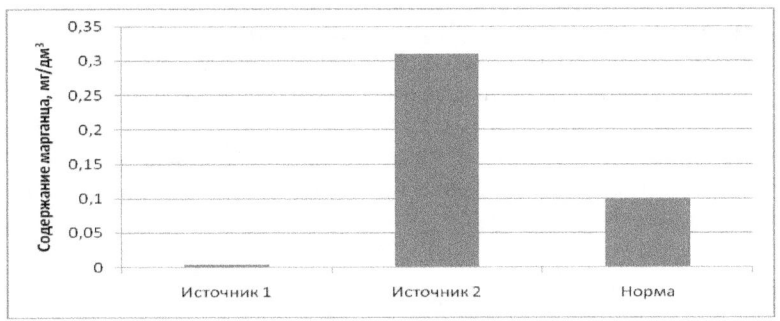

Рис. 2. Содержание марганца в питьевой воде Сенгилеевского и Чердаклинского районов

Содержание марганца в питьевой воде из источника водоснабжения Чердаклинского района находится выше нормы, установленной СанПиН, из источника водоснабжения Сенгилеевского района – в пределах нормы.

При цитохимическом анализе мазков периферической крови в экспериментальных группах животных учитывался количественный состав таких клеток крови, как нейтрофилы и лимфоциты.

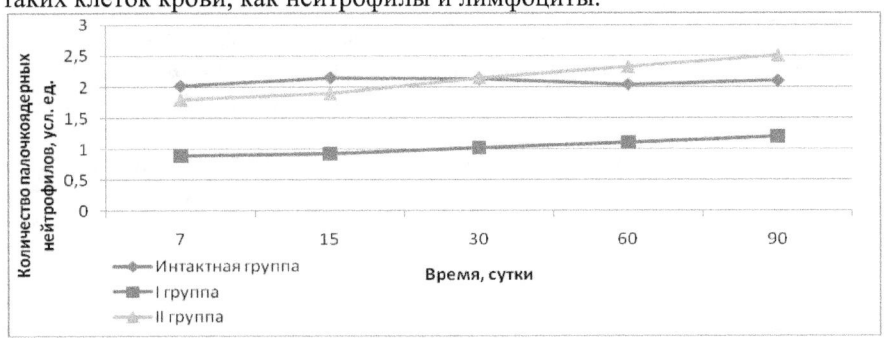

Рис. 3. Динамика изменений палочкоядерных нейтрофилов периферической крови в I и II группах в сравнении с интактной группой

Цитохимический анализ клеточного состава периферической крови интактной группы мышей показал, что количественные изменения палочкоядерных нейтрофилов в ходе эксперимента проявляют незначительные колебания. С 7-го по 15-й день количество палочкоядерных нейтрофилов увеличивалось с 2,02 ед. до 2,15. На 30-й день количество клеток снизилось до 2,13 ед., на 60-й – до 2,04, к концу эксперимента значение достигает 2,1 ед.

В 1-й группе животных содержание палочкоядерных нейтрофилов, начиная с 7-го дня (0,9 ед.), увеличивается к 15-му дню до 0,93 ед., к 30-му – до 1 ед., к 60-му – до 1,1 ед., а к концу эксперимента достигает максимального значения 1,2 ед., что ниже значения количества палочкоядерных нейтрофилов в интактной группе (2,1 ед.).

Во 2-й группе животных количество клеток на 7-й день составляло 1,8 ед., к 15-му дню значение увеличилось до 1,89 ед., к 30-му – до 2,15 ед., к 60-му – до 2,32 ед., а к концу эксперимента количество достигло максимального значеиня 2,5 ед., превышая количество палочкоядерных нейтрофилов в интактной группе (2,1 ед.).

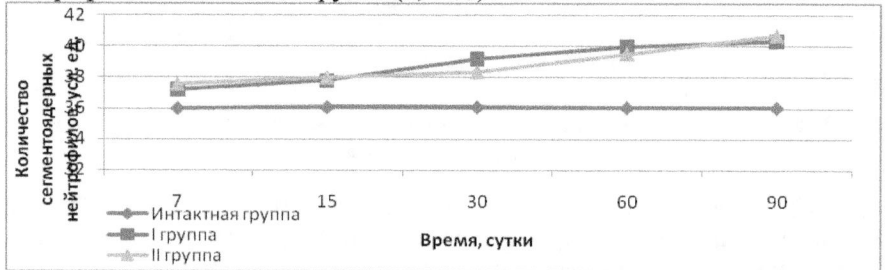

Рис. 4. Динамика изменений сегментоядерных нейтрофилов периферической крови в I и II группах в сравнении с интактной группой

Цитохимический анализ клеточного состава периферической крови интактной группы мышей показал, что количественные изменения сегментоядерных нейтрофилов в ходе эксперимента проявляют незначительные колебания.

В 1-й и 2-й группах содержание сегментоядерных нейтрофилов возрастало на протяжении всего эксперимента и к концу достигло максимальных значений 41,4 ед. и 40,7 ед. соответственно, показатели выше значения интактной группы.

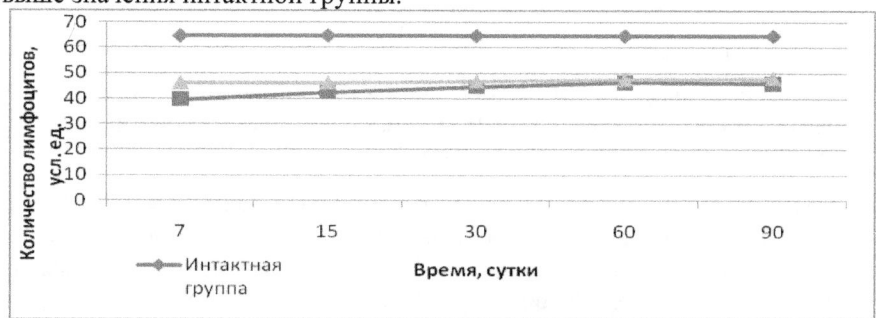

Рис. 5. Динамика изменений лимфоцитов периферической крови в I и II группах в сравнении с интактной группой

На протяжении всего эксперимента количество лейкоцитов в интактной группе было стабильно. В 1-й группе значения возрастали во время всего эксперимента, во 2-й группе наблюдалась стабильная картина содержания лимфоцитов. К концу эксперимента количество клеток составило 45,83 ед. и 48,02 ед. для 1-й и 2-й групп соответственно, показатели ниже значения интактной группы.

Выводы
1. В ходе исследования минерального состава питьевой воды из источников водоснабжения было выявлено превышение содержания железа – 0,84 мг/дм^3 в 2,8 раз для Сенгилеевского района и превышение содержания железа – 2,64 мг/дм^3 в 8,8 раз и марганца – 0,31 мг/дм^3 в 3,14 раз для Чердаклинского района в сравнении с нормой, установленной СанПиН.
2. Результаты исследования морфологических показателей крови белых мышей выявили увеличение количественного содержания сегментоядерных нейтрофилов и снижение содержания лимфоцитов в сравнении с нормой.
3. Полученные данные позволили установить, что минеральный состав воды из 1-го и 2-го источников оказывал влияние на количество лимфоцитов (на протяжении всего эксперимента) и палочкоядерных нейтрофилов (7-е и 15-е сутки) в крови испытуемых животных. Статистический анализ показал достоверность этого влияния. Из вышесказанного можно сделать вывод о слабовыраженном иммуносупрессорном действии на организм белых мышей воды из данных источников.

СПИСОК ИСПОЛЬЗОВАННОЙ ЛИТЕРАТУРЫ

1. Авдеева, Т. Г. Влияние состава питьевой воды на состояние здоровья детей / Т. Г. Авдеева, Е. В Морозова // Поликлиника, 2006. – № 1. – С. 62–63.
2. Афанасьева, И. М. Эколого-токсикологический контроль качества воды с применением цитогенетических методов / И. М. Афанасьева, Н. Л. Максимова, А. П. Разживин // Паллиативная медицина и реабилитация, 2006. – № 2. – С. 5–6.
3. Гамаюнова, А. А. Качество питьевой воды и здоровье населения / А. А. Гамаюнова, Л. А. Басихина, Н. Я. Кучеренко // Экологические и социально-гигиенические аспекты среды обитания человека: материалы республиканской конференции. – Рязань, 2003. – С. 57–60.
4. Государственный доклад "О состоянии окружающей природной среды Ульяновской области в 2003 году" / Госком по охране окруж. среды Ульяновск. обл. – Ульяновск, 2004. – 208 с.
5. Ерофеев, Ю. В. Влияние кальция и магния в питьевой воде на заболеваемость населения Омской области / Ю. В. Ерофеев, Т. А. Нескин, Д. В. Турчанинов // Гигиена и санитария, 2006. – № 6. – С. 23–27.

6. Морозова, Е. В. Состояние здоровья детей дошкольного возраста в зависимости от качества питьевой воды (на примере г. Смоленска). Автореф. дис. … канд. мед. наук. – М., 2008. – 141 с.
7. Научно-исследовательский технологический институт УлГУ [Электронный ресурс]. – Режим доступа: http://www.niti.ulsu.ru/
8. О качестве питьевой воды в г. Ульяновске [Электронный ресурс] // Дыхание земли. – 2009. 19 сентября. – Режим доступа: http://www.simcat.ru/
9. Онищенко, Г. Г. О состоянии питьевого водоснабжения в Российской Федерации / Г. Г. Онищенко // Здравоохранение Российской Федерации, 2005. – № 3. – С. 3–7.
10. Онищенко, Г. Г. Окружающая среда и состояние здоровья населения / Г. Г. Онищенко // Гигиена и санитария, 2011. – №3. – С. 3–10.
11. Рылова, Н. В. Влияние минерального состава питьевой воды на здоровье детей // Гигиена и санитария, 2005. – № 1. – С. 45–46.
12. СанПиН 2.1.4. 1074-01. Питьевая вода. Гигиенические требования к качеству воды централизованных систем питьевого водоснабжения. Контроль качества. – М.: Минздрав России, 2002.
13. Славинский, А. А. Компьютерный анализ клеточного изображения в оценке функциональной активности нейтрофильных лейкоцитов / А. А. Славинский, А. А. Славинский мл. // Бюллетень экспериментальной биологии и медицины. Сб. науч. тр. Кранодар. науч. центра РАМН, 2001. – С.50–53
14. Смертина, Н. А. Влияние воды с разным минеральным составом на показатели крови, морфологию тощей кишки и почек беременных и небеременных животных: Дис. … канд. биол. наук: 09.11.12 / Н. А. Смертина. Мордов. гос. пед. ин-т им. М. Е. Евсевьева. – Саранск, 2012. – с. 5–6
15. Физико-химические показатели качества питьевой воды [Электронный ресурс] // Водно-химическая служба экологического фонда «Вода Евразии». Техника и технологии получения чистой воды, 2009. – Режим доступа: http://www.ecofond.ru/wcs/

Рогов В.А.
профессор, доктор технических наук
Степень Р.А.
профессор, доктор биологических наук
Логинова Е.Ю.
аспирант ФГБОУ ВПО Сибирский государственный технологический университет
Рогов А.В.
аспирант ФГБОУ ВПО Сибирский государственный технологический университет

ЭФФЛЮВИАЛЬНОЕ ОЗДОРОВЛЕНИЕ ВОЗДУШНОЙ СРЕДЫ С ЛЕТУЧИМИ ВЫДЕЛЕНИЯМИ РАСТЕНИЙ РЕКРЕАЦИОННЫХ ПОМЕЩЕНИЙ ПРЕДПРИЯТИЙ

Профилактика и лечение многих заболеваний успешно осуществляется экзометаболитами растений. При лечении легочных и ряда других заболеваний эффективны летучие экскреты хвойных древесных растений [1]. Помимо пребывания в лесу для этой цели успешно используются эфирные масла, представляющие собой в концентрированном виде смесь основных компонентов этих выделений, выделяемых при повышенной температуре водяным паром из измельченных охвоенных побегов хвойных деревьев [2]. Оздоровление воздуха осуществляется путем размельчения ветвей на территории и у входа в здания, внутри помещения или в подогреваемой емкости с водой, откуда отбирается насыщенный биологически активными веществами пар. Анализ литературных данных свидетельствует о значительной пользе для здоровья экскретируемых растениями соединений. Она существенно превышает эффективность эфирного масла и выделяемых послежизненной биомассой ассимиляционного аппарата соединений [2].

Целью исследования является оценка возможности использования для оздоровительных целей в рекреационных помещениях предприятия летучих экскретов хвойных древесных растений. Общеизвестно, что выращивание цветов в зонах производственных рекреаций, преследует оздоровительный и прежде всего дизайнерский эффект. Полезней для этой цели использование хвойных растений, летучие выделения которых богаты многими биологическими компонентами [2,3]. При проведении экспериментов исследовали влияние летучих выделений сосны, для чего в рекреации, представляющей межцеховой переход деревоперерабатывающего комбината, были размещены 5 семилетних деревцев. Их экскреты подавляют многие патогенные микроорганизмы и участвуют в синтезе витамина С и других физиологически активных соединений[3,4]. Их действие в опытах усиливалось ионизацией, что достигалось при работе электроэффлювиальной установки, генерирующей униполярные ионы [5]. Наличие заряда на молекулах способствует проникновению биологически активных компонентов в организм, их участию во внутриорганизменных процессах.

Обследование воздушной среды проводили по снижению колоний стафилококковых бактерий на питательных средах с несколькими видами агаровых субстратов. Чашки помещали в центре перехода на расстоянии 1,5м от стволов деревцев на высоте 1м. Сравнение результатов предлагаемого метода оценивали по изменению массы линейных мышей при санации воздуха путем ионизации, фитоионизации и контроля в течение 2 месяцев. Время работы установки в опытах 1ч.

Согласно проведенным ранее исследованиям [2] 1 г ассимиляционного аппарата (охвоенные побеги с диаметром в отрубе 10 мм) сосны выделяют в воздушную среду в течение часа в среднем 1,25 мкг летучих фитоорганических метаболитов, в составе которых содержится 80-85% терпеноидов. Они испаряются также стволовой и другими частями дерева, составляя, ориентировочно, в теплое время года около 22,5 г/га в час [2]. В зоне отдыха благодаря уходу, применению удобрений, механическим повреждениям их масса может удвоиться.

Приблизительные расчеты показывают, что концентрация летучих фитоорганических веществ в рекреации составляет 0,90-1,10 мг/м^3. Подобная величина фиксируется под пологом спелых сосновых насаждений Красноярской лесостепи в теплые августовские дни [6]. В случае молодняков они несколько выше. Из-за направленного воздушного потока в рекреации и различия в структуре содержание фитоорганических экскретов ниже. Однако, их действие компенсируется ионизацией молекул, придания им зарядов.

Помимо концентрации летучих соединений существенное значение имеет их компонентный состав. В связи с этим, даже без учета терпеноидных и нетерпеноидных соединений, находящихся в следовых количествах, действие летучих экскретов сосны сильнее ее эфирного масла. В первую очередь это объясняется тем, что летучие вещества в 1,5 раза богаче монотерпеновыми углеводородами, обладающие большим комплексом важных в экологическом плане и полезных для здоровья человека свойств [2]. Кроме того, в масле сосны присутствуют в довольно большом количестве вредные для живых организмов сесквитерпеноидные производные [7].

Результаты экспериментов по изменению биомассы мышей под действием искусственной ионизации, фитоионизации (работа установки и летучие экскреты) и контрольных опытов приведены в табл. 1.

Таблица 1. Изменение биомассы мышей при разных видах санации

Период наблюдений	Биомасса животных, г		
	ионизация	фитоионизация	контроль
Начало эксперимента	152,8±8,8	145,0±6,2	147,9±8,8
После 1-го месяца: биомасса, г привес, %	169,2±6,7 10,7	152,5±6,5 5,2	180,4±8,7 22,0
После 2-х месяцев: биомасса, г Привес, %	186,1±7,1 21,8	180,5±14,0 24,5	171,0±11,9 15,6

Полученные данные показывают, что исследуемые виды санации по-разному отражаются на продуктивности животных. В первое время отсутствие любого воздействия обеспечивает наибольший привес биомассы мышей. В большей мере отражается на нем фитоионизация. После двухмесячного воздействия максимальный эффект отмечается у животных, подвергающихся совместному воздействию заряженных ионов и летучих выделений. В этом случае привес почти на 10% превышает контроль. Можно предполагать, что происходящие изменения привеса массы связаны с перестройкой обменных процессов в организме мышей при их адаптации к рассматриваемым воздействиям.

Искусственная ионизация и летучие фитоорганические выделения сосны также повышают бактериостатичность воздушной среды. Опыты, проведенные со стафилококковыми бактериями на агаровой питательной среде показали, что воздействие как летучих экскретов, так и ионизация, снижают количество колоний. Результаты обработки данных при часовой экспозиции представлены в табл. 2.

Таблица 2. Изменение обсемененности воздуха при разных видах санации

Вид обработки	МПА			Кровяной агар		
Ионизация	14,6	11,8	19,2	7,9	2,9	63,3
Санация	13,9	3,1	77,7	8,5	3,9	54,1
Фитоионизация	15,5	7,8	81,9	8,1	2,5	69,1

При ионизации максимальное снижение обсемененности достигается на кровяном агаре, при обработке экскретами и фитоионизации – на МПА, но эффективно и на обоих субстратах.

Помимо оздоровления воздушной среды, размещение деревцев сосны непосредственно в зоне рекреации улучшает психоэмоциональное состояние работников предприятия.

Результаты проведенных исследований свидетельствуют о целесообразности размещения на территории рекреаций деревцев сосны, способствующих оздоровлению воздушной среды, снижению в ней микробиологической обсемененности и улучшению психоэмоционального состояния.

Литература

1. Арциховский А.К. Санитарно-гигиенические и лечебные свойства леса. – Воронеж: ВГУ, 1985.-104 с.
2. Степень Р.А., Репях С.М. Летучие терпеноиды сосновых лесов. – Красноярск: СибГТУ, 1998. – 406 с.
3. Исидоров В.А. Летучие выделения растений. – СПб., 1994. – 264 с.
4. Лахно Е.С., Томашевская Л.А. О влиянии летучих фитонцидов древесных растений на содержание аскорбиновой кислоты в органах морских свинок // Фитонциды, их биологическая роль и значение для медицины и народного хозяйства. – Киев, 1967. – с.311-312.
5. Рогов В.А. Влияние отрицательных ионов и летучих терпеноидов на очистку воздушной среды производственных помещений деревообрабатывающих комбинатов. – М., 2002. – 223 с.
6. Степень Р.А., Репях С.М. Запасы терпеноидных соединений в сосновых лесах Красноярской лесостепи // Сибирский экол. журн. – 2005. - №1. – с.113-116
7. Кинтя П.К., Фадеев Ю.М., Акмов Ю.А. Терпеноиды растений. – Кишинев: Штиинца, 1990. – 151 с.

Гугушвили Н.Н. - доктор биологических наук, профессор
Коростелева Л.А. - кандидат биологических наук, доцент
Литвинова А. Р. - ассистент
Сердюченко И.В. - кандидат ветеринарных наук, старший преподаватель
Гугушвили В.М. - врач-невролог
Герасюкова Е.В. - студентка 5 курса факультета ветеринарной медицины
Баженов Д.С. - студент 5 курса факультета ветеринарной медицины
ФГБОУ ВПО «Кубанский государственный аграрный университет»

КОНЦЕНТРАЦИЯ СВОБОДНЫХ АМИНОКИСЛОТ В ОРГАНАХ И ТКАНЯХ СВИНЕЙ ПРИ МЕТАСТРОНГИЛЕЗЕ

Качество и безопасность мясной продукции является одним из ведущих направлений в питании населения, что способствует постоянному совершенствованию и апробации современных научных достижений, осуществляющих процесс выбраковки некондиционной продукции при гельминтозах животных. Пищевая ценность мяса определяется белковым содержанием, состоящим из заменимых и незаменимых аминокислот. Количественное содержание аминокислот взаимосвязано не только с функционированием организма, но и оказывает влияние на качество мясной продукции [1, 2, 3, 4].

В связи с этим нами была определена концентрация свободных аминокислот в вытяжке органов и тканей для установления качества и безопасности продуктов убоя клинически здоровых свиней и при заболевании метастронгилезом.

Повышение концентрации свободных аминокислот в органах и тканях животных при метастронгилезе свидетельствует о происходящих в них деструктивных процессах, что приводит к ухудшению качества продуктов убоя животных.

Нами у животных были отобраны пробы следующих органов и тканей: длиннейшая мышца спины, сердечная мышца, печень, легкие, селезенка и почки, из которых составляли среднюю пробу, взятую у 10 животных. Исследуемых животных разделили на 2 группы по 10 средних проб в каждой. Контрольная группа – клинически здоровые животные, опытная группа – пораженные метастронгилюсами.

В органах и тканях животных нами была определена концентрация свободных аминокислот (аргинин, лизин, тирозин, фенилаланин, гистидин, лейцин, метионин, валин, пролин, треонин, триптофан, серин, α-аланин, глицин) у клинически здоровых свиней и при метастронгилезе. Так, при инвазии свиней метастронгилюсами концентрация свободных аминокислот в длиннейшей мышце спины была в 8 раз выше серина, в 6 раз – пролина и треонина, в 4 раза – лейцина, в 3 раза – триптофана, в 2 раза – α-аланина, глицина и фенилаланина, в 1,2 раза – метионина, в

1,1 раза аргинина и, напротив, была ниже в 3,5 раза – гистидина, в 5 раз – валина относительно клинически здоровых животных.

У инвазированных животных в вытяжке сердечной мышцы концентрация свободных аминокислот была выше в 4,5 раза лейцина, в 2 раза – гистидина, треонина, и триптофана, в 1,1 раза – α-аланина и, напротив, ниже в 1,1 раза – аргинина и глицина, в 1,3 раза – пролина, в 2 раза – серина; в вытяжке печени была в 12 раз выше лейцина, в 4 раза – гистидина, в 3 раза – валина, пролина, треонина, триптофана и фенилаланина, в 2 раза – глицина, метионина и серина, в 1,2 раза – α-аланина, и, напротив, ниже в 1,1 раза аргинина; в вытяжке легочной ткани была в 4 раза выше гистидина и фенилаланина, в 3 раза – метионина, валина и пролина, в 2 раза – α-аланина, лейцина, серина, треонина и триптофана, в 1,2 раза – аргинина и глицина; в вытяжке селезенки была в 2 раза выше лейцина, в 1,5 раза – аргинина, гистидина, метионина, пролина, серина и триптофана, в 1,2 раза – α-аланина, валина, глицина, лизина, треонина и фенилаланина; в вытяжке почечной ткани была в 14 раз выше лейцина, в 2 раза – лизина, в 1,5 раза – аргинина, относительно клинически здоровых животных.

Нами установлено, что у инвазированных свиней общая концентрация свободных аминокислот в вытяжке длиннейшей мышцы спины была ниже в 1,1 раза и, напротив, выше в сердечной мышце в 1,2 раза, в печени – в 2 раза, в легочной ткани – в 2,3 раза, в селезенке – в 1,4 раза, в почечной ткани – в 4 раза, относительно клинически здоровых животных (рис. 1).

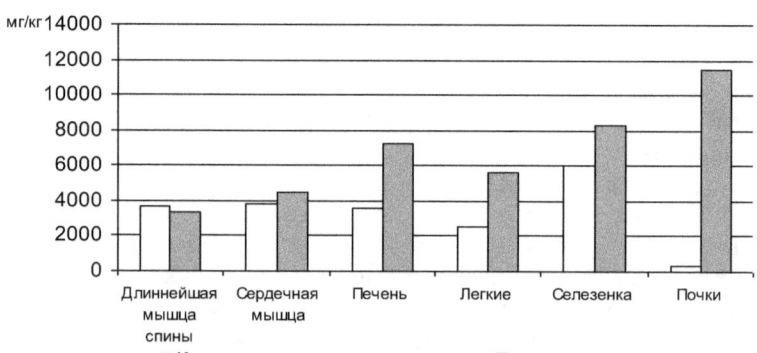

Рисунок 1 – Общая концентрация свободных аминокислот в органах и тканях свиней при метастронгилезе

Свободные аминокислоты в дальнейшем подвергались процессу декарбоксилирования, в результате чего происходило выделение аминов. Так, общая концентрация аминов при метастронгилезе свиней в легочной ткани была выше в 3,2 раза, в сердечной мышце – в 12 раз, в тканях печени – в 2,7 раза, в почечной ткани – в 1,7 раза, в тканях селезенки – в 1,4 раза, относительно клинически здоровых животных.

Таким образом, нами установлено, что при метастронгилезе у свиней наиболее интенсивно происходил распад связанных аминокислот до свободных, а также их дальнейший распад на амины, чем у клинически здоровых животных.

Изменения концентрации свободных аминокислот и продуктов его распада, по всей видимости, связаны с функциональными особенностями тканей и органов, а также влиянием продуктов метаболизма половозрелых личинок Metastrongylus elongatus на ускорение процессов распада белковых компонентов. Данные процессы свидетельствует о деструктивных изменениях в тканях на молекулярном уровне приводящие к ухудшению качества продуктов убоя животных. В связи с этим необходимо направлять на техническую утилизацию не только пораженный орган, но и остальные внутренние органы, а туши – на промышленную переработку (изготовление вареных и варено-копченых колбас).

Литература

1. Лаптев И. А. Высококачественные мясные изделия без остаточного содержания нитрита натрия /И. А. Лаптев, Н. Г. Машенцева, В. Д. Хорольский и др. //Мясная индустрия. – 2007. – № 12. – С. 25–28.
2. Писарева В. М. Идентификация и качество мясной продукции /В. М. Писарева //Мясная индустрия. – 2007. – № 5. – С. 65–66.
3. Самылина В. А. Бифидокорректирующие продукты питания на основе мясного сырья /В. А. Самылина, И. Б. Самылина // Мясная индустрия. – 2008. – № 1. – С. 59–62.
4. Ткаль В. А. Контроль качества мясного сырья по цветовым характеристикам /В. А. Ткаль, А. О. Окунев, Л. Ф. Глущенко и др. // Мясная индустрия. – 2007. – № 6. – С. 61–64.

Шевченко А.А., Джаилиди Г.А., Черных О.Ю.
Сведения об авторах:
Шевченко А.А. зав. кафедрой микробиологии, эпизоотологии и вирусологии, Кубанский государственный аграрный университет, д.в.н., профессор, г. Краснодар, E- mail: Shevchenko_AA@rambler.ru
Джаилиди Г.А. доцент кафедры микробиологии, эпизоотологии и вирусологии, Кубанский государственный аграрный университет, к.б.н., г. Краснодар
Черных О.Ю. профессор кафедры микробиологии, эпизоотологии и вирусологии, Кубанский государственный аграрный университет, д.в.н., г. Краснодар

КЛИНИЧЕСКОЕ ПРОЯВЛЕНИЕ И ПАТОМОРФОЛОГИЧЕСКИЕ ИЗМЕНЕНИЯ ПРИ АФРИКАНСКОЙ ЧУМЕ СВИНЕЙ В КРАСНОДАРСКОМ КРАЕ

Свиноводство является важной отраслью животноводства. Стабильному развитию отрасли препятствуют инфекционные болезни: африканская чума свиней (АЧС), классическая чума свиней (КЧС), репродуктивно-респираторный синдром свиней (РРСС), цирковирусная инфекция, ротавирусная инфекция, парвовирусная инфекция и другие. К наиболее опасным и экономически значимым вирусным заболеваниям свиней относится АЧС. Она имеет широкое распространение за рубежом и в России, наносит свиноводству значительный ущерб хозяйствам и фермам в связи с массовой заболеваемостью и гибелью свиней в период эпизоотии, затрат на проведение противоэпизоотических, ветеринарно-санитарных мероприятий [1,126; 2, 3; 3, 3].

Задачей наших исследований было изучить течение, клиническое проявление и патоморфологические изменения при африканской чуме свиней в Краснодарском крае.

Материалы и методы. В работе использовали эпизоотологический анализ, который включает: сравнительное историческое, географическое описание и эксперимент. Исследования проводили в свиноводческих предприятиях разной формы собственности в период эпизоотии АЧС. Для лабораторной диагностики использовали «Набор препаратов для дифференциальной иммунофлуоресцентной диагностики африканской чумы свиней (АЧС), классической чумы свиней (КЧС) и болезни Ауески (БА)» и сертифицированные коньюгаты ФИТЦ-иммуноглобулины АЧС, произведённые во Всероссийском научно-исследовательском институте ветеринарной вирусологии и микробиологии (ВНИИВВиМ), г. Покров Владимирская область. Диагноз ставили комплексно, на основании эпизоотической ситуации, клинических признаков болезни, патоморфологических изменений и лабораторных исследований. В ГУ

Краснодарского края «Кропоткинская краевая ветеринарная лаборатория» в пробах органов павших поросят и свиноматок реакцией прямой иммунофлуоресценции и полимеразной цепной реакцией обнаружили антиген и ДНК АЧС.

Результаты исследований. Впервые АЧС была зарегистрирована в Краснодарском крае в ноябре 2008 г. среди домашних свиней в свиноводческом комплексе закрытого типа ЗАО «Кубань» г. Новокубанск. В последующем АЧС распространилась на свиноводческие предприятия разной формы собственности. Нами были проведены расследования свинокомплексов разной формы собственности, изучены течение, клиническое проявление и патоморфологические изменения.

Течение и клиническое проявление. В производственных условиях наблюдали острое течение болезни. При остром течении у животных отмечали внезапную гипертермию (41-42°С) в течение 3-4 суток без проявления других симптомов, общее состояние и аппетит в пределах нормы. Затем наблюдали анорексию, одышку и глубокую прострацию. На коже цианотичные участки, красно-синеватые пятна - на ушах, рыле, шее, внутренней части передних и задних конечностей, подвздошной впадине и у основания хвоста, у хряков семенники тёмно-красного цвета. У некоторых животных была диарея с примесью крови и рвота. Отдельные животные имели симптомы пневмонии, отек легких и гастроэнтериты. Кома развивалась перед смертью, через 1-7 дней после появления клинических признаков. Длительность болезни 5-9 дней. Заболеваемость и смертность в пределах фермы до 100 %.

Патоморфологические изменения. У свиней павших при остром течении болезни упитанность сохранена, трупное окоченение выражено, кожа нижней стенки живота, ушных раковин, промежности красно-фиолетового цвета, в толще кожи многочисленные кровоизлияния, иногда гематомы величиной 1-5 мм. Кожа подгрудка, внутренней поверхности бедер, мошонки покрасневшая или багрово-фиолетового цвета. Носовая полость и трахея заполнены розовой пенистой жидкостью. Лимфатические узлы — соматические и особенно висцеральные (портальные, мезентериальные, бронхиальные средостенные) — увеличены, темно-красные, на разрезе сочные, пропитаны кровью, некоторые напоминают сгустки крови. При вскрытии животных почки увеличены, размягчены, под капсулой множественные точечные и пятнистые кровоизлияния. У некоторых трупов ткань, окружающая почки, пропитана желтоватым серозно-фибринозным экссудатом. Слизистая оболочка почечной лоханки отечна, покрыта кровоизлияниями. В почках и на разрезе наблюдали кровоизлияния. Селезенка мягкой консистенции, под капсулой точечные и пятнистые кровоизлияния. У отдельных свиней могут быть краевые инфаркты.

У отдельных животных желудок наполнен кормом, слизистая оболочка набухшая, ярко-красная, с очагами некроза. Тонкий и толстый отделы кишечника наполнены кормовыми массами, слизистая оболочка местами ярко-красного цвета, под ней — множественные точечные, полосчатые и пятнистые кровоизлияния. Печень увеличена, набухшая, дряблая; под капсулой кровоизлияния; желчный пузырь увеличен, стенки его отечны, пропитаны серозно-фибринозной студнеобразной жидкостью. Желчь густая, часто с кровью.

Заключение. Таким образом, на свиноводческих предприятиях разной формы собственности наблюдали острое течение АЧС, у животных отмечали внезапную гипертермию, анорексию, одышку и глубокую прострацию. На коже цианотичные участки, красно-синеватые пятна - на ушах, рыле, шее, внутренней части передних и задних конечностей. Длительность болезни 5-9 дней. У павших свиней при вскрытии наблюдали геморрагический лимфаденит, нефрит, пневмонию, эндокардит, спленит, увеличение в 2-4 раза селезенки.

Литература

1. Шевченко А.А., Шевченко Л.В., Шевкопляс В.Н., Черных О.Ю., Куриннов В.В., Черных В.О. Эпизоотологические особенности африканской чумы свиней в свиноводческом комплексе закрытого типа/ Материалы 2-ой междунар. научно-практич. конф, посвященной 90-летию со дня образования Кубанского государственного аграрного университета, «Опыт сотрудничества в области экологии, лесного хозяйства, ветеринарной медицины и охотоведения» 11-13 июля 2011 г. - с. 126-129.
2. Громыко Е.В., Шевченко А.А., Гринь В.А., Черных О.Ю. Африканская чума свиней в Краснодарском крае /Ветеринария Кубани. – Краснодар. - №1. – 2012. – С. 3-4.
3. Шевченко А.А., Черных В.О., Джаилиди Г.А., Якубенко Е.В., Черных В.О. Распространение африканской чумы свиней в Краснодарском крае /Ветеринария Кубани. – Краснодар. - №5. – 2012. – С. 3-5.

Шевченко А.А., Зеркалев Д.Ю., Шевченко Л.В., Левченко Т.В., Горпинченко Е.А.

Сведения об авторах:
Шевченко А. А. зав. кафедрой микробиологии, эпизоотологии и вирусологии Кубанский государственный аграрный университет, д.в.н., профессор, г. Краснодар, E- mail: Shevchenko_AA@rambler.ru
Зеркалев Д. Ю. доцент кафедры микробиологии, эпизоотологии и вирусологии Кубанский государственный аграрный университет, к.б.н., г. Краснодар
Шевченко Л.В. профессор кафедры паразитология, ветсанэкспертизы и зоогигиены Кубанский государственный аграрный университет, д.в.н., г. Краснодар
Горпинченко Е.А. доцент кафедры терапии и фармакологии Кубанский государственный аграрный университет, к.в.н., г. Краснодар
Левченко Т. В. аспирантка кафедры микробиологии, эпизоотологии и вирусологии Кубанский государственный аграрный университет, г. Краснодар

ЭПИЗООТИЧЕСКАЯ СИТУАЦИЯ ПО ИНФЕКЦИОННЫМ БОЛЕЗНЯМ КРОЛИКОВ В КРАСНОДАРСКОМ КРАЕ

Кролики приносят значительную часть дохода. В Краснодарском крае из известных пушных зверей в основном занимаются разведением кроликов и нутрий. Разведением кроликов помимо коллективных хозяйств занимаются фермерские, личные подсобные хозяйства и миллионы кролиководов-любителей. Кролики являются типичными домашними животными, кроткого нрава, скороспелые и очень плодовитые. Вот почему сельские и городские жители все чаще стали разводить кроликов, которых несложно содержать и прокормить. К тому же от них получают не только вкусное диетическое мясо, но и также шкурки и пух. Однако интенсивное развитие отрасли кролиководства сдерживают инфекционные болезни [1,15; 2, 39].

Среди инфекционных болезней наиболее опасны вирусная геморрагическая болезнь кроликов (ВГБК), миксоматоз, пастереллез, колибактериоз, стрептококкоз и другие. Их высокая контагиозность, способность к быстрому распространению наносят кролиководству огромный экономический ущерб. Именно против этих инфекционных болезней разрабатываются средства специфической профилактики – вакцины и иммунные сыворотки. Для того чтобы уберечь кроликов от заболеваний, прежде всего необходимо соблюдать правила их содержания и полноценного кормления. Они хорошо известны: грамотный уход, рациональное кормление, изолированное содержание, гигиена и чистота.

Однако уберечь кроликов только с помощью общих мер не всегда удается, и тогда на помощь приходят средства специфической профилактики [3, 104, 114,42].

Задачей наших исследований явилось изучение эпизоотической обстановки инфекционных болезней кроликов в Краснодарском крае и разработка новой вакцины для специфической профилактики.

Материалы и методы. С целью изучения эпизоотической обстановки и определения нозологического профиля инфекционных болезней кроликов в Краснодарском крае проведен анализ статистических данных учета, отчетности ГУ «Кропоткинская краевая ветеринарная лаборатория», материалов собственных исследований, а также использовали комплексный подход, включающий методы: эпизоотологический, анализа эпизоотической ситуации, историко-географический, экологический, анамнестический.

В работе использовали методические рекомендации, разработанные Бакуловым И.А. и др., 1982; 2001, Дудниковым С.А. (2005).

Результаты исследований. Для изучения эпизоотической ситуации и определения нозологического профиля по инфекционным болезням кроликов в Краснодарском крае провели анализ уровня заболеваемости и падежа кроликов от инфекционных болезней в сравнительном аспекте и динамике. За основу были взяты ветеринарная отчетность по инфекционной патологии животных в Краснодарском крае за 2003–2012 гг. и результаты собственных исследований – количество и видовой состав выделенных культур возбудителей.

В результате проведенных исследований установлено, что в течение 10 лет заболеваемость и падеж кроликов в Краснодарском крае регистрируются ежегодно от различных инфекционных болезней: стрептококкоза, сальмонеллеза, эшерихиоза, энтерококковой инфекции, псевдомоноза, стафилококкоза, вирусной геморрагической болезни кроликов, миксоматоз. Среди вирусных инфекционных болезней доминируют вирусная геморрагическая болезнь кроликов и миксоматоз, а среди бактериальных инфекций эшерихиоз и стрептококкоз. Однако отмечено, что чаще регистрируется у кроликов вирусная геморрагическая болезнь кроликов, эшерихиоз и стрептококкоз, как в виде моно- и ассоциативных инфекций.

Выводы. 1. Установлено, что в течение последних 10 лет заболеваемость и падеж кроликов в Краснодарском крае регистрируются ежегодно от различных бактериальных инфекционных болезней: стрептококкоза, сальмонеллеза, эшерихиоза, энтерококкоза, псевдомоноза, стафилококкоза.

2. В нозологическом профиле инфекционной патологии кроликов в Краснодарском крае за период (2003-2012 гг.) удельный вес эшерихиоза

составил 36%, стрептококкоза 20%, псевдомоноза и энтерококкоза по 12%, сальмонеллеза и стафилококкоза по 10%.

Литература

1. Шевченко, А.А. Новая вакцина против ВГБК /А.А. Шевченко, Р.Т. Темиров//Кролиководство и звероводство М.- 1993.- №1. С. 15-16.
2. Шевченко, А.А. Опыт ликвидации вирусной геморрагической болезни кроликов /А.А. Шевченко, Л.В. Шевченко, Д.Ю. Зеркалев // Тр. КубГАУ. – Краснодар. - Серия: ветинария – 2009.– № 1(ч.1). – С. 39–41.
3. Шевченко, А.А. Болезни кроликов / А.А. Шевченко, Л.В. Шевченко // М., 2010. – 223 с.

Акулова В.В.[1], Рященко Т.Г.[1], Мокрицкая Т.П.[2], Самойлич К.А.[2]
[1]Институт земной коры СО РАН, г. Иркутск, Россия,
[2]Днепропетровский национальный университет Олеся Гончара,
г. Днепропетровск, Украина

МИКРОСТРУКТУРА ЛЕССОВЫХ ГРУНТОВ СРЕДНЕГО ПРИДНЕПРОВЬЯ (УКРАИНА)

Структурная неустойчивость и предрасположенность к просадочным деформациям делают лессовые отложения основным фактором геоэкологического риска для многих регионов планеты (Украина, Россия, Китай и др.). Согласно современному определению, структура – это пространственная организация вещества породы, характеризующаяся совокупностью геометрических, морфометрических и энергетических признаков и определяющаяся составом, количественным соотношением и взаимодействием компонент [1, 6, 7]. Оценка структуры предполагает получение целого ряда показателей, характеризующих структурные элементы, типы микроструктур и структурных связей. Важнейшей характеристикой структуры рыхлых отложений является гранулометрический состав, отражающий количественное соотношение фракций различных размеров и определяющий их физические, водно-физические и физико-механические свойства. [6].

Основная цель данной работы – во-первых, определение параметров микроструктуры лессов днепровского горизонта (vP$_{II}$dn) Среднего Приднепровья с помощью метода «Микроструктура», разработанного в грунтоведческой группе Аналитического центра Института земной коры СО РАН [8]. Во-вторых, сравнительный анализ полученных результатов и региональных данных по микроструктурным параметрам лессовидных отложений Приангарья (Восточная Сибирь).

Особенность предлагаемого методического подхода заключается в проведении гранулометрического анализа методом пипетки для образцов-дубликатов с тремя способами подготовки проб к анализу – агрегатный, полудисперсный и дисперсный [8]. Агрегатный способ подготовки пробы сводится только к ее размачиванию, полудисперсный (стандартный) – кипячению с добавлением аммиака и дисперсный – кипячению с добавлением пирофосфорнокислого натрия. Выделяются фракции, соответствующие средне-крупнопесчаной (1,00–0,25 мм), тонко-мелкопесчаной (0,25–0,05 мм), крупнопылеватой (0,05–0,01 мм), мелкопылеватой (0,010–0,002 мм), грубоглинистой (0,002–0,001 мм) и тонкоглинистой (< 0,001 мм). По разности содержаний соответствующих фракций, определенных при дисперсной и агрегатной подготовке образцов, рассчитываются шесть коэффициентов микроагрегатности ($K_{ма}^1$ – $K_{ма}^6$), оценивается степень агрегированности грунта, определяется количество и размер агрегатов, доля первичных (свободных – M_i) и захваченных (несвободных – A_i) частиц для каждой фракции.

Согласно ранее разработанной классификации, в зависимости от количества агрегатов (А,%) устанавливается тип микроструктуры грунта [5]: а) скелетная ($A \leq 10\%$); б) агрегировано-скелетная ($10 < A \leq 25$); в) скелетно-агрегированная ($25 < A \leq 40$) и г) агрегированная ($A > 40$). Тип структурной модели грунта определяется по размеру преобладающих структурных элементов ($X^i = M^i + A^i$) и коэффициенту элементарности (G), представляющего собой долю первичных частиц в общей сумме структурных элементов (M^i/X^i). Классификация типов структурной модели грунта выглядит следующим образом: средне-крупнопесчаная элементарная ($X^1 = M^1 + A^1$; $80 < G \leq 100$); тонко-мелкопесчаная элементарная ($X^2 = M^2 + A^2$; $80 < G \leq 100$); крупнопылеватая смешанная ($X^3 = M^3 + A^3$; $20 < G \leq 80$); мелкопылеватая смешанная ($X^4 = M^4 + A^4$; $20 < G \leq 80$); грубоглинистая агрегированная ($X^5 = M^5 + A^5$; $G \leq 20$) [5].

Лессовые покровы данных регионов характеризуются некоторыми особенностями. Так, например, в Среднем Приднепровье они представлены субаэральными циклично построенными толщами лессовидных суглинков и почвенных горизонтов. [2, 4]. Мощность просадочной толщи изменяется в широких пределах – от незначительной до 51,0 м [3]. Они плащеобразно покрывают значительную часть территории. Исследовались образцы днепровского лесса, который является одним из маркирующих горизонтов субаэрального покрова. Образцы отобраны в обнажении стенки оврага балки Туннельная (г. Днепропетровск). Результаты определения основных параметров микроструктуры по трем образцам (средние значения) представлены в таблице 1.

Таблица 1.
Основные параметры микроструктуры днепровского лесса (%)

A	A^1	A^2	A^3	A^4	A^5	M^1	M^2	M^{2-A}	M^3	M^{3-A}	M^4	M^{4-A}
25,3	1,4	16,8	7,1	0	0	0,2	17,2	0	48,5	0	6,3	7,8
M^5	M^{5-A}	M^6	M^{6-A}	M^7	M^8	M^9	M^{11}	F^2	F^3	F^4	F^5	F^6
1,7	2,5	0,8	23	23,8	26,3	7,3	68,3	100	100	81	68	3

Примечание: A – общее содержание агрегатов; A^1, A^2, A^3, A^4, A^5 – содержание соответственно средне-крупнопесчаных, тонко-мелкопесчаных, крупнопылеватых, мелкопылеватых и грубоглинистых агрегатов; M^1, M^2, M^3, M^4, M^5, M^6 – содержание соответственно первичных (свободных) средне-крупнопесчаных, тонко-мелкопесчаных, крупнопылеватых, мелкопылеватых, грубоглинистых и тонкоглинистых частиц; M^{2-A}, M^{3-A}, M^{4-A}, M^{5-A}, M^{6-A} – содержание соответственно в составе агрегатов тонко-мелкопесчаных, крупнопылеватых, мелкопылеватых, грубоглинистых и тонкоглинистых частиц; M^7 – общее (реальное) содержание тонкоглинистой фракции (< 0,001 мм); M^8 – общее (реальное) содержание грубо- и тонкоглинистой фракций (< 0,002 мм); M^9 – общее содержание грубо- и тонкоглинистой фракций (< 0,002 мм) по стандартной гранулометрии; M^{11} – общее содержание крупно- и мелкопылеватой фракций (0,05-0,002 мм) по стандартной гранулометрии; F^2, F^3, F^4, F^5, F^6 – коэффициенты свободы соответственно тонко-мелкопесчаной, крупнопылеватой, мелкопылеватой, грубоглинистой и тонкоглинистой фракций.

По данным стандартной гранулометрии исследуемые образцы – супеси пылеватые ($M^9 7{,}3$ %; $M^{11} 68{,}3$ %) со скелетно-агрегированной (А=25,3 %) микроструктурой (табл. 2). Тип структурной модели – крупнопылеватая элементарная, преобладают крупнопылеватые структурные элементы ($X^3 = 55{,}6$; G=87).

Таблица 2.

Тип микроструктуры и структурной модели днепровского лесса

обр.	А (%)	Тип м/с	Тип структурной модели	
лесс ($vP_{II}dn$)	25,3	Ск-аг	$X^3\ 55{,}6\ G^3\ 87$	Крупнопылеватая элементарная

Примечание: X^3 – крупнопылеватые структурные элементы (A^3+M^3); G^3 – коэффициент элементарности.

Лессовые отложения Приангарья входят в состав пролювиально-делювиальных и аллювиальных образований семиаридного холодного климата перигляциальной зоны среднего-верхнего плейстоцена, а также элювиально-делювиальных, аллювиальных и эоловых – гумидного умеренного климата голоцена. Они залегают в виде покровов мощностью до 15–20 м на террасах (III–V) Ангары и в виде островов мощностью 1–4 м – на водоразделах и пологих склонах. Толщи содержат несколько погребенных почв и делятся на лессовые циклиты, включающие собственно лессовые отложения (лессовидные суглинки и супеси) и развитые на них почвы [8, 9, 10, 11].

Далее нами проведено сопоставление параметров микроструктуры лессовых покровов Среднего Приднепровья и Приангарья (рисунок).

Общим для лессовых отложений данных регионов является существенная их агрегированность (А = 22–25 %). Содержание грубо- и тонкоглинистых частиц (< 0,002 мм), полученное по данным стандартной гранулометрии, составляет 5 – 7 %. В результате грунты имеют скелетно-агрегированный (Приднепровье) и агрегировано-скелетный (Приангарье) типы микроструктур.

Характерной чертой лессовых грунтов Приднепровья является резкое преобладание в составе глинистой фракции тонкоглинистых частиц ($M^8 26$ %; $M^7 24$ и $M^5 1{,}7$). Практически все агрегаты (тонко-мелкопесчаной и крупнопылеватой размерности) сформированы тонкоглинистыми частицами ($A^2 16{,}8$ %; $A^3 7{,}1$; $M^{6-A} 23$; $F^5=3$), в меньшей степени – грубоглинистыми ($F^5=68$ %) и мелкопылеватыми ($F^4=81$ %). На фоне преобладания структурных элементов пылеватой размерности в грунте ($M^{11} 68{,}3$ %) отмечается пониженное содержание мелкопылеватых ($M^4 6{,}3$

%; $M^{4-A}7,8$) частиц. Реальное содержание глинистой фракции (< 0,002 мм), включающее первичные частицы и частицы в составе агрегатов, достигает 26 %. Среди первичных частиц преобладают крупнопылеватые (48,5 %) и тонко-мелкопесчаные (17,2 %), они практически имеют полную свободу (F^3=100 %; F^4=100 %).

Для лессовых грунтов Приангарья характерно повышенное содержание мелкопылеватых частиц ($M^4$12,5 %). Кроме того, в строении агрегатов принимают участие мелкопылеватые (M^{4-A}8,2 %; F^4=60 %), грубоглинистые (M^{5-A}5,2 %; F^5=35 %) и тонкоглинистые (M^{6-A}8,0 %; F^6=21 %) фракции.

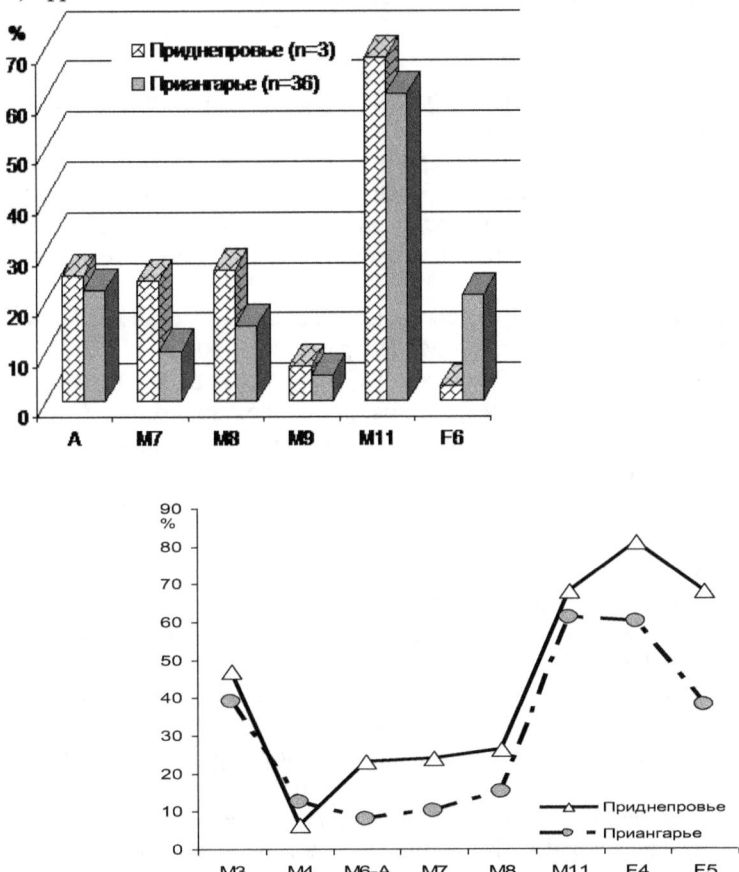

Рис. Сопоставление параметров микроструктуры лессовых отложений Среднего Приднепровья и Приангарья*

*Расшифровка индексов см. табл. 1.

Некоторые различия в параметрах микроструктуры лессовых образований могут быть обусловлены особенностями их формирования и современными природными условиями указанных регионов.

Таким образом, на основе информации по микроструктурным параметрам, полученной в результате использования метода «Микроструктура», установлено, что лессовые образования Украины, по сравнению с отложениями Приангарья являются более агрегированными (А=25,3 %), а их реальная глинистость (M^8=26,3 %) существенно выше.

Литература

1. Григорьева И.Ю. Микростроение лессовых пород.– М.: МАИГ, Наука / Интерпериодика, 2001. – 147 с.
2. Краев В. Ф. Инженерно-геологическая характеристика пород лессовой формации Украины. – Киев: Наукова думка, 1971. – 112 с.
3. Ларионов А.К., Приклонский В.А., Ананьев В.П. Лессовые породы СССР и их строительные свойства. – М: Госгеолтехиздат, 1959. – 200 с.
4. Лысенко М.П. Лессовые породы (Состав и инженерно-геологические особенности). – М.: Недра, 1978. – 208 с.
5. Макаров С.А., Рященко Т.Г., Акулова В.В. Геоэкологический анализ территорий распространения природно-техногенных процессов в неоген-четвертичных отложениях Прибайкалья. – Новосибирск: Наука, СИФ РАН, 2000. – 160 с.
6. Осипов В.И. Понятие «структура грунта» в инженерной геологии //Инженерная геология.– 1985. – № 3. – С. 4–18.
7. Осипов В.И., Соколов В.Н., Румянцева Н.А. Микроструктура глинистых пород. – М.: Недра, 1989, – 211 с.
8. Рященко Т.Г. Региональное грунтоведение (Восточная Сибирь). – Иркутск, 2010. – 289 с.
9. Рященко Т.Г., Акулова В.В. Грунты юга Восточной Сибири и Монголии. – Новосибирск: Изд-во СО РАН, 1998. – 156 с.
10. Шаевич Я.Е. Цикличность в формировании лессов. Опыт системного подхода. – М.: Наука, 1987. – 103 с.
11. Ryashchenko T.G., Akulova V.V., Erbaeva M.A. Loessial soils of Priangaria, Transbaikalia, Mongolia and northwestern China // Quaternary International. – 2008. – № 179. – P. 90 – 95.

Рубцова М.Н.
Институт земной коры СО РАН, Иркутск, Россия

ОЦЕНКА ГЕОЭКОЛОГИЧЕСКОГО СОСТОЯНИЯ ЭОЛОВЫХ ПЕСЧАНЫХ МАССИВОВ БАЙКАЛЬСКОГО РЕГИОНА

Эоловые песчаные массивы – один из чувствительных компонентов геологической среды, определяющих условия освоения и рационального использования природных ресурсов Байкальского региона. Отличительной особенностью данных отложений является крайняя неравномерность их распространения на различных элементах рельефа. Наиболее широко они развиты в аквальных и суходольных впадинах Байкальской рифтовой системы (БРС) [10]. В пределах аквальных впадин они в основном приурочены к площадям широких пляжей, развитых в береговых зонах аккумулятивных заливов острова Ольхон (Нюрганский, Улан-Хушинский, Сарайский, Хужирский, Елгинский, Семь сосен) и Восточного побережья оз. Байкал (бухты Каткова, Безымянная, Песчаные Бугры, заливы Чивыркуйский и Усть-Баргузинский). Здесь они почти повсеместно залегают на добайкальских озёрных отложениях, представленных плиоценовыми глинами или нижнеплейстоценовыми делювиально-пролювиальными образованиями и формируют многочисленные гряды дюн, плоские площадные покровы, овальные островные останцы и протяжённые коридоры продува. Выделяются древние (закреплённые) эоловые массивы, возраст которых около 10 тыс. лет и современные с возрастом не более 5 тыс. лет [6]. Песчаные покровы суходольных впадин БРС изучались на примере Баргузинской, Тункинской и Чарской.

Цель нашего исследования состоит в оценке современного геоэкологического состояния эоловых песчаных покровов региона, выполненной с позиций экологических функций литосферы – ресурсной, геодинамической и геохимической [9]. Эоловые массивы рассматриваются в качестве ресурса геологического пространства (ресурсная функция), среды развития природных и природно-техногенных процессов (геодинамическая функция), а также среды возможного литогеохимического загрязнения (геохимическая функция). Кроме того, ресурсная функция современных эоловых отложений обуславливает образование месторождений полезных ископаемых. Например, развитие ильменитовой россыпи в шельфовой зоне залива Нюрганская Губа (о. Ольхон) тесно связано с формированием прилегающих к ней песчаных массивов, так как за счет избирательного выноса песчаных зерен из зоны пляжа штормовыми ветрами происходит концентрация ильменита вначале в зоне пляжа, а затем в зонах транзита эолового материала [3].

Как ресурс геологического пространства эоловые покровы выступают в качестве среды строительства и функционирования различных зданий и сооружений. Удобные прибрежные участки заливов использовались с древности человеком для поселений. На масштабы развития эоловых процессов в пределах исследуемых участков указывают многочисленные засыпанные древние поселения, которые часто вскрываются в коридорах продува. Так, в песках Сарайского и Чивыркуйского заливов, бухты Безымянная, обнаружены фрагменты керамики и каменных орудий труда первобытного человека раннего неолита [1].

Количественная оценка ресурсного потенциала эоловых покровов была выполнена нами с помощью расчета устойчивости их к природно-техногенным воздействиям. Использовалась шкала критериев, разработанная [5] для песчаных грунтов. Шкала включает одиннадцать критериев – это положение в разрезе, устойчивость к выветриванию, водопроницаемость, степень водонасыщения, степень природной плотности, степень относительной плотности, устойчивость массива по соотношению природной и критической пористости песков, показатель прочности (по величине угла естественного откоса на воздухе), проявление плывунности, дилатантности, тиксотропии, содержание гумуса и карбонатов. Для каждого варианта критерия представлена оценка в условных индексах: от 0 (1) – относительно безопасного варианта до 3 (4) – наиболее опасного. По данным лабораторных исследований состава, структуры и свойств эоловых массивов для отдельных участков определены конкретные варианты. Степень устойчивости отложений определялась по специальной классификации [5], согласно которой установлено, что все современные эоловые покровы относятся к слабоустойчивым.

Геодинамическая функция песчаных массивов реализуется через развитие эоловых процессов (дефляция, аккумуляция), сопровождающихся практически везде воздействием на экосистемы и инженерные сооружения и обуславливающих опесчанивание (опустынивание) территории. Эоловые отложения часто являются источником песчаных бурь. При сильных ветрах эоловый материал перемещается в глубь заливов, засыпая на своем пути деревья, лесные массивы, дороги и постройки. Так, активизация эоловой деятельности в результате строительства в пос. Хужир в 1950-х гг. привела к наступлению песков, в результате чего в 70-х гг. жители вынуждены были покинуть эту часть поселка [8]. Уже в наши дни по той же причине аэродром в поселке Усть-Баргузин подвержен засыпанию песком. Гибель деревьев и кустарников на эоловых полях вызвана постоянным наступлением на них сыпучих песков, под натиском которых деревья наклоняются, а при шквальных порывах ветра выворачиваются с корнями [2].

Исследование геохимической функции эоловых отложений заключалось в анализе их химического и микроэлементного состава, полученного методом рентгенофлуоресцентного анализа. Установлено, что характер распределения содержаний основных породообразующих оксидов носит однородный характер. Среди микроэлементов отмечаются повышенные количества стронция (640 ppm), рубидия (110) и циркона (93). Таким образом, можно утверждать, что на сегодняшний день эоловые отложения не являются средой и, тем более, источником загрязнения окружающей среды. Однако, нет основания предполагать, что так будет всегда. Так, проблема сохранения природной чистоты вод оз. Байкал, которое является объектом мирового наследия с 1996 г., все еще не решена. При этом необходимо учитывать, что одним из факторов загрязнения озера выступает атмосферный перенос от предприятий Приангарья – Иркутско-Черемховского промышленного узла, включающего такие города, как Иркутск, Шелехов, Ангарск, Усолье-Сибирское, Черемхово [4]. В связи с этим нами была поставлена задача исследовать возможность техногенного загрязнения современного эолового литопотока. Для этого были установлены специальные ловушки по сбору материала ветрового переноса в городе Иркутске, его пригороде (Мельничная падь) и в городе Байкальске. Исследовалось твердое вещество, накопившееся в зимний период времени (ноябрь – март 2008 г.) в снежном покрове и представляющее собой смесь песка, пыли, сажи, пепла и других веществ [7]. Изучался гранулометрический и химический состав техногенного эолового материала. Особенностью его является более дисперсный состав, что, в свою очередь, делает его мобильным, т.е. способным перемещаться на значительные расстояния. Сопоставление химического и микроэлементного состава природных отложений и техногенного материала позволяет говорить о повышенных содержаниях в последнем: C, $S_{(общ)}$, Cl, Zn, Cu, Cr, V, Ni, Pb, Co, As, U и Th, большинство из приведенных элементов являются токсичными. Можно утверждать, что техногенный эоловый материал характеризуется высокой степенью загрязнения тяжелыми металлами и радионуклидами. Таким образом, техногенез выступает в качестве мощного фактора трансформации химического состава современного эолового литопотока и изменить установленную тенденцию невозможно без проведения кардинальных мероприятий, обеспечивающих использование современного технологического оборудования и очистку атмосферных выбросов промышленных предприятий.

В заключение необходимо отметить, что генетические особенности эоловых образований определяются их природной недоуплотненностью. Оценка современного состояния песчаных массивов позволяет говорить об их неустойчивости. Причем решающая роль в трансформации экологических функций эоловых отложений принадлежит антропогенному фактору. В настоящее время исследуемые участки – особенно песчаные массивы заливов о. Ольхон и Восточного побережья оз. Байкал испытывают постоянно нарастающие техногенные нагрузки. Благодаря увеличивающемуся наплыву большого количества «диких» туристов отмечается нарушение поверхности закрепленных песков и формирование эрозионных борозд особенно в результате передвижения мощных автомобилей (джипы). По этой же причине происходит медленное разрушение эоловых ландшафтов, сопровождающееся уничтожением уникальных «висловетвистых», «заякорившихся», «спиралевидных», «раскустившихся» сосен и лиственниц.

Литература

1. Агафонов Б.П., Акулов Н.И. Погребение стоянок первобытного человека на берегах крупных водоёмов восходящими литопотоками // Геодинамическая эволюция литосферы Центрально-Азиатского подвижного пояса (от океана к континенту). – Иркутск: Изд-во Института географии СО РАН, 2004. – Т. 1. – С. 8-11.

2. Агафонов Б.П., Акулов Н.И., Рубцова М.Н. Восходящие песчаные потоки на Ольхоне и их воздействие на лесные массивы. // Труды Прибайкальского национального парка: юбилейный сб. науч. ст. к 20-летию Прибайкальского национального парка. – Иркутск: Иркутский государственный университет, 2007. – Вып. 2. – С. 302-317.

3. Акулов Н.И., Агафонов Б.П. Эоловые пески на Байкале и их связь с ильменитовыми россыпями // Региональная геология и металлогения. – 2005. – № 23. – С. 132-138.

4. Байкал. Геология. Человек / сост.: М.И. Грудинин, И.С. Чувашова. – Иркутск: Изд-во ИГУ, 2011. – 239 с.

5. Макаров С.А., Рященко Т.Г., Акулова В.В. Геоэкологический анализ территорий распространения природно-техногенных процессов в неоген-четвертичных отложениях Прибайкалья. Новосибирск, Наука, СИФ РАН, 2000. – 160 с.

6. Мац В.Д. О возрасте эоловых песков в береговой полосе озера Байкал // Геологические и гидрологические исследования озёр Средней Сибири. Лиственничное на Байкале. – 1973. – С. 51-53.

7. Рубцова М.Н. Роль техногенного фактора в формировании современного эолового литопотока // Строение литосферы и геодинамика: Материалы XXIV Всерос. молод. конф. – Иркутск: Институт земной коры СО РАН, 2011. – С.173.

8. Рубцова М.Н., Акулова В.В. Эоловые отложения Прибайкалья: экологический аспект // Сергеевские чтения. Вып. 10. – М.: ГЕОС, 2008. – С. 70-74.

9. Трофимов В.Т., Зилинг Д.Г. Экологическая геология. – М.: Геоинформмарк, 2002. – 415 с.

10. AkulovN.I., Rubtsova M.N. Aeolian deposits of rift zones // Quaternary International. – 2011 – 234 (1-2). – P. 190-201.

Медвидь Т.А.
кандидат искусствоведения, старший преподаватель кафедры музыкального искусства и хореографи Херсонского государственного университета.
t.a.medvid@gmail.com

НАЦИОНАЛЬНЫЕ ЛИТЕРАТУРНЫЕ ОБРАЗЫ В УКРАИНСКОМ БАЛЕТНОМ ИСКУССТВЕ

На украинских балетных сценах XX в. ставилось множество балетов с литературной основой. Среди таких можно назвать «Золушка», «Дафнис и Хлоя», «Спартак» балетмейстера А.Шекеры, «Княгиня Волконская» в постановке Г. Замуэль и Ю.Знатакова, «Чиполлино» Г.Майорова, «Ромео и Джульетта» В. Вронского. Но более подробно необходимо остановиться именно на балетах, поставленных на основе литературных произведений украинских писателей, которые рисовали настоящие национальные образы.

Одним из самых популярных балетов в XIX - начале XX века был балет "Лилея" К.Данькевича, эмоциональный и доходчивый по музыке, полон захватывающих драматических ситуаций. Либреттист В.Чаговец использовал много произведений Шевченко. Известная поэма "Лилея " была лишь основой. Кроме нее, в либретто нашли свое отражение мотивы, заимствованные из поэм "Причина", " Невольник" ("Слепой"), "Русалка", "Тополь". Но несмотря на это, драматургия балета воспринималась как единое целое [2, с.113].

Основным сюжетным стержнем, объединившим все события и образы представления, стала судьба Лилеи - простой украинской крепостной девушки. В балете Лилея - не просто главное действующее лицо одноименной баллады, а собирательный образ многих шевченковских героинь, жизнь которых искалечила феодально-крепостническая действительность. Степан - жених Лилеи - тоже собирательный образ, в нем немало поводов из других произведений Шевченко. Балет показывает сложный жизненный путь Степана - от первого парня на деревне, вожака, в народного мстителя и руководителя восставших крестьян. Образ Степана напоминает славных героев поэмы «Гайдамаки». Во многих своих произведениях Шевченко обличал бесчинства господ. Образ развратного и жестокого князя, потерял человеческий облик, пришел в балет «Лилея» из поэмы «Княжна» [4, с.112].

Балет "Лилея " состоит из трех действий, четырех картин. В 1940 г. за создание яркого национального балетного спектакля балетмейстеру - постановщику Г.Березовой было присвоено почетное звание заслуженной артистки УССР.

В украинском хореографическом искусстве жанр психологической драмы представляет один из самых популярных образцов - балет «Лісова пісня» М.Скорульского. Его премьера состоялась 25 февраля 1946. Первую постановку «Лісової пісні» совершил С.Сергеев. В 1958 г. В.Вронский сделал новую сценическую редакцию, в которой окончательно выкристаллизовались драматургические очертания произведения [4, с.45].

«Лісова пісня» – яркий пример плодотворного влияния литературы на хореографическое искусство. В основу балета положен один из величайших образцов украинской драматурги – одноименная драма-феерия Леси Украинки. Драма Леси Украинки удивительно близка природе балетного искусства. Есть в ней волнующая возвышенность высказывания, внутренняя музыкальность и красота изображений, сочетание фантастики с фольклорным колоритом, которые украшают поэтику балетного спектакля. «Лісова пісня» Леси Украинки поражает точностью психологического рисунка, высоким нравственным пафосом [2, с.231].

Основная философская идея «Лісової пісні» раскрывается через сложный образ Лукаша, талантливого деревенского парня, наделенного чувствительным сердцем художника. В истинной любви к Мавке – фантастической лесной девушки, олицетворяющей поэзию и красоту жизни, в сближении с природой расцветают его душевные богатства, художественный талант. Покорение Лукаша корыстолюбивым требованиям матери, предательство Нимфы и брак с «земной», погрязший в будничных интересах Калиной убивают его творческое вдохновение, все человеческое и светлое в его душе.

В драме-феерии ожили образы сказок и легенд, фигуры одухотворенной природы, которыми человеческая фантазия заселяла волынские леса через призму народного мировосприятия, принятые традиции [3, с.151].

9 июля 1993 года, который проходил под знаком достижений национального искусства, балетный коллектив Киевского театра оперы и балета показал премьеру комедийного балета Е.Станковича «Ночь перед Рождеством». Живописная остроумная постановка была осуществлена балетмейстером В.Литвиновым, дирижером В.Кожухарем и главной художницей М.Левитской.

Для каждого персонажа В.Литвинов создал четкий пластический рисунок, удачно сохраняя и развивая его в течение всего спектакля. Народные массовые сцены празднования Рождества по принципу контрастности развития событий менялись комедийными жанровыми эпизодами, в которых отчетливо раскрывались образы гоголевских героїв – напыщенного Председателя, которого сатирическими пластическими красками очертил С.Серков, находчивого, пугливого и богобоязненного Дьяка в блестящем актерском исполнении талантливого характерного танцовщика Ю.Тарасова, рассудительного Чуба, колоритный, неспешный характер которого психологически достоверно подал Д.Клявин и влюбленных молодых героев – отважного, воспалитанного Вакулы и капризной и одновременно нежной красавицы Оксаны, теплыми лирическими красками, изображенные А . Козловым и О.Филипьевой.

Очень удачно разработал балетмейстер подчеркнуто комедийный, многогранный танцевальный образ надменной и властной Солохи, который по-разному трактовали две очень непохожие по актерскими индивидуальностями ярко одаренные танцовщицы Т. Андреева и И. Бродская.

Для эмоционально истинного раскрытия образов молодых героев балетмейстер использовал классический танец, окрашенный элементами украинского хореографического фольклора, убедительно раскрывая чувства Оксаны и преданного ей Вакулы. Каждый штрих, каждая танцевальная мизансцена были подчиненны выявлению меняющихся настроений и искренних чувств Оксаны и глубокой романтической любви благородного кузнеца, готового выполнить любую прихоть невесты [2, с.204].

Этот национальный комедийный балет Е.Станковича очертил путь утверждения настоящего украинского национального балета.

Интересна экспериментальная постановка балетной трилогии «Предрассветные огни» балетмейстера А.Шекеры, осуществленая вместе с Заславским. Балетмейстеры в этой постановке стремились к высокой философской обобщенности, реалистической символики. В основу хореографически-декорационного решения были положены три разные одноактные балеты – «Ведьма» В.Кирейко по Т.Шевченко, « Предрассветные огни» Л.Дичко по Леси Украинки и «Каменщики» Скорика по И.Франко [2,с.205].

Кроме указанных балетных спектаклей, которые создавались на основе украинских литературных образов, следует упомянуть такие балеты, как «Сойчино крило» балетмейстера М.Трегубова по мотивам одноименной новеллы И. Франко, «Сорочинская ярмарка» В.Гомоляки, где раскрываются гоголевские персонажи, «Тени забытых предков» по мотивам одноименной повести М. Коцюбинского, композитора В.Кирейко, балетмейстер-постановщик Н.Скорульська , «Оксана» по мотивам поэмы Т.Шевченко «Слепая», осуществленый балетмейстером Р.Визиренко - Клявиным на музыку В.Гомоляки, «У Солохи» по мотивам повести Гоголя «Ночь перед Рождеством» балетмейстера В.Вронського на музыку А.Рябова.

Балеты по мотивам призведений украинских писателей и сегодня идут на балетних сценах. Национальные оттенки в музыке, стилизированные фольклорные танцевальные движения, декорации и костюмы помагают максимально раскрыть украинские литературные образы, тем самым повышая национальное самосознание зрителя.

Литература:

1. Балет. Энциклопедия / гл. ред. Ю.Н.Григорович. – М.: Советская Энциклопедия, 1981. – 632 с.
2. Загайкевич М.П. Драматургія балету. — Київ : Наукова думка, 1978. – 257 с.
3. Станішевський Ю. Балетний театр України : 225 років історії / Ю.Станішевський.- К.: Музична Україна, 2003. – 440 с.: іл.
4. Станішевський Ю.О. Танцювальне мистецтво України в іменах і датах / Ю.О. Станішевський // Хореографічне мистецтво України у персоналіях: хореографи, артисти балету, композитори, диригенти, лібретисти, критики, художники: бібліографічний довідник. – К.: [б.и.], 1999. – 223 с.

Кабирова И.А.
кандидат исторических наук, доцент кафедры Истории и методики преподавания истории Глазовского государственного педагогического института им. В.Г. Короленко irina.kabirova@gmail.com

ДОКУМЕНТАЛЬНАЯ ПРОЦЕДУРА КУПЛИ-ПРОДАЖИ И ЗАКЛАДА ЗЕМЛИ В РОССИИ ВО ВТОРОЙ ПОЛОВИНЕ XVII – ПЕРВОЙ ПОЛОВИНЕ XVIII вв.

Историческое исследование документации торгового земельного процесса достаточно актуально, поскольку с точки зрения современных специалистов «система регистрации права на недвижимость еще далеко не достроена, ее конструкция …не завершена даже на уровне теоретического осмысления» [1,4].

Документальная процедура торговых сделок в России во второй половине XVII в. начиналась с оформления крепостных документов, порядок которого установило Соборное Уложение 1649 г. Купчие и закладные составлялись в городах площадными подьячими [2] - свидетелями сделки [3]. Крепостные акты заверялись подписями продавцов [4]. Претензии по поводу недостоверности таких документов отклонялись. В пределах небольшой суммы продавцы и покупатели могли оформить крепости самостоятельно даже в сельской местности [5].

Без явки купчих в Поместном приказе не разрешалось выдавать различные документы на поместья, вотчины и крестьян [6,538]. Но купчие еще не предоставляли полных прав на недвижимость. Приобретенные земли требовалось за покупателем «справить». «Справка» заключалась в том, что в Поместном приказе сличались данные о земле, указанные в крепостном акте, с писцовыми книгами, принимались пошлины. Затем недвижимость фиксировалась за покупателем в специальных книгах. Процедура «справки» узаконивала права приобретателя на владение. Земли «справлялись» и по закладной. Закладная, с указанием суммы залога и срока его выплаты, автоматически превращалась в купчую, если деньги не возвращались вовремя [7].

Подлинность крепостных актов могла быть доказана путем допроса продавцов или закладчиков [8,207-208]. В дальнейшем, если на купчие и закладные подавались спорные челобитные, проводился «розыск». В случае выявления «неправых» документов устанавливались очные ставки участников сделки [9,571]. Вскоре очные ставки отменили, так как в судах от истцов и ответчиков были «неправды» и чинились «волокиты» [10,278-279]. Земельные спорные дела стали решаться непосредственно по купчим и закладным, писцовым книгам, книгам пошлинных денег и другим документам Поместного приказа [11,21].

В конце XVII в. устанавливалось, что «крепости» должны были оформляться в Поместном приказе. Свидетелями сделок выступали «люди добрые и знатные». В «особые записные книги за дьячими руками», заносились данные о сделках с подписями тех, «кто крепости дал и кто взял». Затем купчие и закладные вручались новым владельцам недвижимости, и земли следовало «справить». Если крепости не были оформлены вовремя, они считались недействительными [12,678].

На местах купчие документы составляли воеводы. Каждый месяц нужно было давать сообщения в Поместный приказ о количестве совершаемых сделок и о данных по крепостям. Там, где «городового разряда» не было, купчие писали на сумму не более ста рублей [12,679].

В XVIII в., чтобы избежать волокиты, взяточничества, «для пополнения казны» и грамотного оформления документов крепости писали в палате Ивановской площади назначенные для этого подьячие. Сделки регистрировались в специальных книгах. В крепостных документах надсмотрщики оставляли свою подпись и пометку [15,155-156]. Затем купчие предоставлялись в Поместный приказ, где записывались в книгу «перечнем» [14,327]. Сделки на большие суммы составлялись с разрешения «приказных людей» того приказа, «где крепостные акты будут ведомы». Они заверялись дьяком приказа и заносились в записные книги в палате на Ивановской площади [13,135].

Крепостные документы можно было оформить на дому по причине болезни участников сделки. Направленные для этого писцы при свидетелях готовили бумаги и записывали их потом в книги в палате "у крепостных дел" [15,158]. Определялись и нормы оформления документов безграмотным людям. Для этого был создан «особливый стол» [16,347].

Упорядочивалась структура процедуры крепостных актов на местах. Для писания крепостей создавались в «розрядных» городах «избы особливые», а в малых городах «в Приказных избах особливые столы». «Писание крепостей» поручалось подьячим, «избранным в городах» из «всяких чинов людей…добрых» [17,164]. Над ними устанавливался «надсмотр» [18,262]. Воеводы и бурмистры подсчитывали количество крепостей и пошлин. Раз в три месяца они сообщали о сделках в Оружейную палату [17,165-166].

Подьячие, занимающиеся оформлением крепостей на местах, вели «записные крепостные книги», в которых фиксировали сделки, и каждый месяц подытоживали сумму собранных денег. С записных книг делались копии, «перечневые записи», заверяемые воеводами или бурмистрами, которые раз в полгода присылались в Оружейную палату [19,215].

В волостях и погостах крепости «в малых деньгах» составлялись земскими и церковными дьячками. Они подчинялись воеводам и бурмистрам, присылая им деньги «за письмо» с «росписками». « В малых городах» крепости совершались на сумму до 100 рублей [17,164]. В селах и волостях во избежание спорных ситуаций запрещалось составлять крепости на сумму «свыше рубля» [19,214-215].

По приказу 8 января 1706 г. крепостные дела в городах изымались у воевод, приказных подьячих и передавались Бурмистрам городских Ратуш, где для крепостных дел организовывались «особливые столы». Бурмистр обязан был смотреть за подьячими [20,335-336].

В 1719 г. ответственным за оформление крепостных документов назначался «особый секретарь» при Юстиц-коллегии [21,666], возглавлявший Контору крепостных дел, где фиксировались торговые сделки [22,739].

Итак, во второй половине XVII века в России шел процесс развития и совершенствования земельного законодательства. Осуществлялся переход от старого судопроизводства, опиравшегося на допросы свидетелей, очные ставки, к новому виду решения дел - по документам. Правительство проводило гибкую политику, учитывая разные ситуации, возникавшие в спорных делах. Закон, прежде всего защищал интересы новых собственников - покупателей недвижимости. В XVIII веке законодатели тщательно прорабатывали положения, связанные с регламентацией и порядком оформления документов в центральных органах и на местах. Определялись исполнители и ответственные за проведением крепостных дел. Однако новые законы преследовали цель – поставить под контроль государства куплю-продажу недвижимости для быстрого сбора пошлин. В результате дела по оформлению и регистрации купчих были изъяты из Поместного приказа и переданы в специально созданные для этой цели учреждения – палату крепостных дел, а затем в Крепостную контору.

Литература (источники)

1. Никонов П.Н. Журавский Н.Н. Недвижимость, кадастр и мировые системы регистрации прав на недвижимое имущество. Аналитический обзор. - Спб., 2006.
2. Соборное Уложение 1649 г. (Текст. Комментарии). – Л.: Наука, 1987 г. (Далее Улож.) Глава X. Статьи 246, 247, 250.
3. Там же. Ст. 246.
4. Там же. Ст. 248.
5. Там же. Ст. 246.
6. Полное собрание законов Российской империи. Собрание первое (далее – ПСЗ). Т. 2, № 1017.
7. Улож. Гл. X. Ст. 196.
8. ПСЗ Т. 2. № 763.

9. ПСЗ Т.2. № 1060. Подтверждено указом от 1 апреля 1685 г. – ПСЗ Т. 2. № 1115.
10. ПСЗ Т. 3. № 1572.
11. Однако, 22 марта 1701 г. вышел указ, предписывающий на местах, в съезжих избах вести допросы владельцев «про продажу и про заклад». - ПСЗ Т. 4. № 1778.
12. ПСЗ Т. 3. № 1732.
13. ПСЗ Т. 4. № 1833.
14. Там же. № 2080.
15. Там же. № 1838.
16. Там же. № 2102.
17. Там же. № 1850.
18. Там же. № 1986.
19. Там же. № 1927.
20. Там же. № 2087.
21. ПСЗ Т. 5. № 3307.
22. ПСЗ Т. 5. № 3436.

Романюк С.Н., Дакенова К.Т., Ахмад Н.С.
к.м.н., профессор, КазНМУ им. С.Д.Асфендиярова, кафедра нормальной анатомии, к.м.н., доцент КазНМУ им. С.Д.Асфендиярова, кафедра нормальной анатомии, к.м.н., доцент КазНМУ им. С.Д.Асфендиярова, кафедра нормальной анатомии,
svetlana1944@inbox.ru

ОСНОВНЫЕ АСПЕКТЫ РАЗВИТИЯ ПОЛОСТИ РТА

Рот развивается в унисоне с другими органами и тканями и не может рассматриваться без ссылки на зародыш в целом. В эмбриональной и плодной жизни, висцеральная часть головы, включая лицевые структуры и части органов пищеварения и дыхания, имеет значительно меньшую степень роста и дифференциации, чем нервночерепная часть. Примитивная ротовая полость или stomatodeum образует часть как носовой, так и ротовой полостей, остаток является результатом включения примитивной глотки с последующим распадом ротоглоточной перепонки. Недостаток роста и соединение верхнечелюстного и нижнечелюстного компанентов в правильном и главным образом симметричном способе приводит в результате к неправильным формированиям, которые могут вовлекать лицевую, ротовую и носовую полости в различной степени.

Целесообразность данного исследования обусловлена тем, что пренатальный онтогенез полости рта изучен недостаточно, а знание закономерностей развития пролости рта представляет теоретический и практический интересы, так как помогает объяснить причины и время появления таких аномалий развития как волчья пасть, заячья губа.

Эти данные представляют интерес еще и потому, что как указывает А.А.Заварзин (1934г.), «нельзя понять строение и морфологические особенности структур человека в постэмбриональном периоде и их возрастную изменчивость, не зная закономерностей их развития в эмбриональном периоде».

В литературе почти отсутствуют сведения о динамике формообразовательных процессов, о коррелятивных связях формирующейся полости рта с окружающими образованиями.

Учитывая все приведенное выше, мы решили предпринять настоящее исследование, использовав для этой цели методы гистологического исследования.

Материалом для исследования служили серии гистологических срезов (в количестве 30) зародышей человека с теменно-копчиковым размером от 5,0 до 44 мм.

Серии гистологических препаратов изготавливались из парафиновых блоков. Резка их производились в трех взаимно-перпендикулярных плоскостях (фронтальной, сагиттальной и горизонтальной). Толщина срезов – 10-15 микронов. Большинство срезов окрашено борным кармином, бисмарк-браун, лионской синькой, гематоксилин-эозином.

Висцеральная часть головы: лицо, начало пищеварительной и дыхательной систем имеет гораздо меньший объем, чем нейрокраниальный отдел и развивается медленнее.

Стоматодеум образует часть, как носовой, так и ротовой полостей и по бокам продолжается в щечно-глоточные карманы.

В результате соединения лобно-носовых, верхне и нижнечелюстных отростков идет формирование границ первичной ротовой полости. Недостаточный рост и соединение этих компонентов, несимметричность их развития ведет к неправильному формированию полости рта и носа.

По данным литературы, щечно-глоточная мембрана 20-сомитного зародыша уже перфорирована и имеется свободное сообщение с первичной кишкой, наблюдается рост нижне-челюстных отростков навстречу друг другу.

У зародышей 5 мм длины мандибулярные отростки встречаются между собой по средней линии и образуют дно стоматодеум. На этой стадии развития могут быть различимы лобно-носовой отросток, мандибулярная, гиоидная висцеральная дуга.

У зародышей 7 мм длины появляется верхне-челюстной отросток и линия соединения между ним и нижне-челюстным отростком образует боковую стенку, как бы намечая щеку. Сращения мандибулярных отростков происходит до конца, образуя большую часть дна рта. По средней линии в области рта видно язычное возвышение. Верхняя челюсть и крыша не так хорошо сформированы, как дно рта. Челюстные отростки широко отделены и общая щечно-носовая полость представляет собой расщепленную структуру с центральным дивертикулом («волчья пасть»).

У зародышей 12,0 мм длины первичная ротовая полость на фронтальных срезах имеет вид неправильной формы щели, окружающей уже хорошо выраженную закладку языка. В латеральных отделах этой полости имеется по два углубления. Верхнее направлено краниолатерально, нижнее – латерально. Выстлана первичная полость рта плоским эпителием с хорошо выраженным ядром, клетки которого образуют два ряда, в области упомянутых углублений (3-4 ряда). Вертикальный размер первичной полости равен 220 мкм, поперечный (между закладками неба) равен – 840 мкм. Меккелев хрящ представляет собой парное образование удлиненной формы и состоит из еще незрелой прохондральной ткани, достигая срединной линии. По периферии последнего наблюдается хорошо выраженное скопление мезенхимальных клеток (формирование надхрящницы), образующих как бы футляр толщиной в 22 мкм.

В отличие от предыдущих стадий развития у предплодов 16,0-17,0 мм длины первичная ротовая полость выстлана двухслойным эпителием, но все еще имеет вид щели. Очертания мускулатуры могут быть различными в области нижней челюсти: определяется переднее брюшко двубрюшной и челюстно-подъязычной мышц. Невозможно сказать, развились они из одного сгущения мезенхимы или разных. Дно рта и примитивная масса щеки сформированы.

Мышцы дна рта развиваются из сгущенных участков клеток, в которых невозможно отличить миобласты от фибробластов. Однако наблюдается тенденция к удлинению клеток в одном направлении, некоторые клетки удлинены больше, чем другие.

Меккелев хрящ виден в своей предхрящевой стадии. Другая зона сгущающейся мезенхимы находится в области, где позднее окостеневает нижняя челюсть.

Зачаток околоушной слюнной железы распологается в толще щеки. Его конечный отдел находится на расстоянии 198 микронов от наружной поверхности закладки щеки. Начиная с предплодов 17,0 мм краниальнее зачатка железы появляется закладка височной мышцы.

У предплодов 18,0-19,8 мм длины, несмотря на значительное развитие небных отростков, существует одна общая рото-носовая полость, вертикальный размер этой полости над спинкой языка достигает 176 мкм.

Небные отростки свисают в полость рта, как бы охватывая хорошо выраженную закладку языка. На этой стадии развития отмечается начало отложения остеоидной ткани в области нижней челюсти и развития из эпителиальной ткани закладки подъязычной и подчелюстной слюнных желез.

Образцы предплодов 20-20,4 мм длины показывают, что верхнечелюстной отросток становится больше по размеру и глубине, небные выросты все еще охватывают закладку языка. Полость рта имеет по-прежнему незначительную высоту, наметились границы преддверия.

Язык все еще занимает большую часть щечно-носовой полости и его мускулатура обозначает его составные части. Этот остов дна рта усилен Меккелевым хрящем и нижняя челюсть начала окостеневать снаружи.

Плакоидная область выросла внутрь, носовая перегородка растет выше и в ней видно мезенхимное сгущение (подготовительная стадия развития хряща).

Сошниково-носовые органы различимы, как инвагинации с поверхности носового эпителия.

У предплодов 24,0 мм, 25,0-29,0 мм идет процесс дифференциации мышечных масс. Мышечные волокна имеют по несколько ядер, отмечается образование соединительной ткани мышц.

Снаружи от Меккелева хряща располагается закладка собственно жевательной мышцы, а к его внутренней поверхности прилегает медиальная крыловидная мышца.

На базе Меккелева хряща происходит формирование нижней челюсти, полость нижнечелюстного сустава еще отсутствует.

Начиная с предплодов 35,0-40,0 мм длины происходит смыкание небных отростков и ротовая полость оказывается полностью отделенной от носовой.

Таким образом, очертания образовавшихся границ ротовой полости завершается слиянием верхне-челюстных отростков и образованием вторичного неба. Следующим этапом развития является процесс окостеневания, которым завершается формирование твердого и мягкого неба.

Далее происходит мышечная дифференцияция с хорошо обозначенной исчерченностью.

ЛИТЕРАТУРА

1. Али-Заде Б.Г. [Возрастные особенности околоушных слюнных желез. Азербайджанский журнал, 1955, вып.2., С. 103-104].
2. Бабаева А.Г. [Вопросы восстановления слюнных и слезных желез в эксперименте, Успехи современной биологии, 1965, т.59, вып.2, с.301-314].
3. Валькер Ф.И. [Развитие органов человека после рождения. – Медгиз, 1959, т.45, №1, с.24-31].
4. Герке П.Я. [Частная эмбриология человека. Рига, 1957, с.30-31]
5. Герловин Е.Ш. [Некоторые закономерности гистогенезе переднего отдела пищеварительной системы человека. В кн.: Проблемы современной эмбриологии, Л., 1956, с.281-288].
6. Денисов А.Б. [Слюна и слюнные железы. М., Издательство РАМН, 2006, ISBN 5-7901-00767, с.372]

УДК 577.115:618.2/616-053.7

Марянян А.Ю.[1], Колесникова Л.И.[2], Протопопова Н.В.[3]
[1]Иркутский государственный медицинский университет, ректор – д.м.н., проф. И.В. Малов, кафедра акушерства и гинекологии с курсом подростковой гинекологии, зав. – д.м.н., проф. В.В. Флоренсов; [2]Научный центр проблем здоровья семьи и репродукции человека СО РАМН, директор – член.-корр. РАМН, д.м.н., проф. Л.И. Колесникова, лаборатория вспомогательных репродуктивных технологий и перинатальной медицины, руководитель – д.м.н., проф. Н.В. Протопопова, [3]Иркутская государственная медицинская академия последипломного образования, ректор – д.м.н., проф. В.В. Шпрах, кафедра перинатальной и репродуктивной медицины, зав. – д.м.н., проф. Н.В. Протопопова

СИСТЕМА ПЕРЕКИСНОГО ОКИСЛЕНИЯ ЛИПИДОВ У БЕРЕМЕННЫХ, УПОТРЕБЛЯЮЩИХ АЛКОГОЛЬ

Резюме. В обзоре научной литературы описаны современные представления об изменениях, которые происходят в системе перекисного окисления липидов при беременности и под воздействием этанола. Показано, что данная проблема малоизученна в России и является весьма актуальной, социально значимой и требует дальнейшего изучения.

Ключевые слова: беременность, плод, алкоголь, перекисное окисление липидов

THE SYSTEM OF LIPID PEROXIDATION IN PREGNANT WOMEN WHO CONSUME ALCOHOL

A.Y. Marianian[1], L.I. Kolesnikova[2], N.V. Protopopova[3]
([1]Irkutsk State Medical University, [2]Scientific Centre of the Family Health and Human Reproduction Problems, SB RAMS, Irkutsk, [3]Irkutsk State Medical Academy of Postgraduate Education, Ministry of Health and Social Development of the Russian Federation, Irkutsk,)

Summary. In a review of the scientific literature describes the current understanding of the changes that occur to the system of lipid peroxidation in pregnancy and under the influence of ethanol. It is shown that the problem of insufficiently known in Russia and is very urgent, socially significant and requires further study.

Key words: pregnancy, fetus, alcohol, lipid peroxidation

Потребление алкоголя матерью во время беременности и его воздействие на развивающийся плод являются серьёзной проблемой здравоохранения во всём мире [3,4,12,17].

Фетальный алкогольный синдром это расстройство, возникающее вследствие употребления алкоголя матерью в пренатальный период. ФАС представляет сочетание невральных и экстраневральных аномалий, проявляющихся антенатальным и постнатальным поражением нервной системы, нарушением роста тела, которые встречаются у младенцев, родившихся от женщин, употребляющих алкоголь во время беременности. Эти психические и физические дефекты проявляются при рождении ребенка и остаются у него на всю жизнь, не проходят с возрастом и является главной причиной нарушений умственного развития, которые можно предотвратить в 100% случаев [4].

Фетальный алкогольный спектр нарушений (ФАСН) – термин, описывающий диапазон последствий, которые могут случиться у индивидуума, мать которого употребляла алкоголь в течение беременности. Эти последствия могут включать физические, умственные, поведенческие нарушения и/или нарушения в обучении с возможными пожизненными последствиями [4].

В современном мире широко обсуждается роль активных форм кислорода (АФК) и инициируемых ими свободнорадикальных процессов при различных патологических процессах, в том числе и при беременности. Активность этих процессов в *нормальных условиях* находится на невысоком уровне. При *стрессовых ситуациях* происходит усиленное образование АФК, под действием которых происходит избыточная и неконтролируемая активация процессов перекисного окисления липидов (ПОЛ). В конечном итоге это может привести к патологическому состоянию, которое сопровождается дисбалансом ферментативных и неферментативных компонентов системы антиоксидантной защиты (АОЗ). Физиологическая беременность может сопровождаться существенными изменениями в про- и антиоксидантном статусе [6].

Характерным проявлением окислительного стресса является интенсификация процессов перекисного окисления липидов, индикатором которой служит увеличение содержания хотя бы одного из его продуктов. Данные о содержании продуктов ПОЛ в биологических объектах могут нести в себе информацию о глубине и степени патологического процесса. В качестве количественных маркеров наиболее часто используются такие интермедиаты ПОЛ, как диеновые конъюгаты (ДК), а также один из его конечных продуктов – малоновый диальдегид (МДА) [6].

Общепринятой номенклатуры антиоксидантов в настоящее время нет. По химической природе биоантиокислители представляют собой широкий класс соединений: ферменты (супероксиддисмутаза (СОД), каталаза, глутатионпероксидаза (ГПО)), фенолы и полифенолы (токоферолы, эвгенол), флавоноиды (рутин, кверцетин), стероидные гормоны и многие другие соединения [5,6]. В зависимости от растворимости различают жирорастворимые (витамин Е, А, К, убихинон) и водорастворимые (витамин С, SH-содержащие соединения) биоантиокислители, по молекулярной массе выделяют группу низкомолекулярных антиоксидантов (глутатион, α-токоферол, мочевая кислота) и высокомолекулярных (ферритин, каталаза) [6,10].

К числу энзимных антиоксидантов относят прежде всего супероксидредуктазу (СОР), восстанавливающую O_2^- в пероксид водорода, СОД, катализирующую реакцию дисмутации O_2^- с образованием пероксида водорода и молекулярного кислорода [18], каталазу, восстанавливающую H_2O_2, глутатионзависимые пероксидазы и трансферазы (ГТ) [6].

Во время гестации, начиная с момента зачатия и до завершения родов, в организме матери возникают интегративные процессы, которые необходимы для поддержания функционального единства организма матери и плода [6].

Несмотря на то, что в антигенном отношении мать и плод всегда несовместимы, в большинстве случаев после имплантации бластоцисты беременность развивается нормально и завершается родами в срок. Если бы взаимоотношения между матерью и плодом строились по варианту реципиент – аллотрансплантат, то беременность вряд ли продолжалась дольше срока, чем выживание обычного трансплантата. Следовательно, в системе "мать–плод" существуют механизмы, направленные на сопереживание двух антагонистически настроенных субъектов [6].

Увеличение количества свободных радикалов (СР) во время беременности связано с различными причинами. Одной из причин является их участие в синтезе прогестерона. СР активируют процесс перекисного окисления липидов, в результате которого образуются гидроперекиси холестерина, являющиеся предшественниками данного гормона [6].

Гормональные связи «пронизывают» все компоненты функциональной системы мать-плацента-плод. Так, в I триместре беременности происходит тесное взаимодействие материнско-плацентарной эндокринной системы, а во II и особенно в III триместрах плод и плацента выступают как общий орган синтеза эстрогенов [6]. .

По некоторым литературным источникам, повышение продуктов ПОЛ в III триместре беременных обусловлено угнетением ферментативных и неферментативных механизмов антиперекисной защиты. Происходит снижение активности каталазы [8] и церулоплазмина (ЦП) [9]. ЦП обладает ферроксидазной активностью, а так же ингибирует супероксидный анион-радикал, избыток которого приводит к усилению процесса ПОЛ.

Так же в III триместре беременности происходит возбуждение адренергических структур гипоталамуса, что приводит к увеличению соотношения адреналин/серотонин, депрессии антиоксидантного потенциала плазмы крови и активации иммуногенеза [8].

Под действием этанола во время беременности возникает дефицит антиоксидантов, таких как витамины А, Е, фолиевая кислота, железо, цинк, селен. Это является важным механизмом мутагенеза. Снижение уровня ретиноловой кислоты (дериват витамина А) на фоне пренатальной алкоголизации способствует апоптозу клеток, что, возможно, является причиной кранио-лицевого дисморфизма у детей с ФАС [15,19].

Хроническая алкогольная интоксикация сопровождается и оксидативным стрессом, активацией процессов перекисного окисления липидов. Свободнорадикальные механизмы играют важную роль в патогенезе ФАС [16].

Свободные радикалы, взаимодействуя с ДНК, структурно модифицируют ее. Кроме того, они повреждают клеточные мембраны, а также мембраны органелл клетки, в частности митохондрий. Этанол повышает разновидности реактивного кислорода через митохондриальное дыхание, через окисление этанола ферментами типа цитохрома Р-450 2Е1. Окислительное напряжение, дисбаланс между образованием и разрушением реактивных форм кислорода приводит к нейродегенеративным изменениям [7].

Известно, что независимо от сроков беременности этанол быстро переходит через плацентарный и гемато-плацентарный барьер. При этом его концентрация в крови плода соответствует таковой в крови матери [11,13]. Этанол длительно циркулирует в крови и тканях плода и новорожденного в неизмененном виде, поскольку не происходит его разрушение в печени [1]. Это обусловлено отсутствием или недостаточностью фермента алкогольдегидрогеназы (АДГ), который начинает продуцироваться печенью плода только со второй половины беременности. В первые годы жизни он вырабатывается в незначительном количестве [2,11,14]. Необходимо отметить, что не только печень, но и эмбриональные ткани не имеют достаточно зрелых ферментных систем, способных метаболизировать алкоголь [11,15].

Таким образом, при анализе отечественной и зарубежной литературы, выявлено, что в России малоизученна проблема, касающаяся изменений в системе перекисного окисления липидов, под воздействием этанола у беременных в пренатальный период.

Показано, что данная проблема является весьма актуальной, социально значимой и требует дальнейшего изучения.

ЛИТЕРАТУРА

1. Ахмадеева Э.Н. Алкогольный синдром плода: обзор / Э.Н. Ахмадеева, Е.К. Алехин, Н.Р. Хуссамова // Здравоохранение Башкортостана. — 1997.—№6. —С. 46-51.
2. Баканов М.И. Алкоголь и метаболизм ребенка / М.И. Баканов // Педиатрия. — 1986. — № 11. — С. 52-54.
3. *Балашова Т.Н., Волкова Е.Н., Инсурина Г.Л. и др.* Фетальный алкогольный синдром. – СПб., 2012. – С. 3-51.
4. *Балашова Т.Н., Собелл Л.* Применение техник мотивационного интервью в работе с пациентами, имеющими алкогольные проблемы // Обозрение психиатрии и медицинской психологии им. В.М. Бехтерева. – 2007. - №1. – С. 4-7.
5. Бурлакова Е.Б. Перекисное окисление липидов мембран / Е.Б. Бурлакова, Н.Г. Храпова // Успехи химии, 2004. - Т. 54. - С. 1540-1558.
6. Выборова В.С. Содержание продуктов перекисного окисления липидов в плазме крови беременных женщин. Дипломная работа. - Красноярск, 2008
7. Головко Н.Я. Некоторые аспекты биохимии и химии, молекулярной биологии и генетики цитохром Р-450 / Совр. пробл. токсикол. – 2001. - № 3, с. 17-23.
8. Гусак Ю.К. Психонейроиммунологические особенности адаптивных механизмов при нормально протекающей беременности [Электронный ресурс] / Ю.К. Гусак, Ю.В. Лазарева, В.Н. Морозов, 2007. - Режим доступа: http:www.mednet.com.
9. Качалина Т.С. Прогностическая значимость определения церулоплазмина в третьем триместре беременности [Электронный ресурс] / Т.С. Качалина, Т.А. Морозова, 2006. – Режим доступа: http: www.iprit.ru/ chemical agents action=1179
10. Кения М.П. Роль низкомолекулярных антиоксидантов при окислительном стрессе / М.П. Кения, А.И. Лукаш, Е.П. Гуськов // Успехи современной биологии, 1993. - Т. 113. - № 4. - С. 456-468.
11. *Кирющенко А.П., Тараховский М.Л.* Влияние лекарственных средств, алкоголя и никотина на плод. — М.: Медицина, 1990. —272 с.
12. *Малахова Ж.Л., Шилко В.И., Бубнов А.А.* Фетальный алкогольный синдром у детей раннего возраста. – М., 2012. – 164 с.
13. *Мастюкова Е.М.* Вопросы патогенеза алкогольной эмбриофетопатии // Журн. неврол. и психиатр им. С.С. Корсакова. – 1987. – Т. 87. №10. – С. 1565-1567.
14. *Пашенков С.З.* Об алкогольных эмбриопатиях // Педиатрия. — 1980. — №12. — С. 47.

15. Шилко В.И. Фетальный алкогольный синдром: клинико-патогенетическая характеристика последствий у детей раннего возраста. — Екатеринбург: УГМА, 2011. — 169 с.

16. Bailey S.M., Pietsch E. C., Cunningham C. C. Ethanol stimulates the production of reactive oxygen species at mitochondrial comple[es I and III. Free Radic Biol Med 27:891 – 900, 1999.

17. Balashova T.N. Prevent FAS Research Group Developing Educational Materials for Prevention of FASD in Russia, CDC Grantees. meeting, august 14-15, 2008, Atlanta.

18. Cord J.M. Superoxide dismutase. An enzymic function for erythrocuprein (hemocuprein) / J. M. Cord, I. Fridovich // J. Biol. Chem., 2000. - Vol. 244. - Issue 22. - P. 6049-6055.

19. Habbick B.F., Blakley P.M., Houston C.S., Snider R.E. et al. "Brain Dysmorphology in Individuals with Severe Prenatal Alcohol E[posure"*Journal of Developmental and Behavioral Pediatrics October 2001, Vol. 22, Issue 5, P. – 341 Adrian D. Sandler.

Информация об авторах:

Марянян Анаит Юрьевна – к.м.н., ассистент, докторант ФГБУ «НЦ ПЗСРЧ» СО РАМН, e-mail: anait_24@mail.ru, 664003, г. Иркутск, ул. Красного Восстания, 1; *Колесникова Любовь Ильинична* – член-корреспондент РАМН, д.м.н., профессор, директор, e-mail: iphr@sbamsr.irk.ru, 664003, г. Иркутск, ул. Тимирязева, д. 16, ФГБУ «НЦ ПЗСРЧ» СО РАМН; *Протопопова Наталья Владимировна* – д.м.н., профессор, заведующий кафедрой, руководитель лаборатории, e-mail: ebdru@mail.ru, 664079, г. Иркутск, мкр. Юбилейный, 100.

Data about the author:

Maryanyan Anait Yurievna - MD, PhD, e-mail: anait_24@mail.ru, 664003, Irkutsk, Krasnogo Vosstaniya St., 1, Russia; Doctoral Scientific Centre of the Family Health and Human Reproduction Problems, SB RAMS, Irkutsk, Russia; Kolesnikova Lubov Ilinichna - corresponding member of RAMS, MD, PhD, Director, e-mail: iphr@sbamsr.irk.ru, 664003, Irkutsk, Timirjazeva St., 16, Scientific Centre of the Family Health and Human Reproduction Problems, SB RAMS, Irkutsk, Russia; Protopopova Natalia Vladimirovna –Ph.D., Professor, Head of Department, Head of Laboratory, e-mail: ebdru@mail.ru, 664079, Irkutsk, md. Yubileyni, 100, Russia.

УДК 613.816/616-053.7(571.53)

Марянян А.Ю.[1], Колесникова Л.И.[2], Протопопова Н.В.[3], Королькова Т.П.[1]

[1]Иркутский государственный медицинский университет, ректор – д.м.н., проф. И.В. Малов, кафедра акушерства и гинекологии с курсом подростковой гинекологии, зав. – д.м.н., проф. В.В. Флоренсов; [2]Научный центр проблем здоровья семьи и репродукции человека СО РАМН, директор – член.-корр. РАМН, д.м.н., проф. Л.И. Колесникова, лаборатория вспомогательных репродуктивных технологий и перинатальной медицины, руководитель – д.м.н., проф. Н.В. Протопопова, [3]Иркутская государственная медицинская академия последипломного образования, ректор – д.м.н., проф. В.В. Шпрах, кафедра перинатальной и репродуктивной медицины, зав. – д.м.н., проф. Н.В. Протопопова

АЛКОГОЛЬНОЕ ПОВЕДЕНИЕ СТУДЕНТОВ 4 КУРСА ИРКУТСКОГО ГОСУДАРСТВЕННОГО УНИВЕРСИТЕТА

Резюме. На базе Иркутского государственного медицинского университета проведено анонимное анкетирование 101 студента 4 курса. Выделены 2 группы: 1 группа (n=32) - студенты 4 курса, 2 группа (n=69) - студентки 4 курса (женщины репродуктивного возраста). Цель исследования: выявить частоту употребления спиртных напитков среди студентов 4 курса Иркутского государственного университета. Для достижения поставленной цели использовали анкету, которая состояла из 23 вопросов, позволяющих оценить поведение студентов по отношению к алкоголю и никотину.

По результатам исследования выявлено, что большинство студентов выбирают барьерные методы контрацепции. Примерно каждый 6-ой студент курит и каждый 2-ой употребляет спиртные напитки. Причём, по виду спиртных напитков лидирующее место занимает у студентов – пиво (40,6%), а у студенток вино (44,9%). По количеству доз, студенты 1 группы употребляют 1-2 дозы и 2-3 дозы алкоголя (34,4%), студентки – 1-2 дозы (17,3%), 2-3 дозы алкоголя (13,04%), 4-5 доз (18,8%). По результатам исследования можно сделать вывод, что каждая вторая студентка, женщина репродуктивного возраста, может забеременеть и, не зная, что беременна, употребить спиртные напитки. Тем самым войти в группу высокого риска по рождению детей с фетальным алкогольным спектром нарушений, который является основной причиной умственной отсталости у детей.

Ключевые слова: студенты-медики, оценка частоты употребления алкоголя, медико-социологическое исследование.

ALCOHOLIC BEHAVIOR FOURTH-YEAR STUDENTS OF THE IRKUTSK STATE UNIVERSITY

A.Y. Marianian[1], L.I. Kolesnikova[2], N.V. Protopopova[3], Korolkova T.P.[1]
([1]Irkutsk State Medical University, [2]Scientific Centre of the Family Health and Human Reproduction Problems, SB RAMS, Irkutsk, [3] Irkutsk State Medical Academy of Postgraduate Education, Ministry of Health and Social Development of the Russian Federation, Irkutsk)

Summary. On the basis of the Irkutsk State Medical University conducted an anonymous survey of 101 students 4 courses. Identified two groups: Group 1 (n = 32) - 4th year students, group 2 (n = 69) - 4th year students (women of reproductive age). OBJECTIVE: To identify the frequency of drinking among students of the 4th year of the Irkutsk State University. To achieve this goal using a questionnaire that consisted of 23 questions designed to assess students' behavior in relation to alcohol and nicotine. According to the survey revealed that the majority of students choose barrier methods of contraception. About every second student smokes and every second consumes alcohol. And, by type of alcoholic beverage leader takes students - beer (40.6 %), and wine at the students (44.9 %). According to the number of doses, the students use one of 1-2 and 2-3 dose levels of alcohol (34.4 %), student - 1-2 doses (17.3%), 2-3 doses of alcohol (13.04 %) , 4-5 doses (18.8%). According to the study , we can conclude that every other student , a woman of reproductive age who may become pregnant , and not knowing that she was pregnant , consume alcoholic beverages. Thus enter into a group at high risk for having children with fetal alcohol spectrum disorders, which is the main cause of mental retardation in children .

Keywords: medical students, evaluation of the frequency of alcohol use, medical and sociological research .

Употребление алкоголя в настоящее время является основной причиной демографической катастрофы в России [7].

Алкоголь отнимает у России будущее – ее молодежь, которая все больше втягивается в употребление алкоголя. Еще в 2002 г. было установлено, что 80,8% молодежи в возрасте от 11–24 лет употребляют алкоголь, в сельской местности – свыше 90%. Девушки – будущие матери – не отстают от юношей. Регулярное потребление пива начинается в 12 лет, вина – в 15 лет, водки – в 16 лет [7].

На сегодняшний день, главной молодежной проблемой современности является злоупотребление психоактивными веществами и алкоголем в частности. Причем учеба в вузе относится к критическому периоду в плане приобщения человека к употреблению алкоголя [2,3,4]. Понятно, что в этом в первую очередь участвуют психологические факторы, среди которых выделяют особенности личности (характера), высокий риск социальной дезадаптации [6,7], мотивацию потребления алкоголя [5]. Была подтверждена концепция о том, что основным признаком всякого патологического влечения является несовпадение между предметом потребности, лежащей в основе влечения, и предметом самого влечения, который выступает в роли мотива поведения [8].

При анализе зарубежной литературы выявлено, что ожидание от эффекта алкоголя отдельными авторами рассматривается как концептуальный подход к началу злоупотребления алкоголем и формированию алкогольной зависимости [9,10,11]. Положительные ожидания стимулируют регулярное потребление, а негативные – являются препятствием к алкоголизации. Поэтому особое значение приобретает изучение вопросов влечения к алкоголю, психологической склонности к алкоголизации в студенческой медицинской среде.

Цель исследования: выявить частоту употребления спиртных напитков среди студентов 4 курса Иркутского государственного университета.

Материалы и методы. На базе Иркутского государственного медицинского университета (ИГМУ) проведено анонимное анкетирование 101 студента 4 курса. Для удобства нами выделены 2 группы: 1 группа (n=32) - студенты 4 курса, 2 группа (n=69) - студентки 4 курса (женщины репродуктивного возраста). Средний возраст студентов составил 21±1,2. Отказов от анкетирования не было.

Для достижения поставленной цели использовали анкету (табл. 1), которая состояла из 23 вопросов, позволяющих оценить поведение студентов по отношению к алкоголю и никотину. Также предоставляется возможность определить какими видами контрацепции они пользуются. Мы акцентируем на этом вопросе внимание, т.к. студентки, являясь женщинами репродуктивного возраста, могут забеременеть и, не зная, что беременны, употребить спиртные напитки. Как известно, это приводит к тому, что такие женщины попадают в группу риска по рождению детей с фетальным алкогольным синдромом и фетальным алкогольным спектром нарушений.

Фетальный алкогольный синдром (ФАС) – это расстройство, возникающее вследствие употребления алкоголя матерью в пренатальном периоде, представляющее собой сочетание врождённых психических и физических дефектов, которые впервые проявляются при рождении ребёнка и остаются у него на всю жизнь. Это является главной причиной нарушений умственного развития, которые можно предотвратить в 100% случаев [1].

Фетальный алкогольный спектр нарушений (ФАСН) – термин, описывающий диапазон последствий, которые могут случиться у индивидуума, мать которого употребляла алкоголь в течение беременности. Эти последствия могут включать физические, умственные, поведенческие нарушения и/или нарушения в обучении с возможными пожизненными последствиями [1].

Таблица 1.

АНКЕТА
(анонимная)

Пол: м ж
Возраст:_____
Курс: 4 5 6
Специальность, которую Вы намерены выбрать после окончания университета:
Хирургию   Терапию   Акуш и гинек (подчеркните) Другое _____ (укажите)
Какие виды контрацепции Вы используете:
          КОК   Внутриматоч Экстренная Не испол
барьерная   ные спирали контрацепция
6. Планируете ли Вы в ближайшее время беременность (для женщин):
Да   Нет
7. Для женщин: принимаете ли Вы фолиевую кислоту последние 2-3 месяца: Да   нет
8.Курите ли Вы: Да   нет
9.Если да, то сколько сигарет в день:_____
10. Какие сигареты вы курите: легкие   суперлёгкие крепкие
11. Употребляете ли Вы спиртные напитки: Да   Нет
12. Как часто Вы употребляете алкогольные напитки:
Никогда   1 раз в месяц   2-4 раза в месяц   2-3 раза в нед
13. Какие виды спиртных напитков Вы предпочитаете (нужное подчеркнуть):
водка вино пиво коньяк виски шампанское коктейли
14. Сколько доз алкоголя Вы употребляете по праздникам за один раз:

1 доза алкоголя	=	350 мл слабого пива 5^0	=	250 мл крепкого пива 7^0	=	150 мл сухого вина 12^0	=	100 мл крепкого вина 18^0	=	45 мл воды 40^0

1 — 2 дозы	*2 —3дозы*	*3 — 4 дозы*	*4-5 доз*	*5-6 доз*	*Больше 6 доз*

15. Какое количество алкоголя Вам необходимо, чтобы почувствовать опьянение:_____доз (Укажите в дозах!!!)

16. Не казалось ли Вам когда-либо, что Вам стоит меньше пить: *Да Нет*

17. Какая Ваша обычная доза алкогольных напитков за день:

1 — 2	*3 — 4*	*5 — 6*	*7 — 8*	*8 — 9* Больше

Как часто Вы употребляете 4 или больше доз за раз:

Никогда	*1 раз в месяц*	*еженедельно*	*ежедневно*

19. Являлось ли когда-нибудь Ваше употребление алкоголя причиной телесных повреждений у Вас или других людей: *Да Нет*

20. Бывали ли случаи, что Вы не могли вспомнить что делали и говорили после предшествующей выпивки: *Да Нет*

21. Проникает ли алкоголь через фето-плацентарный барьер: *Да Нет*

22. Проникает ли алкоголь через гематоэнцефалический барьер: *Да Нет*

23. Влияет ли алкоголь на плод: *Да Нет*

Статистическую обработку полученных данных проводили с использованием стандартного пакета анализа Excel и программы «Statistca-6 for widows». Все полученные данные обработаны методами вариационной статистики с оценкой статистически значимых различий по критерию χ^2.

Результаты и обсуждение

По результатам исследования выявлено, что большинство студентов выбирают барьерные методы контрацепции. Так, в 1 группе – 20 студентов, 2 группе - 29 студенток, что составило 62,5% и 42,02% соответственно. Из 69 студенток 7 (10,1%) принимают комбинированные оральные контрацептивы. Планируют беременеть в ближайшее время 62 (89,9%) человек из 2 группы.

Из всех студенток всего 1 принимает фолиевую кислоту. Как известно, фолиевая кислота оказывает положительный эффект при закладке нервной трубки у плода.

Отмечено, что из 32 студентов курят 5 (15,6%), из 69 студенток -12 (17,4%). Причём, в основном от 5 до 10 лёгких сигарет в день.

На вопрос «Употребляете ли вы спиртные напитки», положительный ответ дали 18 студентов и 38 студенток, что составило 56,2% и 55,1%

соответственно. По частоте употребления спиртных напитков получены следующие результаты: *1 раз в месяц* спиртные напитки принимают 13 студентов (40,6%) и 24 студентки 2 группы (34,8), *2-4 раза в месяц* - 3 студента (9,3%) из 1 группы и 13 студенток (18,8%) из 2 группы.

По виду спиртных напитков лидирующее место занимало у студентов – пиво (40,6%), а у студенток вино (44,9%). По количеству доз, студенты 1 группы употребляют 1-2 дозы и 2-3 дозы алкоголя (34,4%), студентки – 1-2 дозы (17,3%), 2-3 дозы алкоголя (13,04%), 4-5 доз (18,8%).

На вопрос «Какое количество алкоголя Вам необходимо, чтобы почувствовать опьянение?», студенты ответили от 2-4 доз (40,6%), студентки – 1-2 дозы (20,3%), 2-3 дозы (10,1%), 3-4 дозы (10,1%), 4-5 доз (10,1%). Необходимо отметить, что 21,8% студентов и 27,5% студенток задумываются, что им стоит меньше пить. Обычная доза и у мужчин, и у женщин составила 1-2 дозы алкоголя.

У 15,6% студентов 1 группы и у 8,6% студенток 2 группы употребление алкоголя являлось причиной телесных повреждений у самих себя и у других людей. Также выявлено, что у 28,1% студентов и 20,3% студенток бывали случаи, что они не могли вспомнить что делали и говорили после предшествующей выпивки.

Что порадовало, в целом студенты показали хорошие знания по отношению вреда алкоголя на плод. Большинство из них информированы о возможности проникновения алкоголя через гематоэнцефалический и плацентарный барьеры.

По результатам исследования выявлено, что большинство студентов выбирают барьерные методы контрацепции. Примерно каждый 6-ой студент курит и каждый 2-ой употребляет спиртные напитки. Причём, по виду спиртных напитков лидирующее место занимает у студентов – пиво (40,6%), а у студенток вино (44,9%). По количеству доз, студенты 1 группы употребляют 1-2 дозы и 2-3 дозы алкоголя (34,4%), студентки – 1-2 дозы (17,3%), 2-3 дозы алкоголя (13,04%), 4-5 доз (18,8%). По результатам исследования можно сделать вывод, что каждая вторая студентка, женщина репродуктивного возраста, может забеременеть и, не зная, что беременна, употребить спиртные напитки. Тем самым войти в группу высокого риска по рождению детей с фетальным алкогольным спектром нарушений, который является основной причиной умственной отсталости у детей.

Список литературы

1. *Балашова Т.Н., Волкова Е.Н., Инсурина Г.Л.* и др. Фетальный Алкогольный синдром. – СПб., 2012. – С. 3-51.
2. *Голенков А.В.* Пограничные психические расстройства у студентов Чувашии. Чебоксары: Изд-во Чуваш. ун-та, 1996. 116 с.

3. *Голенков А.В., Андреева А.П., Булыгина И.Е.* Частотно-количественные показатели и мотивы потребления алкогольных напитков студентами медиками// Наркология. 2009. №10. С. 25-29.
4. *Гречко Т.Ю., Ширяев О.Ю.* Алкогольная зависимость среди студентов медицинского вуза// XIV съезд психиатров России: материалы съезда. М., 2005. С. 339.
5. *Завьялов В.Ю.* Психологические аспекты формирования алкогольной зависимости. Новосибирск: Наука. Сиб. отд-ние, 1988. 198 с.
6. *Иванов Н.Я., Личко А.Е.* Патохарактерологический диагностический опросник для подростков: Краткое руководство. М.; СПб.: Фолиум, 1994. 64 с.
7. *Личко А.Е., Битенский В.С.* Подростковая наркология: Руководство. Л.: Медицина; 1991. 304 с.
8. *Немчин Т.А., Цыцарев С.В.* Личность и алкоголизм. Л.: Изд-во ЛГУ, 1989. 192 с.
9. Программа первоочередных мер государственной антиалкогольной политики, Москва. – август, 2006
10. *Ganaraja B., Kotian M., Bhat R., Ramaswamy C.* Alcohol expectancy responses from first year medical students: are they prone to alcoholism?//Indian J. Med. Sci. 2007. Vol. 61, N9. P. 511-516.
11. *Young R., Connor J., Ricciardelli L., Saunders J.* The role of alcohol expectancy and drinking refusal self-efficacy beliefs in university student drinking //Alcohol & Alcoholism. 2006. Vol. 41, N1. P. 70-75.

Информация об авторах:

Марянян Анаит Юрьевна – к.м.н., ассистент кафедры акушерства и гинекологии ИГМУ, докторант ФГБУ «НЦ ПЗСРЧ» СО РАМН, e-mail: anait_24@mail.ru, 664003, г. Иркутск, ул. Красного Восстания, 1; *Колесникова Любовь Ильинична* – член-корреспондент РАМН, д.м.н., профессор, директор, e-mail: iphr@sbamsr.irk.ru, 664003, г. Иркутск, ул. Тимирязева, д. 16, ФГБУ «НЦ ПЗСРЧ» СО РАМН; *Протопопова Наталья Владимировна* – д.м.н., профессор, заведующий кафедрой, руководитель лаборатории, e-mail: ebdru@mail.ru, 664079, г. Иркутск, мкр. Юбилейный, 100; Королькова Татьяна Павловна – студентка 4 курса Иркутского государственного медицинского университета, г. Иркутск, ул. Красного Восстания, 1.

Data about the author:
Maryanyan Anahit Yurievna - MD, PhD, e-mail: anait_24@mail.ru, 664003, Irkutsk, Krasnogo Vosstaniya St., 1, Russia; Doctoral Scientific Centre of the Family Health and Human Reproduction Problems, SB RAMS, Irkutsk, Russia; Kolesnikova Lubov Ilinichna - corresponding member of RAMS, MD, PhD, Director, e-mail: iphr@sbamsr.irk.ru, 664003, Irkutsk, Timirjazeva St., 16, Scientific Centre of the Family Health and Human Reproduction Problems, SB RAMS, Irkutsk, Russia; Protopopova Natalia Vladimirovna –Ph.D., Professor, Head of Department, Head of Laboratory, e-mail: ebdru@mail.ru, 664079, Irkutsk, md. Yubileyni, 100, Russia, Korolkova Tatiana P. - 4th year student of the Irkutsk State Medical University, Irkutsk, Krasnogo Vosstaniya St., 1.

Аракельян Р.С. (к.м.н., ассистент), **Аракельян А.С.** (врач-интерн), **Егорова Е.А.** (ассистент), **Заплетина Н.А., Филиппова В.М., Стулов А.С., Воробьева А.Н., Глебова А.А., Кузьмичев Б.Ю., Демченко Е.Н., Кочергина Г.А., Остапенко Е.А., Каплун А.А., Павлий Ю.С., Втехина Е.М., Гасанова Р.К., Гасанов Н.Г.**
ГБОУ ВПО «Астраханская государственная медицинская академия» Минздрава России
rudolf_astrakhan@rambler.ru

СОВРЕМЕННАЯ СИТУАЦИЯ ПО ДИРОФИЛЯРИОЗУ ЧЕЛОВЕКА В АСТРАХАНСКОЙ ОБЛАСТИ

Проблема дирофиляриоза, вызываемого нематодами Dirofilaria repens и Dirofilaria immitis, в нашей стране изучена недостаточно и остается сложной в эпидемиологическом плане и в плане ранней диагностики. Отсутствие клинических признаков заболевания у животных, различный инкубационный период заболевания у человека, плохое знание данной проблемы медицинскими работниками – все это способствует поздней и некачественной постановке диагноза «Дирофиляриоз». Выявление новых случаев дирофиляриоза требует обязательного и своевременного эпидемиологического расследования [1, 29].

Всего за период с 1915 по 2012 гг. на территории Российской Федерации зарегистрировано более 600 случаев дирофиляриоза человека. Ареал дирофиляриоза охватывает территорию России от 41° 30′ с.ш. до 58° 30′ с.ш., где температуры июля составляют от 17,5°C на севере до 24°C и выше на юге, а число дней колеблется от 60 до 70 на севере до 110 – 120 (до 150) на юге [1, 29].

Дирофиляриоз человека зарегистрирован в 53 субъектах РФ, из них 29 – в Европейской части России [1, 29].

Южный Федеральный округ охватывает 6 субъектов РФ, из них в четырех (Краснодарский край, Астраханская, Волгоградская и Ростовская области) зарегистрирован дирофиляриоз человека. Всего 337 случаев (59,8% случаев от общего числа всех зарегистрированных случаев на территории России) [1, 29].

Юг России - благоприятная зона для распространения трансмиссивных инфекций и инвазий, в том числе и филяриатозов. Отсутствие мероприятий по их профилактике, рост численности бродячих животных обуславливает риск увеличения числа инвазированных людей и домашних животных [1, 29].

Накопление и систематизация случаев дирофиляриоза в Астраханской области начаты с 1977 года В.Ф. Постновой [1, 29].

На территории Астраханской области за период 1951 – 2012 гг. зарегистрировано 84 случая дирофиляриоза человека. Астраханская область входит в пятерку регионов РФ, где ситуация по дирофиляриозу остается весьма напряженной (Краснодарский край, Ростовская, Волгоградская и Нижегородская области).

Первый случай дирофиляриоза в Астраханской области был обнаружен Ш.И. Эпштейном в 1951 году. Паразит был извлечен хирургом Выхманом у жительницы села Нариманово Наримановского района Астраханской области. Второй случай заболевания человека дирофиляриозом в Астрахани относится к 1954 году, и десятым, описанным в русской литературе.

Только за последние 12 лет с 2001 по 2012 гг. на территории Астраханской области выявлено 43 человека с дирофиляриозом, в т.ч. женщины – 74,4% (32 чл.), мужчины – 25,6% (11 чл.).

Гельминт локализовался: в области век – 20 сл. (46,5%), в области лба – 6 сл. (14,0%), в области волосистой части головы – 4 сл. (9,4%), в области верхних конечностей – 7 сл. (16,3%). Единичные случаи локализации отмечались в области лица, груди и нижних конечностей – по 2 сл. (4,6%).

Во всех случаях больные предъявляли жалобы на боль, жжение, гиперемию и отечность пораженного участка. Более половины всех больных – 23 чл. (53,5%) отмечали миграцию паразита под кожей.

Выставлялись диагнозы: «липома» - 13 сл. (30,2%), «дирофиляриоз» - 16 сл. (37,2%), «атерома» - 6 сл. (14,0%), «инородное тело» и «новообразование» - по 2 сл. (по 4,7%). В единичных случаях (по 2,3%) выставлялись диагнозы: «аллергический отек», «фурункул», «дракункулез» и «варикозное расширение вен».

Заболевание встречается у всех возрастных групп. Самым ранним возрастом является возраст 4 года. Самым старым – женщина 68 лет.

Среди заболевших дирофиляриозом городских жителей в 2 раза больше, чем жителей сельских районов. Так, по городу регистрируется пораженность в 69,7% (30 чл.). По Астраханской области, максимальная пораженность отмечается в Камызякском, Икрянинском, Красноярском и Приволжском районах – по 7,0% (по 3 сл.) и 2,3% (1 сл.) случаев в г. Знаменск.

Во всех случаях у людей извлекался один гельминт. В 88,4% случаев (38 чл.) на исследование доставлялся живой гельминт, удаленный у человека. В 11,6% случаев полностью удалить гельминта не удавалось и на контрольное исследование доставлялись фрагменты нематоды.

Размеры извлеченных гельминтов колебались от 40 до 150 мм. В 19 сл. (44,2%) размер колебался от 100 до 130 мм. Все паразиты были удалены хирургическим путем и идентифицированы специалистами, как самка нематоды Dirofilaria repens.

С целью улучшения качества диагностики дирофиляриоза у животных и человека, нами в 2012 г. был модифицирован метод диагностики кровепаразитов, который заключался в следующем: в центрифужной пробирке мы смешивали кровь животных и раствор уксусной кислоты из расчета 1:5, где 1 – 1 мл отобранной крови, а 5 – 5 мл 5% водного раствора уксусной кислоты. Полученную смесь размешивали стеклянной палочкой и центрифугировали при 1500 об/мин. Затем надосадочную жидкость сливали, а осадок переносили на предметное стекло, где готовили влажный мазок. Мазок высушивали и фиксировали над пламенем спиртовки. После фиксации мазок подвергали окрашиванию метиленовым синим по Леффлеру в разведении 1:10, где 1 – 1 мл насыщенного раствора метиленовой сини, а 10 – дистиллированная вода. Далее окрашенный мазок высушивали при комнатной температуре и подвергали микроскопии сначала под малым, а затем под большим увеличением (видовая принадлежность). При окрашивании возбудитель окрашивался в бледно-голубой цвет с четкими контурами и внутренним содержимым. Таким образом, мы сократили временные затраты при диагностике дирофиляриоза с 6 до 2 часов.

Мы также изучили зараженность дирофиляриями потенциального источника инвазии (собаку). Так, за период с 2004 по 2012 гг. на территории Астраханской области было обследовано 2387 служебных собак. Дирофиляриоз верифицировался в 110 случаях, зараженность составила 4,6%. За последние годы нам удалось снизить зараженность собак с 24,1% в 2004 до 1,3% в 2012 г.

Таким образом, за последние годы отмечается увеличение числа случаев дирофиляриоза среди людей. Астраханская область, входящая в зону пустынь и полупустынь, эндемична по дирофиляриозу, чему способствуют климатические и социально значимые факторы. За период 2001 – 2012 годов нами описано и изучено 43 случая этого заболевания среди населения в возрасте от 4 до 68 лет. Увеличение числа социально неблагополучных факторов, отсутствие качества профилактических исследований, как и потепление климата, способствуют повышению риска заражения и увеличению числа случаев местной передачи возбудителя дирофиляриоза. Разработан модифицированный метод диагностики дирофиляриоза у животных, позволивший сократить временные интервалы при постановке диагноза.

Использованная литература

1. Аракельян Р.С., Галимзянов Х.М., Аракельян А.С. Клиника и диагностика дирофиляриоза в современных условиях /Вестник Дагестанской государственной медицинской академии, 2013, №3 (8), приложение №1, стр. 29 – 30.

Кантемиров М.Р., Байбусинов Э.У.
КГМУ

ЭПИДЕМИОЛОГИЧЕСКИЕ ОСОБЕННОСТИ САЛЬМОНЕЛЛЕЗОВ В РЕСПУБЛИКЕ КАЗАХСТАН

Актуальность проблемы. Сальмонеллезы относятся к числу широко распространенных во всем мире кишечных инфекций, удельный их вес среди которых составляет от 30-40%. Хотя их географическое распространение, этиологическая структура, а также уровень заболеваемости ими в разных странах далеко не одинаковы и подвержены определенным изменениям [1,70;2,39;3,284;5,9].

По заключению экспертов ВОЗ во всех регионах мира в настоящее время инфицированность людей сальмонеллами составляет 5-10% от общего числа населения, что в количественном выражении исчисляется сотнями миллионов [2,40].

Высокая интенсивность эпидемического процесса в Республиках Центральной Азии, в том числе и в Казахстане, в сочетании различных форм сальмонеллезов причиняют огромный социально-экономический ущерб народному хозяйству [3,284;4,40].

Целью нашей работы являлось изучение особенностей проявления эпидемического процесса сальмонеллезов среди населения в Республике Казахстан.

Материалы и методы. При изучении заболеваемости сальмонеллезом использованы статистические данные НПЦ санитарно-эпидемиологической экспертизы и мониторинга КГСЭН МЗ РК за 2007-2012 годы.

Эпидемиологические исследования базировались на данных ретроспективного эпидемиологического анализа заболеваемости сальмонеллезом с вычисленнием основных показателей заболеваемости, сальмонеллезной инфекции.

Обсуждение результатов исследования. В целом общая заболеваемость сальмонеллезами на 2012 год населения Республики Казахстан составляет 10,0 случаев на 100 тыс. населения. Наибольшие показатели заболеваемости сальмонеллезами были отмечены в Павлодарской (22,3), Мангистауской (17,6), Костанайской (13,9), Акмолинской (13,3), Северо-Казахстанской (11,8) и Восточно-Казахстанской (11,6) областях. А также, в крупных городах республиканского значения как г. Алматы (24,7) и г. Астана (17,3) на 100 тыс. населения.

Многолетняя динамика заболеваемости сальмонеллезами в Республике Казахстан на основании проведенного ретроспективного эпидемиологического анализа показывает, что в период с 2007 по 2012 годы сформировалась выраженная динамика снижения заболеваемости сальмонеллезами.

Наибольшие показатели заболеваемости были зарегистрированы в 2007, 2008, 2010 годах и составили 20,8; 15,3; 13,45 на 100. тыс. населения соответственно. С 2011 года наблюдается стабильное снижение заболеваемости и в 2012 году показатель заболеваемости составил 10,0 на 100. тыс. населения. Среднегодовой темп снижения составляет – 6,6%. Среднемноголетний уровень заболеваемости за 6 лет составил – 13,7 на 100 тыс. населения.

Анализ прогноза заболеваемости на 2013год ожидается благоприятным, максимальный в пределах – 8,4, а минимальный прогноз в пределах – 6,0 на 100. тыс. населения.

Соотношения между заболеваемостью сельского и городского населения Республики Казахстан за последние 3 года составило 1:5 соответственно.

Анализ заболеваемости возрастных групп: взрослые, дети до 14 лет и подростки 15-17 лет по интенсивным показателям за последние 3 года показывает, что наиболее часто болеют сальмонеллезом дети до 14 лет, далее взрослые и подростки 15-17 лет (показатели в 2012году составили 13,14; 9,96; 6,24 соответственно на 100.тыс. населения).

В этиологической структуре сальмонеллезов преобладают сальмонеллы группы Д , составляющие в целом по республике более 50%, в общей массе выделенных культур. Среди которых наиболее значимыми являются S.enteritidis и S.newport (группа С) которые до 72,2% определяют общий уровень заболеваемости данной инфекции. В южных областях их доля незначительна от 1,0-5,0% [6.42].

Необходимо отметить роль сальмонелл редких групп в развитии эпидемического процесса. Так, в Алматинской области на них приходилось 18,2%, в Кызылординской-35,0%, а в Южно-Казахстанской-58,3%. Столь важная роль в серогрупповом составе сальмонелл обусловлена характером распространения, а также устойчивостью к воздействию ряда физических и химических факторов [6.42]

Исследование факторов передачи сальмонеллезной инфекции выявило, что инфекция в основном передается через продукты питания животного происхождения, изготовленные в частном секторе.

В распространении сальмонеллеза особую роль играют яйца и яичные продукты или полуфабрикаты предназначенные для изготовления кремов, пирожных и других кондитерских изделий, а также мясная и молочная продукция.

Выше изложенное обуславливает необходимость постоянного эпидемиологического наблюдения за этой группой инфекции, а также поиска и разработки оптимальных путей профилактики.

Выводы

1. С 2007 по 2012 годы по Республике Казахстан отмечается выраженная тенденция снижения заболеваемости сальмонеллезами от 20,8 в 2007г до 9,96 в 2012 году т.е в 2 раза, со среднегодовым темпом снижения – 6,6%.
2. Сальмонеллезами чаще болеет городское население по сравнению с сельским.
3. Возрастная группа дети до 14 лет чаще болеют, чем взрослые и подростки 15-17 лет.
4. В этиологической структуре заболеваемости сальмонеллезами S.enteritidis является детерминирующей.
5. В южных областях республики роль сальмонелл редких групп более значима.

Литература

1. Генетические механизмы биоразнообразия S.enteritidis и клинические особенности сальмонеллезов / А.Р Мавзютов, Р.Т Мурзабаева, Р. Г Назмутдинова и др // журнал «Микробиологии, эпидемиологии и иммунологии».Москва – 2010. - №5. – с 70-72.
2. Рожнова С.Ш. Сальмонеллезы: проблемы и решения // журнал «Эпидемиология и инфекционные болезни».Москва – 1999. - №2. – с 39-41.
3. Основные направления санитарно-эпидемиологического надзора за сальмонеллезной инфекций на территории Карагандинской области / Лапшина Л.Н, Искакова А. К, Кантемиров М.Р и др // Материалы научно-практической конференции с международным участием «Актуальные вопросы инфекционной и неинфекионной патологии у детей и взрослых». Темиртау, 2007 с 284-287.
4. Распространенность и факторы передачи сальмонеллезов в Республике Казахстан / А.Т.Кенжебаева, Е.Т.Аймурзаева, К.Т.Бейсекеева и др. // Научно-практический журнал «Гигиена, эпидемиология и иммунобиология».Алматы -2008.-N1 № (35) с. 40-43.
5. Сальмонеллезы в России: затишье перед бурей./С.Ш.Рожнова, Н.К.Акулова,О.А.Христюхинадр.//Журнал«Эпидемиологияиин фекционные болезни». Актуальные проблемы.Москва- 2011, - N2.-с.9-12.

Филинков Л.И., Застоин М.В.
Научно-образовательная лаборатория Альтернативной энергетики Астраханского Государственного Университета
leonid_filinkov@mail.ru

ОПЫТ ВНЕДРЕНИЯ СОЛНЕЧНЫХ НАГРЕВАТЕЛЕЙ (ГЕЛИОКОЛЛЕКТОРОВ) В СПОРТИВНЫХ КОМПЛЕКСАХ

В наше время для нагрева воды для бытовых нужд используется природный газ. Из соображений безопасности запрещено использовать газовое оборудование внутри зданий в сферах здравоохранения, в детских учреждениях и спортивных комплексах. Но как тогда обеспечить спортивный комплекс горячей водой? Ответить на этот вопрос и продемонстрировать внедренное решение мы постараемся в данной статье.

Безопасным, дешевым в эксплуатации и экологически чистым решением является использование солнечных нагревателей (гелиоколлекторов). В Астраханском Государственном Университете уже 3 года действует научно-образовательная лаборатория альтернативной энергетики. Студенты физико-технического факультета на практике постигают принципы энергосберегающих технологий, таких как гелиоколлектор. В Астрахани на Аэропортовском шоссе, 15а (здание Академии Тенниса) была создана гелиосистема, снабжающая этот объект горячей водой. На крыше установлены 48 гелиоколлекторов, из которых 24 шт. - SZ 58-1800-20H и 24 шт. - SZ 47-1500-20U. Цифры в маркировке модели означают соответственно: 58 – диаметр вакуумной колбы, 1800 – длина вакуумной колбы, 20 – количество вакуумных колб в одном коллекторе. Буква H или U обозначает тип медного сердечника, расположенного в колбе. Так, второй тип имеет вид U – образной трубки (см.рис.1). Для справки: по информации [1], тип H это то же самое, что тип R, просто R в китайском языке означает Heat (тепло). Таким образом, количество вакуумных колб в гелиосистеме: 48*20=960 шт.

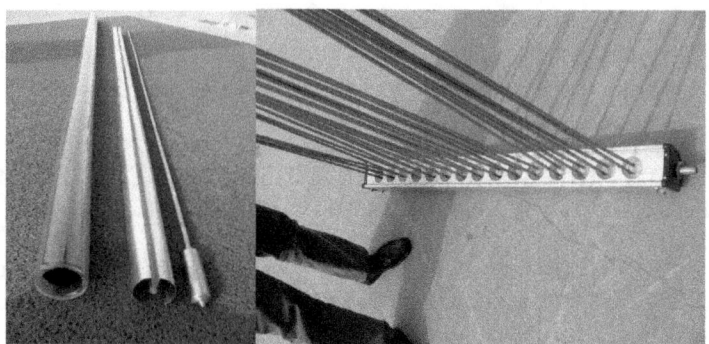

Рис. 1. Тепловая трубка H-типа (слева) и U–типа (справа)

Баки косвенного нагрева изготовлены из нержавеющей стали, а змеевики – медные. Применение этих металлов решает проблемы коррозии. Сотрудниками лаборатории Альтернативной энергетики накоплен опыт, свидетельствующий, что в Астрахани преждевременный выход стальных эмалированных баков из-за коррозии встречается часто. Стоимость бака из нержавеющей стали примерно в 2 раза выше, чем стоимость эмалированного бака, однако срок службы такого бака выше. Помимо того, нержавеющие баки не снабжены магниевым анодом, поэтому отсутствует необходимость замены этого элемента. Бойлеры имеют по 2 змеевика. Подогретый солнцем теплоноситель от гелиоколлекторов поступает в нижний змеевик бойлера. Верхний змеевик присоединен к резервному источнику тепла – жидкотопливной котельной. Таким образом, существует возможность подогревать систему отопления здания в межсезонный период за счет гелиоколлекторов.

Объем бойлеров-накопителей: 8 шт. по 500 л. Итого: 4000 литров.

Удельный расход воды на одну колбу составляет: 4000 / 960 = 4,2 литра. Опыт эксплуатации гелиосистемы в летний период показывает, что при такой удельной нагрузке на 1 вакуумную колбу температура воды в баке за день может подняться на 80 градусов С. По нашим оценкам, КПД гелиоколлектора достигает 95%.

В системе применены медные трубы. Применение такого материала обусловлено высокими требованиями по выдерживаемой температуре. Так, при возможной стагнации температура теплоносителя в гелиоколлекторе летом достигает более 200 градусов. Наименьший диаметр трубы – 35 мм. Выбор столь большого диаметра, во-первых, обусловлен большой протяженностью магистралей, а во-вторых, возможностью применения антифриза вместо воды, ведь, как известно, вязкость антифризов (в частности, тосола) выше вязкости воды, и гидравлическое сопротивление трубы при протекании антифриза в среднем на 30% выше по сравнению с водой.

Рис. 2. Гелиоколлекторы объекта «Академия Тенниса»

Гелиосистема состоит из двух симметричных частей. На рис. 2 представлено фото коллекторов одной из таких частей, а на рисунке 3 представлена принципиальная тепловая схема этой части. Между собой системы не связаны. Это увеличивает надежность системы. Так, если в одной из систем случается сбой, то здание не остается без горячей воды: ситуацию спасает вторая система.

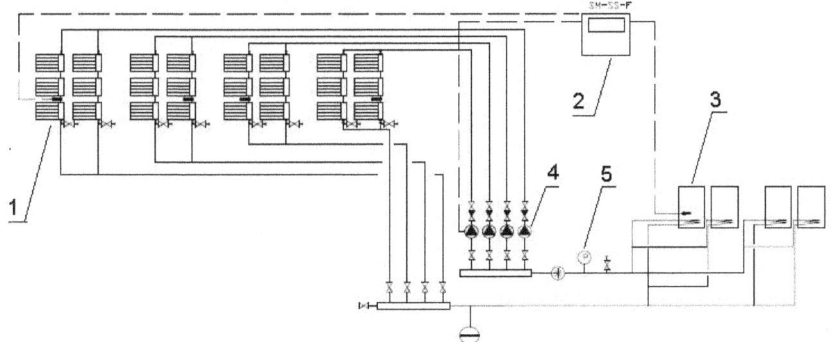

Рис.3. Тепловая схема гелиосистемы

Гелиосистема работает следующим образом (см. рис.3). Солнечное излучение прогревает теплоноситель в гелиоколлекторах 1. Контроллер 2, отследив, что температура теплоносителя в коллекторах 1 на десять градусов выше температуры воды в баке 3, запускает циркуляционный насос 4. Когда разница температур на коллекторе и в баке станет ниже пяти градусов (например, вечером, либо если на небе появятся облака), контроллер останавливает работу насоса. Для удаления воздуха из системы на гелиоколлекторах предусмотрены высокотемпературные воздухоотводчики. Давление теплоносителя в системе отслеживается с помощью манометра 5. Давление в системе установлено на уровне 2 бар. Котлы оснащены Тэнами, которые при необходимости можно запустить вручную автоматическими выключателями, расположенными у входа в бойлерную.

Подобного типа гелиосистемы могут быть рекомендованы широкому кругу потребителей. Они выгодно отличаются от других систем нагрева своей энергоэффективностью, безопасностью, дизайном и полной автоматизацией. По нашим расчетам, при текущих ценах на энергоносители срок окупаемости гелиосистемы составляет 5 лет. Кроме того, владельцы подобных спортивных учреждений явно демонстрируют свое стремление к сохранению здоровья человека и окружающей среды.

Обучение молодежи энергосбережению начинается с ВУЗов. Студенты АГУ имеют возможность на практике увидеть и овладеть навыками проектирования, монтажа и эксплуатации энергоэффективных технологий, таких как гелиосистема.

Литература

1. www.en.micoe.com

Блужина А.С., Бегдай И.В.
аспирантка, доцент, кандидат технических наук
institutka-aska@mail.ru

К ВОПРОСУ ОБ ЭКОЛОГИЧЕСКИХ РИСКАХ ДЛЯ МАЛЫХ РЕК СТАВРОПОЛЬСКОГО КРАЯ

В целях обеспечения жизни и здоровья людей ст. 3 Водного кодекса РФ предусматривает принцип приоритета использования водных объектов для питьевого и хозяйственно-бытового водоснабжения: приоритет использования водных объектов для целей питьевого и хозяйственно-бытового водоснабжения перед иными целями их использования. Предоставление их в пользование для иных целей допускается только при наличии достаточных водных ресурсов [1,3]. Для питьевого и хозяйственно-бытового водоснабжения должны использоваться защищенные от загрязнения и засорения поверхностные и подземные водные объекты. Водный объект может быть отнесен к источникам питьевого водоснабжения, если осуществляется учет его надежности и возможности организации зон и округов санитарной охраны в порядке, предусмотренном Правительством РФ.

В Ставропольском крае, максимально приближенные к различным по мощности потребителям, малые реки не могут сдержать своим потенциалом самоочищения мощного потока техногенных нагрузок. От их водности и состояния, в значительной мере, зависит водность и качественное состояние немногочисленных и имеющих важное хозяйственное значение больших и средних рек. Одна из основных особенностей малых рек СК – тесная связь с окружающим ландшафтом.

Река М.Кугульта (приток р. Б.Егорлык), является типичной степной рекой Ставропольского края, относящейся к категории малых рек. На сегодняшний день река М.Кугульта испытывает на себе серьезные антропогенные нагрузки, а ее экологическое состояние ухудшается, что подтверждается нашими многолетними комплексными исследованиями.

Процессы, происходящие на малом водосборе, быстро отражаются на экологическом состоянии реки, ее стоке, химическом качестве воды, а также переформировании берегов. При идентификации зон повышенной экологической опасности наиболее перспективными являются методы оценки риска здоровью населения, так как в силу вероятностного характера они позволяют выделять риски по различным загрязняющим веществам, источникам загрязнения, административным или ландшафтно-территориальным единицам, компонентам окружающей среды.

Идентификация экологической опасности подразумевает учет тех факторов, которые могут оказать неблагоприятное воздействие на здоровье человека. Причиной загрязнения водных объектов являются точечные источники загрязнения - сбросы сточных вод коммунального и сельского хозяйства и диффузные, рассредоточенные источники (сток с сельскохозяйственных угодий и т.п.). Для оценки риска здоровью населения показательной является модель оценки неканцерогенного риска беспороговым методом [2,15]. Уравнение для расчета риска имеет следующий вид (формула 1):

$$Risk = 1 - \exp((\ln(0.84)/(ПДК*К_3))*C) \quad (1)$$

C – это средняя ежедневная концентрация вещества, поступающего в организм человека с питьевой водой в течение его жизни.

Суммарный неканцерогенный беспороговый риск составляет величину, рассчитываемую по формуле 2.

$$Risk_{sum} = 1 - (1-Risk_1)*(1-Risk_2)*..... \quad (2)$$

Комплексная оценка экологического состояния водоема позволяют оценить и степень опасности выявленного уровня загрязнения водоисточника, и степень его пригодности для питьевого водопользования. Нами определена степень пригодности р. Малая Кугульта для питьевого водоснабжения был, согласно рассчету неканцерогенного беспорогового риска (формула 1):

Risk=1- exp((ln(0.84)/(0,08*1000)*0,0457)=1-0,95944=0,04;
Risk=1- exp((ln(0.84)/(10*1000)*10,42=1-0,00018=0,99;
Risk=1- exp((ln(0.84)/(300*1000)*423=1-0,00025=0,99;
Risk=1- exp((ln(0.84)/(6*1000)*22,45=1-0,00065=0,99;
Risk=1- exp((ln(0.84)/(0,5*1000)*0,23=1-0,80199=0,19;

Суммарный неканцерогенный беспороговый риск составляет величину, рассчитываемую по формуле 2. Таким образом, для реки Малая Кугульта суммарный неканцерогенный беспороговый риск равен:

$Risk_{sum}$ = 1-0,04*0,99*0,99*0,99*0,19=0,992.

На участке исследования индекс риска равен 0,992, что <1, это соответствует четвертому диапазону [2,15], неприемлемому ни для населения, ни для профессиональных групп. Данный диапазон обозначается как De manifestis Risk и при его достижении необходимо давать рекомендации для лиц, принимающих решения о проведении экстренных оздоровительных мероприятий по снижению риска. В этом случае следует говорить о невозможности использования воды в питьевых целях. Полученное значение при расчете индекса риска для р. Малая Кугульта стремится к единице, это позволяет говорить о приоритетности проведения природоохранных и оздоровительных мероприятий, что при недостаточной их эффективности в настоящее время является актуальной задачей рационального водопользования.

Регламентация показателей качества питьевой воды, направленная на снижение рисков потребления воды для человека и основанная на данных физиолого-гигиенических и эпидемиологических, эколого-гигиенических исследований, несомненно, важный вопрос, который на сегодняшний день остается открытым. Проблемы оптимизации качества потребляемой населением питьевой воды состоят, в первую очередь, в снижении рисков от потребления этой воды, то есть в снижении рисков гигиенической регламентации качества питьевой воды.

[1]-Водный кодекс Российской Федерации от 3 июня 2006 г. N 74-ФЗ;
[2] - МР 2.1.4.0032-11.

Захарова Н.И.
к. пед. н., доцент кафедры Информационных систем и технологий института информационных технологий и телекоммуникаций Северо-Кавказского федерального университета, г. Ставрополь

Петрова О.И.
студентка 4 курса специальности 23.02.01.65 Информационные системы и технологии института информационных технологий и телекоммуникаций Северо-Кавказского федерального университета, г. Ставрополь

РАЗРАБОТКА ГЕОИНФОРМАЦИОННОЙ ПОДСИСТЕМЫ «КАРТА-СКФУ»

В настоящее время трудно представить обучение в вузе без использования новых информационных технологий и средств телекоммуникаций. Постоянно происходит обновление программного обеспечения, учебно-методических комплексов, электронных учебных курсов, информационных подсистем. Согласно стандарту специальности 23.02.01.65 Информационные системы и технологии (вариативной его части) студенты Северо-Кавказского федерального университета изучают двухсеместровую дисциплину «Геоинформационные системы» (ГИС).

Данная дисциплина очень актуальна и интересна по содержанию и методике изучения. Существуют специализированные пространственные информационные системы для работы с информацией об объектах и явлениях, которые имеют привязку к определенной позиции в пространстве, с информацией о тех объектах и явлениях, для которых важную роль играет их положение, форма, размеры, взаиморасположение по отношению к другим объектам и явлениям. Такие системы относятся к классу геоинформационных систем. Термин «пространственный», который мы употребили выше, имеет в данном контексте, достаточно, общий смысл. Важно, что объекты привязаны к некоторой координатной системе, возможно, местной и условной, и этот факт признается существенным и используется системой при организации данных и их использовании. Геоинформационные системы получили большую популярность в мире, поскольку цифровая геопространственная информация играет важную роль в задачах социально-экономического, экологического развития, управления производственным и трудовым потенциалом в национальных интересах[1, 35].

Под геоинформационными системами понимают так же многофункциональные средства анализа соединённых воедино табличных, текстовых и картографических бизнес-данных, демографической, муниципальной, статической, адресной и другой информации. Геоинформационные системы сами по себе являются эффективным средством создания демонстрационно-методического материала и электронных пособий, модернизируя процесс обучения и делая его более качественным [1, 73].

На наш взгляд, геоинформационные системы в образовании должны быть ориентированы на постоянно обновляющиеся технологии сбора, обработки и анализа геопространственной информации, а так же на прогресс в развитии Интернет-технологий и компьютерных систем. Идеология ГИС-образования должна строится на том, чтобы с одной стороны обеспечить содержание читаемых курсов теоретическим и современным практикумом, и с другой стороны использовать компьютерные технологи для организации учебного процесса. В настоящее время не уделяется должного внимания методикам практического освоения ГИС-технологий: среди них всё ещё преобладают инструкции по работе с выбранными ГИС-пакетами. Отсутствие идеологической базы использования компьютерных методов на практике сильно снижает эффективность обучения студентов, т.к. они видят в ГИС-технологиях почти исключительно оформительскую функцию.

Учитывая всё вышеперечисленное, при изучении данной дисциплины в нашем вузе студенты проходят все циклы ГИС-картогафирования – от проектирования до создания тематических баз данных и карт. К особой задаче ГИС-образования студентов мы относим обучение управлением данными и приёмов многомерного и экспертно-оценочного анализа. Студенты вводят текстовую информацию, заполняют базы данных, группируют материал в ГИС проектах, создают гипертекстовые описания и в итоге получают навыки полноценной работы с готовыми проектами. Учащиеся заинтересованы в создании своих, авторских геоинформационных разработок.

Поскольку Северо-Кавказский Федеральный университет включает в себя большое количество институтов, занятия в которых проводятся в разных корпусах, возникла необходимость создания специальной геоинформационной подсистемы, которая помогала бы быстро ориентироваться при поиске нужного учебного подразделения: института, кафедры, деканата, а так же аудиторий и лабораторий. В настоящее время нет соответствующих электронных карт или они недоступны из-за отсутствия финансовых средств и режимных ограничений. Поэтому возникшая идея создания геоинформационной подсистемы «Карта-СКФУ», на наш взгляд является очень актуальной и была предложена как творческая работа студентам.

Для разработки геопроекта нами была использована среда программирования Delphi, выбран специальный компонент Tmap для того, чтобы отобразить изображение планировки корпусов. При нажатии на кнопку формы происходит загрузка слоя, на котором добавляются метки в режиме run-time, необходимые для нумерации выбранных объектов.

Преимущество данного метода размещения меток состоит в том, что необязательно знать расположение конкретного поля объектов карты, а можно сразу напрямую считывать нужную информацию с файла атрибутов (необходимо знать только номер поля). Далее нами были добавлены в план всплывающие подсказки для отдельных областей слоя. Они необходимы для более подробного описания уже пронумерованных аудиторий. Для того, чтобы знать на каком слое нам выводить подсказки были объявлены переменные Lab:ILabels и Drawlabels:Integer. Затем, на событие, где у нас открывается геоинформационная подсистема «Карта-СКФУ» с помощью специального кода и были созданы описанные выше видимые метки. Они появляются в выделенной области по щелчку мыши. Параметры меток использованы всеми категориями. С помощью функции GenerateLabels, нами была произведена генерация меток, т.е. указан номер поля, в котором указаны названия объектов, их расположение и свойства, такие как шрифт, начертание, стиль и цвет [3,4]. Разрабатываемая нами геоинформационныя подсистема соответствует всем эргономическим требованиям и ГОСТу Р 2055-2003(общим требованиям)[2].

При более обширной разработке проект можно вывести за пределы программной среды, дополнив уже имеющийся программный код и превратить его в самостоятельное приложение, например на платформе Android. В настоящее время работа над проектированием нашей геоинформационной подсистемы «Карта-СКФУ» близится к завершению.

Важность и актуальность использования разрабатываемой нами геоинформационной подсистемы ни у кого не вызывает сомнений, поскольку для всех студентов, особенно для первокурсников она станет незаменимым помощником при быстром поиске нужного объекта. Учащиеся увидят практическую значимость изучения дисциплины «Геоинформационные системы» и её взаимосвязь с другими дисциплинами курса, такими как информационные системы, технологии программирования, базы данных.

Литература

1. Журкин И. Г., Шайтура С. В. Геоинформационные системы. — М., «КУДИЦ-ПРЕСС», 2009, –272с.
2. ГОСТ Р 2055-2003 Геоинформационное картографирование. Пространственные модели местности. Общие требования.
3. www.autodesk.com
4. www.esti-map.ru

Терешенко Н.В.
старший преподаватель кафедры музыкального искусства и хореографии
Херсонского государственного университета
ntereshenko@gmail.com

ЭСТЕТИЧНОЕ ВОСПИТАНИЕ ШКОЛЬНИКОВ СРЕДСТВАМИ БАЛЬНОЙ ХОРЕОГРАФИИ В УЧЕБНЫХ ЗАВЕДЕНИЯХ СОВЕТСКОЙ УКРАИНЫ

В условиях перестройки украинской государственности растет интерес к проблеме возрождения национальной культуры, приобщение детей и молодежи к ее духовным сокровищам. Бальная хореография является неотъемлемой частью современного многообразного украинского хореографического искусства. Поэтому все чаще специалисты обращаются к историческим вопросам развития бальной хореографии.

С середины 50-х гг. в Украине ежегодно проводились фестивали самодеятельного хореографического искусства. Целью этих фестивалей было: развитие самодеятельного хореографического искусства, привлечение к участию в художественной самодеятельности широких масс трудящихся, повышение идейно-художественного уровня творчества масс, усиление эстетичного воспитания населения, пополнение репертуара танцевальных коллективов лучшими хореографическими образцами.[1]

В это же время проводя проверку уровня художественно-эстетического воспитания Министерство образования УССР отметило, что состояние и организация художественного воспитания в школах Украины имеют существенные недостатки.

С целью усиления идейного уровня художественного воспитания и обобщения лучшего опыта по воспитанию детей средствами художественного творчества Министерство образования УССР выдает приказ № 458 провести в июле 1956 года Республиканскую олимпиаду из художественной самодеятельности учеников школ Украины. В феврале-марте 1956 года провести школьные, а во время весенних каникул районные олимпиады художественной самодеятельности учеников, в июне - областные. [1]

На основании данного приказа выходит положение о проведении школьных, районных, городских и областных олимпиад детского творчества и художественной самодеятельности учеников школ УССР.

В положении было отмечено, что репертуар должен отвечать вековым особенностям детей. В его основу целесообразно включить танцы-игры, хороводы, а музыкой должна стать лучшие образцы классического наследия советских композиторов, и творчество народов СССР.

В итогах Республиканской олимпиады художественной самодеятельности учеников школ Украинской ССР коллегия Министерства образования отметила, что в развитии детской художественной самодеятельности есть определенные достижения. Появились новые формы детского самодеятельного искусства, но в репертуаре еще маловато музыкальных произведений композиторов Украины, особенно в отрасли вокально-хорового и хореографического жанров. Все эти замечания были отмечены в Приказе Министерства образования УССР № 486 от 27.10.1956 года, а также о мероприятиях направленные на исправление недостатков.[1]

В 1958 году для проведения олимпиад художественной самодеятельности учеников школ выходят «Указания о проведении олимпиад художественной самодеятельности учеников школ УССР в 1958 г.» (№ 21-в от 21 января в 1958 г.), в которой рекомендуется включать в репертуар хореографических коллективов бальные танцы в сценической обработке. [1]

Республиканский комитет художественного воспитания детей Министерства образования УССР в 1963 году рассмотрел вопрос об организации занятий по бальному танцу в школах.

Для того, чтобы танец вошел в каждую школу, в каждый класс, занял надлежащее место в эстетичном воспитании учеников, в школах необходимо проводить занятие по бальному танцу в обязательном порядке со всеми физически здоровыми детьми, поручая это дело исключительно специалистам или учителям, которые имеют в этой отрасли соответствующую подготовку.

Министерство финансов УССР служебным распоряжением № 6 от 16 января 1963 года позволило создавать хореографические кружки в школах республики за счет родителей.

По мнению Министерства образования это должно помочь поставить хореографическое искусство в школах на соответствующую высоту что будет способствовать улучшению эстетичного воспитания учеников.

30 сентября 1963 года заместителем министра образования УССР П.Миргородским было утверждено «Положение о работе хореографических кружков (бального танца) в начальных, восьмилетних и средних школах УССР».[1]

В 1966 году выходит Методический лист Министерства образования Украины «Основные требования к эстетичному воспитанию в школах и внешкольных заведениях Украины». Согласно этого письма основные требования к работе хореографических кружков:

Внедрение изучения бальных и массовых танцев в школах республики имеет цель: научить учеников правильно и красиво танцевать как старые бальные танцы, так и новые, советские бальные танцы, с тем, чтобы противодействовать влиянию на детей низкопробных западных танцев, привить детям культуру поведения в коллективе и способствовать установлению между учениками простых и вежливых взаимоотношений.

С целью улучшения эстетично-воспитательной работы средствами хореографического искусства, а также популяризации бальных танцев в школах и внешкольных заведениях согласно с положением, выданным Республиканским учебно-методическим кабинетом художественного воспитания детей Министерства образования УССР от 22 декабря 1966 года, в областях республики прошли конкурсы «На лучшее выполнение бального танца». Проведенные областные конкурсы свидетельствовали о широком росте активности учеников в изучении бального танца в школе. [1]

Согласно решению ВЦРПС (Всесоюзного Центрального Совета Профессиональных Союзов) и коллегии Министерства культуры СССР в период с августа 1971 года по июль 1972 года проводился Всесоюзный конкурс исполнителей бальных танцев.

Всесоюзный конкурс способствовал созданию новых кружков, школ и студий бального танца и последующему развитию советской школы бального танца. В ходе конкурса было создано возле 100 новых бальных танцев, в своем большинстве основанные на национальных традициях. Среди украинских новых бальных танцев были «Ятраночка», «Славутянка», «Украинский лирический».[2]

3 января 1975 года утверждено Министерством образования УССР и согласовано с Министерством финансов УССР выходит Положение «о платных кружках музыкального воспитания и хореографических кружках при начальных, восьмилетних и средних общеобразовательных школах Украинской ССР». Кружки музыкального воспитания и хореографические кружки при начальных, восьмилетних и средних общеобразовательных школах организуются по желанию родителей и на основе полной самоокупаемости. [1]

После IV Международного конкурса исполнителей бальных танцев социалистических стран, который прошел в декабре 1979 года в Москве, в Советском Союзе и в Украине активизировалась работа органов и учреждений культуры, образования, профсоюзных и комсомольских организаций по развитию кружков, студий и школ массовой учебы бальному танцу, пропагандируя высокую культуру их выполнения. Еще активнее проводилась работа по созданию советских бальных танцев на национальной основе и их внедрения в репертуар ансамблей и отдельных исполнителей. Но в некоторых городах УССР, в нарушение порядка, установленного постановлением секретариата ВЦРПС, коллегии Министерства культуры СССР и секретариата ЦК ВЛКСМ, без согласия с вышестоящими органами культуры проводились всесоюзные и международные конкурсы. [3]

В постановлении коллегии Министерства культуры СССР № 118 от 4 июня 1980 отмечалось, что в Севастополе, вопреки требованиям, организовывались турниры спортивных (бальных) танцев по системе «международного стандарта». На конкурсах в выступлениях пар выполнялись чужие искусству бального танца спортивные трюки и элементы. Не всегда костюмы исполнителей отвечали хорошему вкусу и принятым этическим нормам. Часто конкурсы сопровождались фонограммами не лучших музыкальных произведений западных композиторов, а в программе были отсутствующие советские бальные танцы. [3]

Следовательно в результате исследования можно сделать вывод, что в Советские времена в Украине развитие бальной хореографии регулировалось постановлениями и приказами Министерства Образования УССР, Министерства культуры УССР и другими государственными учреждениями. Существовали определенные ограничения при отборе репертуара бальных танцев для школьников. Данная тема нуждается в последующем и детальном изучении.

Литература

1. Сборник приказов и распоряжений Министерства образования УССР. 1956 –1972 гг.
2. Из Постановления секретариата ВЦСПС, коллегии Министерства СССР и Секретариата ЦК ВЛКСМ. Протокол № 35, II.61. Об итогах Всесоюзного конкурса исполнителей бальных танцев и мерах по дальнейшему развитию массовой бытовой хореографии. 1972
3. Постановление коллегии Министерства культуры СССР № 118 от 4 июня 1980 г. Об итогах участия советских исполнителей в IУ Международном конкурсе бальных танцев социалистических стран и мерах по дальнейшему развитию бальной хореографии, повышению массовой танцевальной культуры в стране.

Храмов В.В.
кандидат технических наук, доцент, Ростовский государственный университет путей сообщения (РГУПС), профессор, vxpamov@inbox.ru,), г. Ростов-на-Дону
Голубенко Е.В.
Ростовский государственный университет путей сообщения (РГУПС), старший преподаватель, evgol@aaanet.ru г. Ростов-на-Дону

СМЫСЛОДИДАКТИЧЕСКОЕ МОДЕЛИРОВАНИЕ В ОРГАНИЗАЦИИ УЧЕБНОГО ПРОЦЕССА СОВРЕМЕННОГО ВУЗА

В докладе рассмотрены вопросы синергетического моделирования смысла как ядерного образования - интегрального параметра порядка при формировании знаний по техническим дисциплинам вуза.

Ориентированная на стереотипы кибернетической парадигмы, на жестко дисциплинарное разграничение знания в виде отдельных предметных областей, традиционная модель образования не отвечает реальностям современного мира. Поиски ученых и педагогов сконцентрированы на попытках найти новые ресурсы устойчивости и определенности в неустойчивом и сложном мире.

Современной науки о человеке: аксиология, культурология и, тем более, психология и педагогика, активно и эффективно используют категорию смысла. Каждое из этих направлений, изучает свои проекции

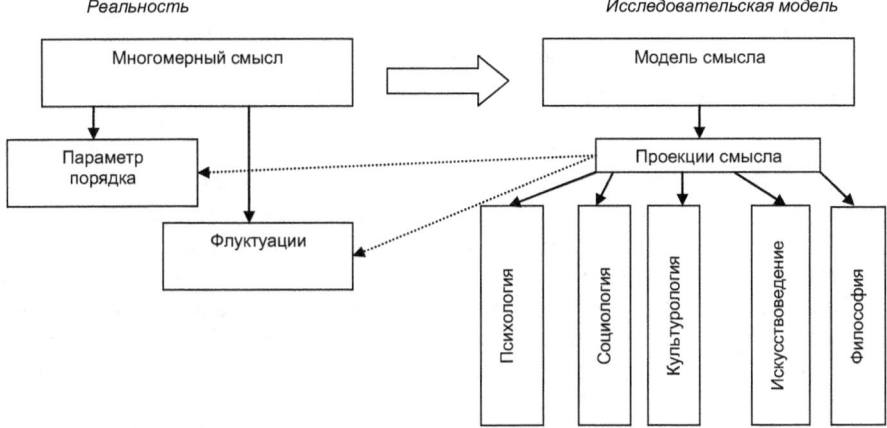

Рисунок 1.- Формирование комплексной модели смысла

смысла (рисунок 1), однако их взаимные связи для многих исследователей [1,4;2,16] уже несомненны.

Формируется интегративная сфера познания – общая теория смысла, в которой предполагается не фрагментарное видение отдельных категорий, проекций личности но непрерывное, динамичное, относящееся к сложным развивающимся и открытым системам, имеющим свою архитектуру. В этом новом видении важны многие детали, особенно на сопряженных, пересекающихся областях, их взаимодействие и генерация нового качества, известного как эмерджентность [3,14], применительно к техническому образованию - это «инженерное мышление». Специалисты конкретного научного направления - психологи, педагоги, социологи и т.д., изучающие смысл комплексно, постоянно выходят за рамки своей узкой сущности смысла в другие познавательные области, в том числе, искусствоведение, культурологию, философию. Все это указывает на надпсихологический, междисциплинарный уровень смысловых образований личности, инициируя создание интегрированной теории смысла [2, 15].

Исследуя конкретные смысловые подходы в различных науках о человеке можно увидеть, что и за пределами собственно психологических исследований накоплены интересные факты и методы, которые могли бы обогатить собственно психологический подход к выявлению архитектуры смысла и законов смыслообразования, построить обоснованную модель личностно-смыслового пространства. В ходе построения такой модели за основу могут выбираться, с одной стороны, психологические представления о смысле, сформированные многолетними исследованиями самыми разными специалистами в конкретных областях: науке, технике, спорте, искусстве и т.д., с другой стороны, наработки в области синергетики, полученные в математике, физике, которые становятся отправной точкой исследований, позволяющей наметить план поисков, сделать первый прототип предполагаемой архитектуры смысла, последовательно наращивая результаты в процессе дальнейшего анализа.

Учебный процесс с позиций смысла отличается особенной спецификой. Он оказывается тем общим полем, на котором каждая из отраслей наук в состоянии испытывать свои смыслоориентированные подходы. В учебной (а точнее – в учебно-воспитательной) деятельности синтезируемая архитектура смыслового пространства описывается как задача, цель, целеполагание; в содержании учебного процесса – как особая форма культуры, как «откристаллизованные смыслы»; в протекании учебного процесса – как переживания его участников: учителя и учащихся [5,5].

Учебный процесс, взятый в этом ракурсе, представляется как смысловая реальность, и в качестве смысловой реальности выступает как объект исследования. По отношению к обучению как смысловой реальности возникает теоретический вопрос: как ведет себя архитектура смыслового пространства в этой управляемой динамично меняющейся обстановке?

Управление «динамикой архитектуры смысла», заложенное в обучении и подлежащее анализу, не является фактором, однозначно ограничивающим смысловое «волеизъявление» обучаемого. Оно способно повысить эффективность обучения, при определенных условиях войдя в резонанс с исходной смысловой структурой сознания ученика.

Для реализации смыслодидактики, в первом приближении, в качестве индикаторов могут использоваться результаты комплексного тестирования [6, 87; 7,5], оценок различных компетенций обучаемых, как нечетких проекций «ядерных» [1,10] образований, каковыми и являются «профессиональные смыслы».

Литература

1. Абакумова, И.В. Архитектура личностно-смыслового пространства и психосинергетическое описание процесса самоорганизации [Текст] / И.В. Абакумова, В.В. Храмов //Северо-Кавказский психологический вестник, 2007, № 5/2.- С.5-10
2. Веряев, А.А. Психолого-синергетический потенциал информационных технологии [Текст]// Сибирский психологический журнал. Томск, 1997. Вып. 5. С. 8–15.
3. Колесников, А.А. Синергетика и проблемы теории управления. - М.: Радио, 2004.
4. Хакен, Г. Синергетика [Текст]. - М.: Мир, 1980.
5. Храмов, В.В. Агрегирование информации как проблема личностной организации [Текст] / В.В. Храмов //Российский психологический журнал, 2007.- № 4.- С.9-21
6. Храмов, В.В. Основы информационного подхода к управлению подготовкой специалистов в сфере военного образования [Текст] / Монография. – Пущино: ПНЦ РАН, 2001. – 212 с.
7. Солодова, Е. А. Математическое моделирование педагогических систем [Текст] / Е.А. Солодова, Ю.П. Антонов.- "Математика. Компьютер. Образование". Сб. трудов XII международной конференции. Под общей редакцией Г.Ю. Ризниченко Ижевск: Научно-издательский центр "Регулярная и хаотическая динамика", 2005. Том 1, 332 стр. Стр. 113-121.

Прыткова Е.Г.[1], Сурнина С.В.[2], Козлов И.В.[3], Сурнин А.В.[4]
[1]к.п.н., доцент Волгоградский государственный технический университет; [2,3] ст.преподаватель Волгоградский государственный технический университет; [4] тренер – преподаватель СДЮОШР №12

ПУТИ СОВЕРШЕНСТВОВАНИЯ МЕТОДИКИ ОБУЧЕНИЯ ПЛАВАНИЮ СТУДЕНТОВ ВОЛГГТУ

Отличительной особенностью жизнедеятельности современного человека, порожденной научно-техническим прогрессом, является существенное изменение ритма и образа жизни, которое приводит к постоянному дефициту движений. Недостаток объема движений, вызывает в организме человека ряд негативных изменений, которые снижают его работоспособность, и приводят к увеличению различных заболеваний [2, 6-14; 4,58].

Особенно актуальна данная проблема для студентов, поскольку увеличение объема умственного труда и снижение физической активности ведет к увеличению количества заболеваний.

Физическая культура студентов представляет собой неразрывную составную часть высшего образования. Физическая культура выступает качественной и результирующей мерой комплексного воздействия различных форм, средств и методов на личность будущего специалиста[1, 6; 3, 8-9].

Структура физической культуры студентов включает в себя три относительно самостоятельных блока: физическое воспитание, студенческий спорт и активный досуг. И если в сфере физического воспитания главным являются образовательные аспекты, где на занятиях основной задачей является формирование потребности у студентов в здоровом образе жизни и самосовершенствовании. То в сфере активного досуга происходит реализация биологических потребностей студентов в двигательной активности, здоровом образе жизни, получении удовольствия.

По данным опроса многие студенты с удовольствием посещают занятия оздоровительного плавания. Но одним из сдерживающих факторов является отсутствие, у многих студентов, способности передвигаться в условиях водной среды или очень плохо держаться на поверхности воды (тем более что многим в таком возрасте уже стыдно идти учиться плавать в детские группы).

В то же время привлекательными для студентов являются занятия с использованием сочетания традиционных и нетрадиционных средств.

Анализ состояние вопроса свидетельствует о том, что особый приоритет и перспективу при этом имеет аквафитнесс - система физических упражнений избирательной направленности в условиях водной среды, выполняющей, благодаря своим уникальным свойствам, роль естественного, многофункционального тренажера (это – аквааэробика, ходьба и джоггинг в воде, силовая тренировка в воде, аквафит и др.) [1, 54].

Аквафитнесс построен на преодолении сопротивления воды, что дает дополнительную нагрузку и создает эффект тренировки с утяжелением. Это способствует более эффективному снижению веса, повышает выносливость и улучшает координацию движений. К тому же вес человека в воде уменьшается, поэтому во время водных тренировок исключена опасность получения травм. Аквааэробикой часто приходят заниматься люди, не умеющие плавать по самым различным причинам (водобоязнь, заниженная самооценка, и нежелание показаться смешным, что затрудняет процесс обучения плаванию по стандартной методике) [1, 54].

Мы предположили, что разработанные в процессе исследования комплексы упражнений аквааэробики будут способствовать эффективному обучению плаванию студенток.

Цель нашего исследования был поиск путей оптимизации оздоровительных занятий в воде, способствующих обучению плаванию.

В эксперименте пользовались следующие методы исследования: анализ и обобщение научно-методической литературы, анкетирование, педагогические наблюдения, педагогический эксперимент. В эксперименте приняли участие 19 девушек в возрасте от 19 до 21 года, занятия проходили 2 раза в неделю по 45 минут.

Все испытуемые были разбиты на две группы, по 8 человек: контрольная группа обучалась плаванию по стандартной методике, экспериментальная – занималась аквааэробикой (в этой группе мы умышленно умолчали о задаче обучения плаванию).

С целью формирования у занимающихся навыка плавания, нами были подобраны комплексы упражнений с учетом особенностей выполнения плавательных движений в спортивных способах плавания. За основу структуры построения занятия по начальному обучению плаванию девушек было взято блочное распределение средств, подразумевающее чередование упражнений аквааэробики и плавания.

Процентное соотношение средств аквааэробики и плавания на занятиях менялся по мере освоения двигательного навыка занимающихся. На начальном этапе, (занятия 1-5) на долю аквааэробики отводилось до 45% времени урока, на 6-10-м занятиях – до 35% и на последующих занятиях – до 25%.

Весь период обучения плаванию условно нами был разделен на 3 этапа. На первом этапе (занятия 1-5) ставились задачи освоения с водной средой и обучения движениям рук и ног с задержкой и произвольным дыханием. На втором этапе (занятия 6-13) изучали согласование движений рук и ног с дыханием. Последующие занятия (занятия 14-19) были посвящены обучению общего согласования движений. Последнее занятие было контрольным, на котором проводилась оценка плавательной подготовленности занимающихся девушек.

Критерием оценки эффективности методики начального обучения плаванию девушек с использованием средств аквааэробики являлась плавательная подготовленность занимающихся

Анализ результатов нашего эксперимента показал следующее: после периода обучения исходный уровень плавательной подготовленности изменился как в контрольной так и в экспериментальной группах, в то время как до эксперимента он был одинаков. Зачетную дистанцию 25 м смогли преодолеть в экспериментальной группе все девушки (100%) кролем на спине и 65% - брассом, а в контрольной группе 90%- кролем на спине и только 35%- кролем на груди (из которых 5% при преодолении дистанции использовали поддерживающие средства).

Таким образом, использование средств аквааэробики способствуют быстрейшему освоению навыка плавания в условиях глубокого бассейна, способствуют формированию интереса к занятиям в условиях водной среды.

Литература:

1. Непочатых М.Г., Богданова В.А., Лабзо К.С., Никитина И.Ю., Алексеева О.И., Смирнов А.М. Теория и методика обучения плаванию студентов высших учебных заведений: Учебно-методическое пособие.– СПб.: Изд-во СПбГУЭФ, 2009.– С. 6, 54.
2. Оздоровительное, лечебное и адаптивное плавание: Учебное пособие для студентов высш. уч. заведений/ под ред. Н.Ж. Булгаковой. – М.: Издат.центр «Академия», 2005. – С.6-14.
3. Степанова М.В. Обучение плаванию в системе физического воспитания студентов вуза: Метод. пособие. – Оренбург: ГОУОГУ, 2003. – С.8-9.
4. Чаговадзе А.В., Иванова Г.Е. Двигательная активность и состояние здоровья студентов / Физическая культура личности студентов. – М.: МГУ, 1991. – С.58.

Голик А.Б.
доцент, кандидат педагогических наук, Бердянский государственный педагогический университет
a.b.golik@mail.ru

ПЕДАГОГИЧЕСКОЕ МАСТЕРСТВО РУКОВОДИТЕЛЯ УЧЕБНЫМ ЗАВЕДЕНИЕМ КАК СОСТАВЛЯЮЩАЯ ЕГО ПРОФЕССИОНАЛИЗМА

Руководителю современного учебного заведения приходится работать в период обновления функциональных обязанностей и видов управленческой деятельности, что связано с конкретно-историческими условиями развития страны, расширением сферы знаний и умений в области менеджмента образования и другими объективными обстоятельствами. Новая образовательная парадигма требует переосмысления профессиональной компетентности руководителей учебных заведений. Социально-экономические условия развития государства, инновационные процессы обусловливают необходимость обеспечения профессиональной самореализации личности, формирование высокого квалифицированного мастерства руководителей учебных заведений. Существующая практика назначения руководителей учебных заведений показывает, что эту должность занимают исключительно педагоги, подавляющее большинство которых имеет только высшее педагогическое образование, которого недостаточно для формирования надлежащего уровня профессиональной компетентности. Именно поэтому, профессиональная компетентность руководителя учебного заведения относится к актуальным проблемам общеобразовательной школы.

Возникает необходимость в теоретическом обосновании педагогического мастерства руководителя учебного заведения как составляющего его профессиональной компетентности и путей его формирования.

Профессиональная компетентность – это комплекс знаний, умений и навыков личности, которые обеспечивают эффективное выполнение ею своих профессиональных обязанностей. Характеристиками профессиональной компетентности являются: высокий уровень системы общих и специальных профессиональных знаний, которые постоянно расширяются и позволяют решать задачи профессиональной деятельности с высокой производительностью; овладение различными сферами служебной деятельности; глубокое понимание профессиональных проблем; деловая надежность в решении профессиональных задач.

Профессиональная компетентность руководителя учебного заведения – это сочетание уровня науки и практики в его деятельности, которое позволяет достичь высокого конечного результата с минимальными затратами нервной и физической энергии людей, это способность эффективно организовать личный труд и труд руководимого коллектива.

Содержание профессиональной компетентности руководителя учебного заведения определяется квалификационной характеристикой и представляет собой модель профессиональной компетентности руководителя, отражающей научно обоснованный состав профессиональных знаний, умений и навыков

Профессионально-квалификационная характеристика по Г.Ельниковой [1] выдвигает определенные требования к должности руководителя. Так , в образовательно-квалификационной характеристике государственного стандарта подготовки руководителя определяется, что для управления учебным заведением необходимо иметь высшее образование и опыт педагогической деятельности не менее пяти лет. Кроме того, руководитель учебного заведения должен знать научное право, микро - и макроэкономику, администрирование : общий, кадровый, финансовый, инновационный менеджмент, философию, социологию, политологию; психологию, педагогику, экологию, безопасность жизнедеятельности человека, содержание профессиональных дисциплин, функциональные обязанности своей должности. Руководитель учебного заведения должен владеть государственным и иностранным языками на разговорном уровне. Для выполнения профессиональных обязанностей руководителю учебного заведения необходимы умения понимать и осознавать современные проблемы менеджмента, способность продуцировать новые идеи, управленческие решения, социальные технологии; развитое аналитическое и технологическое мышление, навыки работы с людьми; владение технологией административной работы, компьютерными технологиями, правильным стилем (здоровым образом) жизни, культурой общения, фокусом контроля. Руководитель учебного заведения должен: свободно ориентироваться в социально-политическом пространстве; отбирать, анализировать и обобщать информацию, проектировать деятельность учреждения, создавать модели, выделять организационную структуру: организовать деятельность всех структурных подразделений и подсистем образовательного учреждения; структурировать и осуществлять мониторинг деятельности учреждения: управлять материально-техническими связями заведения, осуществлять маркетинговую деятельность и элементы предпринимательской деятельности.

Таким образом, относительно рассматриваемого эталона подготовки руководителя учебного заведения констатируем, что учтено социальную, экономическую, информационную сферу деятельности, но мало внимания уделяется педагогической составляющей.

Руководителем учебного заведения выполняются следующие педагогические функции: учебная (дидактическая) – обучать учащихся получать знания; развивающая – создать благоприятные условия для развития творческого потенциала ребенка, его самоутверждения; воспитательная – побуждение ученика к управлению собственным развитием; общественно-педагогическая – проведение родительских собраний, посещение дома учащихся и т.д. для того, чтобы добиться единства требований педагогов и родителей.

Мастерство – проявление высшей формы активности личности в профессиональной деятельности, основанной на гуманизме, которое раскрывается в целесообразном использовании методов и средств в зависимости от ситуации.

Педагогическое мастерство проявляется не только в успешном решении разнообразных педагогических задач, высоком уровне организованного учебно-воспитательного процесса, но и в тех качествах личности руководителя учебного заведения, которые порождают эту деятельность и обеспечивают ее успешность. Она проявляется в умениях организовывать учебный процесс, активизировать учащихся, развивать их способности, самостоятельность, любознательность, эффективно осуществлять воспитательную работу, формировать у учащихся высокую нравственность, чувства патриотизма, трудолюбие, вызывать положительные эмоциональные чувства в самом процессе обучения.

Составляющие педагогического мастерства учителя по И.Зязюну [2]: гуманистическая направленность деятельности педагога, профессиональная компетентность, педагогические способности, педагогическая техника. Все эти элементы связаны между собой и имеют способность к саморазвитию

Формирование педагогического мастерства – это непрерывный гибкий процесс, требующий упорного и добросовестного труда, способностей, самообразования, самовоспитания, самосовершенствования, рефлексии.

Таким образом, важной составляющей профессиональной компетентности руководителя учебного заведения является педагогическое мастерство, которое заключается в решении разнообразных педагогических задач, успешной организации учебно-воспитательного процесса и получении соответствующих результатов.

Литература

1. Єльникова Г.В. Наукові основи розвитку управління загальною середньою освітою в регіоні: Монографія / Г.В.Єльникова. – К.: ДАККО, 1999. – 303 с.
2. Педагогічна майстерність: [хрестоматія: навч. посіб. / за ред.

І.А. Зязюна]. – К.: Вища школа, 2006. – 606 с.
3. Управління навчальним закладом : Підручник для студентів вищих навчальних закладів / С.Г. Немченко, О.Б. Голік, О.А. Кривильова, О.В. Лебідь. – Донецьк : ЛАНДОН-ХХІ, 2012. – 516 с.

Кривилева Е.А.

доцент, кандидат педагогических наук, Бердянский государственный педагогический университет

Kryvylevaolena@yandex.ua

ИСПОЛЬЗОВАНИЕ АКМЕОЛОГИЧЕСКОГО ПОДХОДА В ПРОФЕССИОНАЛЬНОЙ ПОДГОТОВКЕ БУДУЩИХ ПРЕПОДАВАТЕЛЕЙ ПРОФЕССИОНАЛЬНО-ТЕХНИЧЕСКИХ УЧЕБНЫХ ЗАВЕДЕНИЙ

Национальная стратегия развития образования в Украине указывает на приоритетность воспитания человека инновационного типа мышления и культуры, проектирование акмеологического образовательного пространства с учетом инновационного развития образования, запросов личности, потребностей общества и государства. Именно поэтому целью развития образования на следующее десятилетие является обеспечение личностного развития человека в соответствии с его индивидуальными задатками, способностями, потребностями на основе непрерывного обучения.

Современный рынок труда требует от выпускника не только глубоких теоретических знаний, но и способности самостоятельно их применять в нестандартных, изменяющихся жизненных ситуациях, перехода от общества знаний к обществу компетентных граждан. Однако содержание и организация национального образования недостаточно переориентированы на формирование у молодежи жизненно важных компетенций, активной их социализации. Преодоление существующих потребностей заключается в обновлении целей и содержания образования на основе личностной ориентации.

В создании прогрессивных систем профессиональной подготовки преподавателей, которые ориентируются на интеллектуальный и креативный уровень развития личности, значительную роль играют процессы проектирования и реализации интегрированных образовательных программ и педагогических технологий, основанных на научных идеях и универсальных методологических подходах к организации образовательного процесса.

Таким универсальным методологическим ориентиром, который обеспечивает целенаправленность и результативность этой деятельности, выступает акмеологический подход. Поэтому возникает необходимость в теоретическом обосновании использования акмеологического подхода в профессиональной подготовке будущих преподавателей профессионально-технических учебных заведений.

Особенность профессиональной деятельности будущего преподавателя профессионально-технического учебного заведения проявляется в том, что в ней происходит сложное интегрирование психолого-педагогической и инженерной деятельности педагога. Новые требования общества к подготовке квалифицированных рабочих предопределяют новый этап в развитии педагогической теории на основе акмеологии.

Под акмеологическим аспектом развития профессионализма педагога понимают развитие профессиональной деятельности, совершенствование ее результата и личностный рост педагога. Итак, акмеологическая профессиональная позиция преподавателя должно следовать из его профессионализма, в котором органично сочетаются компетентность, личностная ориентация и морально-духовная ценность. Она отражает жизненный философский уровень культуры преподавателя, профессиональные ценности и стиль отношений в сфере образования и социальной среде, создает возможность полной самореализации. Именно акмеологическая компетентность как интегральная готовность и способность личности постоянно себя совершенствовать может обеспечить эффективность профессиональной деятельности преподавателя и его гармоничное саморазвитие [1].

Содержание педагогической акмеологии включает уровни профессионализма педагога, а также условия и закономерности достижения вершин профессиональной зрелости его личности. В то же время в ее предметную область входят: закономерности и механизмы достижения вершин не только индивидуальной, но и коллективной деятельности, связанной с решением педагогических задач, исследования процессов поэтапного становления учителя-акмеолога; мотивы профессиональных достижений в педагогической деятельности; траектории достижения профессионализма в области педагогики.

Важными, с точки зрения нашего исследования, являются следующие задачи педагогической акмеологии: развитие у воспитанников тех отличительных внутренних признаков, которые необходимы для более полной профессиональной самореализации, исследования психолого-педагогических условий профессионального становления личности в период обучения в стенах специальных заведений разного уровня аккредитации; нахождение путей совершенствования педагогического мастерства педагогических работников дошкольных, общеобразовательных, средних специализированных и высших учебных заведений; разработка проблем , связанных с механизмами формирования у будущего специалиста профессиональной мотивации, саморефлексии, потребности в актуализации профессионально-личностного потенциала [2].

Педагогическая акмеология выявляет уровни и этапы профессионализма деятельности и зрелости личности педагога. Основными из них являются уровни овладения профессией, педагогическим мастерством, самоактуализации педагога в профессии, педагогическим творчеством.

Акмеологическая составляющая психолого-педагогической подготовки будущего преподавателя профессионально-технического учебного заведения осуществляется в процессе целенаправленной переориентации его взглядов, убеждений, мыслей, идейных принципов на развитие природы самости благодаря направлению мотивационно-ценностной сферы студентов на раскрытие акмеологического потенциала в процессе профессиональной подготовки; овладению знаниями о собственной «Я»-концепции и умениями выявления и соблюдения устойчивой акмеологической позиции.

Акмеологический подход аккумулирует совокупность принципов, методов, приемов, средств организации и построения теоретической и практической деятельности, ориентированных на прогноз качественного результата в подготовке педагога, высокий уровень производительности и профессиональной зрелости.

В процессе развития происходит изменение системы потребностей человека, при этом все больше возрастает роль высших духовных потребностей и потребностей в самореализации. Акмеологические технологии направлены на раскрытие внутреннего потенциала личности, развитие свойств и качеств, способствующих достижению высокого уровня личностно-профессионального развития.

Гуманистическая направленность акмеологических технологий стала основой для гуманитарно-технологического развития личности. Указанные технологии всегда индивидуально направленные, они используются для личностно-профессионального развития конкретной личности. Главным методом акмеологических технологий является внутренне или внешне осуществляемое акмеологическое влияние. С технологической точки зрения средства акмеологического воздействия отличаются значительным разнообразием. Это могут быть специальные тренинги, практикумы, деловые или ролевые игры, индивидуальная работа по саморазвитию с помощью специальных программ и методик.

Таким образом, универсальным методологическим ориентиром, который обеспечивает целенаправленность и результативность профессиональной подготовки, выступает акмеологический подход. Именно акмеологической подход и акмеологические технологии способствуют развитию внутреннего потенциала, высокого профессионализма и творческого мастерства будущего специалиста.

Литература

1. Деркач А. Акмеология : учебное пособие / А. Деркач, В. Зазыкин. – СПб.: Питер, 2003. – 256 с.
2. Ніколаєску І. Практичні основи акмеологічного розвитку особистості в умовах освітньо-інформаційного простору: навчально-методичний посібник / І. Ніколаєску. – Черкаси : ОІПОПП, 2012. – с.

Крыжко В.В.
к.п.н., профессор Бердянского государственного педагогического университета

ЭМЕРДЖЕНТНЫЕ СТРАТЕГИИ В УПРАВЛЕНИИ УНИВЕРСИТЕТОМ

В условиях высокой непредсказуемости изменений и постоянного ускорения разнообразных процессов, происходящих в глобализованом образовательном пространстве актуализируется проблема инноваций в управлении университетами. Это связано с ростом роли университетов в перестройке растущего государства, обеспечением постоянного функционивання "общества знаний". Это находит отображение в трудах В.Андрущенко, В.Лугового, В. Аверьянова, В. Бакуменко, В. Дзюндзюка, В. Князева, В. Корженко, С. Майбороды, В. Малиновского, В. Мартиненко, Н. Нижник, В. Огаренко, Г. Билинска, С. Калашникова, В. Майбороды, С. Крисюка, А.Глузмана, Д.Звинчука, Г.Корсака, В.Кременя, М.Квиека Дж.Тейлора, М.Фуллана, К.Тоунз.

Автор ставит перед собой цель исследовать возможность использования ресурсов системного подхода в управлении современным университетом. Научный интерес к этой теме находим в трудах Ю. Бабанского, В. Беспалько, В. Краевського, Н. Кузьмина, А. Сидоркина, А. Суббето, О. Прикота.

Первыми, кто обратился к теории сложных систем были Герберт Симон, Карл Веик, Бернс и Сталкер, Чарльз Перро, Джеймс Марч.

Н. Кузьмина, разрабатывая отдельные вопросы методологии системного подхода отмечает, что "системный подход в исследовании требует не только предыдущего моделирования исследуемого объекта, но и разработки и соблюдения ряда ограничительных правил при экспериментальной проверке обоснованной теоретической модели"[1].

В. Беспалько рассматривает управление как "всякое влияние на систему с целью поддержки или изменения ее алгоритма функционирования"[2].

Мы исходим из того, что поскольку университет является системой то и управление университетом должно носить системный характер. Управление обязано обеспечить гармонический гомеостаз университета (Уолтер Кенон) как сложной социальной и академической системы. Главным свойством системы является целостность, единство, достигаемое посредством определенных взаимосвязей и взаимодействий элементов системы и проявляющиеся в возникновении новых свойств, которыми элементы системы не обладают. Это свойство эмерджентности. Оно является ключевым и наименее исследованным компонентом системного подхода. В образовании эмерджентность описывает инновационные механизмы рождения инициатив и новых образовательных программ.

Вообще эмерджентность (от англ. emergent – тот, что появляется не ожидаемо) отражается через свойство академической системы хранить целостность и является одной из форм проявления принципа перехода количественных изменений в качественные[3]. Эмерджентность в управлении является следствием проявления таких факторов: 1) резкого нелинейного усиления ранее малозаметного свойства какой-либо структуры системы; 2) следствием непредсказуемой бифуркации какой-либо подсистемы; 3) следствием рекомбинации связей между элементами системы.

Автор предлагает модель возникновения уровней эмерджентности в управлении.

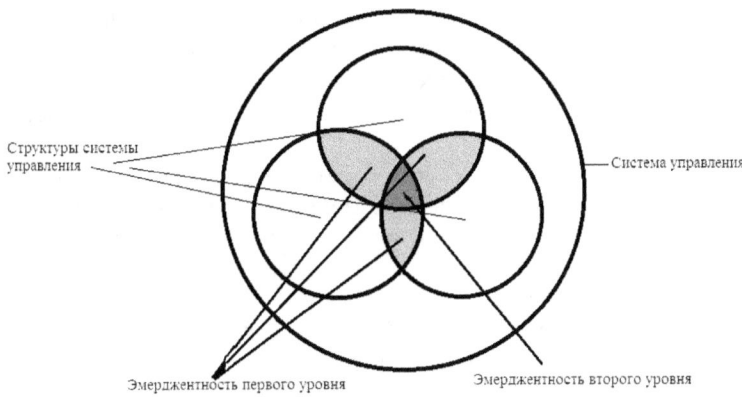

Свойству эмерджентности близко свойство целостности системы. Однако их нельзя отождествлять. Считается, что это поведение системы связано со средой (окружающей), т.е. с другими системами с которыми она входит в контакт или вступает в определенные взаимоотношения. Источником, носителем эмерджентных свойств является структура системы: при разных структурах у систем, образуемых из одних и тех же элементов, возникают разные свойства. Выявление (создание) эмерджентности является самым существенным итогом системного подхода при любых научных исследованиях, в противном случае они теряют смысл.[4]

Особенности процесса эмерджентности состоит в том, что его невозможно проконтролировать; его невозможно предусмотреть; им невозможно управлять.

Идея эмерджентных стратегий в управлении принадлежит канадскому специалисту в отрасли менеджмента Г.Минцбергу (Henry Mintzberg) Стратегию сводится к следующему. Эмерджентная стратегия не имеет конкретных целей. Она не следует задуманному пути к успеху, но может быть также результативной, как и стратегия, которая предварительно определена. Благодаря последовательной модели поведения организация может достигать такого же состояния, как если бы она следовала детально разработанному плану. Именно такая трактовка эмерджентной стратегии получила распространение в современном стратегическом менеджменте.[5]

Успех реализации эмерджентной стратегии может быть обеспечен соблюдением пяти основных шагов, определенных К. Омае: 1) четкое определение сферы деятельности; 2) идентификация движущих сил академической и социальной среды, понимания причинно-следственных связей их действия; 3) полное ресурсное обеспечение избранных стратегических альтернатив; 4) поддержка паритета между темпом стратегии и ресурсами университета; 5) установление баланса между устойчивостью стратегических намерений и возможностью их пересмотра.[6]

Следовательно, эмерджентна стратегия развивается спонтанно, без какого-либо жесткого планирования. Ценность эмерджентных стратегий в управлении заключается в обеспечении адекватной реакции университета на непредсказуемые изменения в спросе на выпускников, жизненном цикле специальностей и учебных программ...

В процессе управления С.Л. Харт выделяет пять способов создания стратегии которые не исключают друг друга: командный символический, рациональный, интерактивный, генеративный. Уровень эмерджентности усиливается в направлении перехода от командного к генеративного способу создания стратегии.

Умение органически соединять определенные способы создания стратегии создает для университета дополнительное конкурентное преимущество.

О. Г. Пугачева, К. М. Солов'енко [8] выделяют такие условия, при которых появление эмерджентности наиболее вероятное: связность (изменения в организациях – это изменение отношений между членами организации (агентами системы); разнообразие (само по себе разнообразие не приводит к эмерджентности; очень большое разнообразие может привести к анархии и хаосу. Но вместе с другими условиями оно выступает как важнейшее условие эмерджентности); открытость (для своего развития университет должен непрерывно обмениваться ресурсами и информацией с окружающей средой. Этому способствует, в частности, децентрализация власти и потоков информации); отсутствие тревожности (эмерджентность может быть подавлена, если люди в организации чувствуют обеспокоенность (тревогу) относительно изменений в своей организации); хорошие границы (устанавливаются высшим руководством набором простых правил. Внутри границы люди должны иметь достаточно свободы для своих действий. Все, что не запрещено – разрешено); задействованность (людям *лучше, когда они привлечены в процесс развития университета); терпение* (не всегда удается быстро ответить на вопрос, иногда стоит подождать, когда ответ найдется сам).

ЛИТЕРАТУРА

1. Кузьмина Н.В. Системный подход в педагогических исследованиях / Н.В. Кузьмина // Методология педагогических исследований / ред. А.И. Пискунов, Г.В. Воробьев. – М. :НИИ ОП АПН СССР, 1980. – 165 с., с. 91.
2. Беспалько В.П. О возможностях системного подхода в педагогике / В.П. Беспалько //Советская педагогика. – 1990. – № 7. – С. 59–60.
3. Комлев Н.Г.Словарь иностранных слов: Более 4.5 тыс. слов и выражений. – М.: Єксмо, 2006. – 672 с.
4. Андреев Г.Н., Савелло Л.Л. О формализации катаегории «система» // Современные проблемы науки и образования. – 2009. – № 3 – С. 29-32
5. Минцберг Г., Альстрэнд Б., Лэмпел Дж. Школы стратегий / Пер. с англ. Под ред. Ю.Н. Каптуревского. – СПб: Издательство «Питер», 2000. – 336 с
6. Омае К. Мышление стратега: Искусство бизнеса по-японски / Кеничи Омае; Пер. С англ. – М.: Альпина Бизнес Букс, 2007. – 215 с
7. Hart S.L. An integrative framework for strategy-making processes//Academy of Management Review. – 17. – N 2. – P. 327 – 351.
8. О. Г. Пугачова, К. М. Солов'єнко, Синергетичний менеджмент. http://archive.nbuv.gov.ua/Portal/Soc_gum/Menedzhment/2009_12/Pugachov.htm

Старокожко О.Н.
кандидат педагогических наук
Бердянского государственного педагогического университета

СТРАТЕГИИ НАЦИОНАЛЬНОЙ РАМКИ КВАЛИФИКАЦИЙ УКРАИНЫ В СИСТЕМЕ ВЫСШЕГО ОБРАЗОВАНИЯ

Профессионализм (от лат. profession профессия < profiteer объявлять своим делом) – интегральная характеристика человека труда, включающая в себя его сформированность как субъекта профессиональной деятельности, профессионального общения, зрелость личности как профессионала [1].

Профессионализм будущего педагога – это показатель высокой готовности к выполнению заданий профессиональной деятельности. Он гарантирует возможность достигать качественных и количественных результатов труда при наименьших затратах физических и умственных сил на основе использования рациональных приемов выполнения производственных заданий. Профессионализм педагога проявляется в творческой активности, способности удовлетворять растущие требования студентов.

В процессе подготовки к профессионально педагогической деятельности студент определяет свою цель: как качественно подготовиться к будущей преподавательской деятельности [3,11]. В связи с этим пересмотр содержания высшего образования, его обновления, могут быть направлены сегодня на качественно иной характер результатов обучения: повышение функциональной и общекультурной компетентности, формирования познавательной самостоятельности, готовности постоянно совершенствоваться, повышать свой профессиональный уровень [4,13].

Именно компетенция (от лат. competere — соответствовать, подходить) будущего педагога является предпосылкой высокого уровня профессионализма и педагогического мастерства при условии его целенаправленности и активности, самостоятельности педагогического мышления, реализации запланированной программы, профессионально педагогических действий. Понятие «компетентность» (лат. competens — подходящий, соответствующий, надлежащий, способный, знающий) выступает как центральное, в обновлении содержания учебы, поскольку имеет интеграционную природу, объединяющую знание, навыки и интеллектуальную составляющую образования. совокупность компетенций; наличие знаний и опыта, необходимых для эффективной деятельности в заданной предметной области. Компетентностный подход в образовании основывается, прежде всего, на междисциплинарных, интегрированных требованиях к результату образовательного процесса.

Исследователи (Г. Хагерти, А. Мэйхью и др.) рассматривают любого профессионала как носителя шести типов профессиональных компетенций, которые в совокупности составляют ядро (инвариант) профессиональной квалификации: техническая компетенция; коммуникативная компетенция; контекстуальная компетенция (владение социальным контекстом, в котором существует профессия); адаптивная компетенция (способность предусматривать и превращать изменения в профессии, приспосабливаться к профессиональным контекстам, которые изменяются); концептуальная компетенция; интегративная компетенция (умение мыслить в русле профессии, расставлять приоритеты и разрешать проблемы в соответствующем профессиональном стиле и т.п.) [2,30].

Вопросы профессиональной педагогической компетентности исследовали Ю. Варданян, Е. Зеер, И. Зязюн, Л. Комаровская, И. Колесникова, Н. Кузьмина, А. Маркова, Л. Митина, Е. Рогов, Е. Сахарчук, В. Сериков, А. Щербаков и др. По мнению В. Серикова, компетентность педагога заключается в способности устанавливать связь между педагогическим знанием и ситуацией развития студента, в умении подобрать адекватные средства и методы с целью создания условий для развития личности студента.

Сластенин В. определяет педагогическую компетентность через понятие педагогической рефлексии; эмоциональной стойкости; учет индивидуальных особенностей, склонностей, характера педагога; позитивного отношения к труду. Педагогическую компетентность педагога Мижериков В. понимает как единство теоретической и практической готовности к осуществлению своей профессиональной деятельности. С гармоничным сочетанием знания предмета, методики и дидактики преподавания, умений и навыков (культуры) педагогического общения, а также приемов и средств саморазвития, самосовершенствования, самореализации, так определяет педагогическую компетентность Л. Митина.

Другой взгляд на проблему как личностную характеристику педагога, выражает И. Колесникова, которая считает, что педагогическая компетентность – это интегральная профессионально-личностная характеристика, которая предопределяет готовность и способность выполнять педагогические функции в соответствии с принятыми в социуме в конкретный исторический момент норм, стандартов, требований. Н. Кузьмина рассматривает профессиональную компетентность педагога, как его осведомленность, как свойство личности, что позволяет производительно решать учебно-воспитательные задания, направленные на формирование личности другого человека.

Широкое определение понятия „компетентности" расскрывает И. Зязюн, считая, что „компетентность как екзистенциональное свойство человека является продуктом собственной жизнедеятельности, активности человека, инициирующегося процессом образования. Компетентность, как свойство индивида, существует в разных формах – как высокий уровень умений, как способ личностной самореализации (привычка, способ жизнедеятельности); как некоторый итог саморазвития индивида, форма проявления способностей но др. "[5,11-17].

Необходимость внедрения компетентнисного подхода в образовании отмечается в нормативных документах, которые регламентируют образовательную деятельность в Украине, а именно: в Законе «Об образовании», «Национальной доктрине развития образования». Проблема модернизации образования на принципах компетентнисного подхода стала предметом исследований украинских ученых Н. Бибик, Л. Ващенко, О. Локшиной и др.

В свою очередь ключевые компетенции определяются как общественно признанный комплекс определенного уровня знаний, умений и навыков, отношений, и тому подобное, которые можно применить в широкой сфере деятельности человека [7,191].

Сейчас системы образование разных стран Европы при всей их культурно-национальном разнообразии и специфике экономического развития характеризуют, в основном, две тенденции: 1) переход к профессиональным стандартам, основанным на результатах; 2) системное описание квалификаций в определениях профессиональных компетенций. Создаются европейские организационные структуры по внедрению своеобразного „європаспорта" – сертификата, в котором будут обозначены освоенные студентом компетенции и квалификации, которые прошли процедуру взаимопризнания, а также дополнения европейского резюме специальным приложением с перечнем освоенных специальных профессиональных и ключевых компетенций [8,59]. Они сводятся и систематизируются в документе (законе), который получил обощенное название „национальной рамки квалификаций" (НРК).

НРК обеспечивает системный подход к содержанию квалификаций и их распределению по уровням. Это, в свою очередь, позволяет определить требования к образовательным стандартам и программам профессионального образования и привести их в соответствие с требованиями сферы труда. Помимо этого НРК позволяет выстраивать оптимальные траектории обучения и получения квалификаций, позволяющие выпускникам адаптироваться как к изменяющимся потребностям рынка труда, так и реализовывать собственные потребности в обучении. В свою очередь НРК трактует определение компетентности таким образом – способность человека к выполнению определенного вида деятельности, что выражается через знания, понимания, умения, ценности и други личностные качества.

Существуют различные формы НРК; некоторые включают все уровни и типы квалификаций, другие пока отделяют квалификации высшего образования от других типов квалификаций. Таким образом, некоторые национальные системы используют единую структуру, в то время как другие имеют многократные структуры, которые вообще объединяются более или менее формальным способом. Структуры очень отличаются по деталям их целей и компонентов.

Некоторые структуры имеют сильную регулирующую функцию, опирающуюся на закон, в то время как другие получили свое описание и развивались в соответствии с соглашением между участниками образовательного пространства Современные НРК неизменно вбирают в себя намного больше, чем простое различие между двумя циклами; обычно они включают целый диапазон квалификаций, выступают посредниками между квалификациями и уровнями. Развитие любой модели покрытия европейского пространства должно быть достаточно гибким, чтобы охватить такие изменения.

НРК высшего образования могут действовать двумя отличными друг от друга способами: во-первых, непосредственно достигая определенных положений; и, во-вторых, позволяя и поощряя другие варианты. Эту последнюю роль особенно выделили как важную, поскольку она помогает ввести изменения и усовершенствования внутри образовательных систем.

НРК строятся, используя типовые элементы, обозначенные в Берлинском Коммюнике (2003). Самим квалификациям выгодно быть ясно описанными, в связи с этим определение, которое дается в данном сообщении звучит как: любая степень, диплом или другой документ, выпущенный компетентной властью и свидетельствующий, что специфические результаты обучения были достигнуты, выдаваемый обычно после успешного завершения признанной программы высшего образования.

Документ о присвоении квалификации указывает на то, что студент закончил образовательный уровень, относящийся к данному стандарту и/или указанному уровню, достигнутому человеком, и считается пригодным, чтобы выполнять специфическую роль, быть допущенным к решению задач или к работе. Квалификации все более находят свое выражение в терминах ожидания того, что студент будет знать, понимать и/или в состоянии демонстрировать при успешном завершении одобренной образовательной программы.

Квалификациям высшего образования также выгодно детальное описание, которое отражает их цели и функции и тем самым облегчает их сравнение и признание на международном уровне. В „новом стиле" квалификационных структур, квалификации описываются в терминах рабочей нагрузки, цикла или уровня, результатов обучения, компетентности и профиля.

В июне 2004 Европейский Совет Министров и представители Государств – членов провели встречу в Европейском Совете, где были приняты „Общие европейские принципы идентификации и ратификации неформального и неофициального обучения".

Для развития и формирования европейской структуры идентификации профессий и специальностей было важно, чтобы были признаны связи между результатом обучения, уровнями, описанием уровней и кредитов, с одной стороны, и преподаванием, изучением и оценками, с другой. Результаты обучения были описаны как основной образовательный стандартный блок, также они имеют прямые и мощные связи с множеством других образовательных инструментов. Их возможности намного больше, чем простая идентификация достижений в обучении. Они имеют прямое отношение к процедуре выравнивания и индикаторам уровней.

Когда результаты профессионального педагогического обучения описываются, они создаются в контексте установленных национальных/международных контрольных точек, которые служат опорой для стандартов и качества. Формирование учебных планов в терминах результатов обучения, гарантирует, что это не происходит в вакууме.

Квалификационные описания обычно разрабатываются и читаются как общие утверждения типичного достижения студентов, которым предоставили квалификацию после успешного завершения образовательного цикла. Понятие типичных квалификационных описаний цикла было разработано в рамках Объединенных Инициатив Качества. Это понятие нашло более широкое признание, чем предполагавшуюся область его использования, и применяется для более широких описаний уровня. Описание уровня – типичное более всестороннее, оно пытается указать полный диапазон результатов, связанных с уровнем.

Дублинские дескрипторы были разработаны как набор компетенций и предназначены для того, чтобы иметь возможность при прочтении соотнести их в отношении друг друга. Они, прежде всего, предназначены для использования в выравнивании квалификаций и, следовательно, для национальных структур. Национальные структуры могут самостоятельно иметь дополнительные элементы или результаты, и могут иметь более детальные и определенные функции.

Дублинские дескрипторы были основаны на следующих элементах: знание и понимание; применение знания и понимания; создание суждений; навыки коммуникаций; навыков обучения.

По мнению М. Коулза, О. Олейниковой, А. Муравьевой профессиональный стандарт – многофункциональный нормативный документ, устанавливающий в рамках конкретного вида профессиональной деятельности требования к содержанию и качеству труда и условиям его осуществления, а также уровень квалификации работника, и требования к профессиональному образованию и обучению, необходимому для соответствия данной квалификации [6].

Профессиональный стандарт определяет результат обучения, устанавливает требования к тому, что человек должен знать и уметь использовать в практике трудовой деятельности. Стандарты отражаются в присуждаемых свидетельствах, выходных квалификациях и т.д. и могут быть ориентированы на оценку деятельности или практического опыта

Согласно постановления КМ Украины «Об утверждении Национальной рамки квалификаций» от 23.11.2011г. № 1341, национальная рамка квалификаций – системное и структурированное по компетентностям описание квалификационных уровней [10].

НРК Украины предназначена для использования органами исполнительной власти, учреждениями и организациями, реализующими государственную политику в сфере образования, занятости и социально-трудовых отношений, учебными заведениями, работодателями, другими юридическими и физическими лицами с целью разработки, идентификации, соотнесения, признания, планирования и развития квалификаций.

Существенными отличиями можно назвать: десять, а не восемь квалификационных уровней, что объясняется его дополнением «нулевым» (для дошкольного образования), но «девятым» (для докторов наук) уровнями. Внедрение «девятого» уровня имеет право на существование, но при условии установления соответствия Европейской рамке. Выделение «нулевого» уровня осталось непонятным; дефиниции отдельных сроков и понятий (компетентность, коммуникации и тому подобное) должным образом не коррелируют, как с национальным, так и европейским образовательными тезаурусами; отдельные дескрипторы (описания) уровней Национальной рамки (знание, умение, комуникации, автономность и ответственность) в Европейской рамке применяются в другой интерпретации.

НРК Украины – это компромиссный документ, назначение которого – быть инструментом эффективного взаимодействия сферы образовательных услуг и сферы труда в процессе подготовки высококвалифицированных кадров в будущем.

Развитие НРК – процесс сложный, долгосрочный и затратный и требует объединения усилий, в частности, Министерства образования и науки и Национальной Академии педагогических наук.

Выводы. В современных условиях человек должен постоянно учиться и совершенствоваться, развивать собственные компетенции. Для этого системы формального образования недостаточно, в связи с чем возрастает важность неформального и спонтанного обучения. Особое место принадлежит обучению в ходе трудовой деятельности/на рабочем месте. Подлежит в ближайшей перспективе решить такие проблемы адаптации НРК к системе высшего образования: завершить разработку принципов, механизмов и процедур внедрения докторских программ как третьего Болонского цикла; гарантировать трудоустройство выпускников первого цикла — бакалавров; создать сертифицированную систему оценки качества высшего образования, которое бы отвечало европейским стандартам и нормам; обеспечить мобильность студентов; расширить практику академического и социального партнерства.

ЛИТЕРАТУРА

1. Акмеологический словарь / Под общ. ред. А.А. Деркача. – М.: Изд-во РАГС, 2004. – 161 с.
2. Бобиенко О.М. Ключевые компетенции личности как образовательный результат системы профессионального образования: дис. кандидата пед. наук:13.00.08 / Бобиенко Олеся Михайловна. – Казань, 2005. – 186 с.
3. Бондаревская Е.В. Методологические стратегии личностно ориентированного воспитания / Евгения Васильевна Бондаревская // Известия Российской академии образования. – 1999. – № 3. – С.23-32.
4. Войченко А.П. Организация учебно-воспитательного процесса в педвузе как средство формирования профессиональной готовности студентов к педагогической деятельности (На материале преподавания пед. дисциплин и пед. приктики в нац. группах фак. рус. яз. и литературы): автореф. дис. на здобуття наук канд. пед. наук: спец.13.00.01 / А.П. Войченко. – Фрунзе, 1980. – 25с.
5. Зязюн І.А. Філософія поступу і прогнозу освітньої системи // Педагогічна майстерність: проблеми, пошуки, перспективи: Монографія. – К.; Глухів: РВВ ГДПУ, 2005. – С.10-18; С.11
6. Коулз М., Олейникова О.Н., Муравьева А.А. Национальная система квалификаций.Обеспечение спроса и предложения квалификаций на рынке труда. – М.: РИО ТК им. А.Н. Коняева, 2009 – 115 с.
7. Наукові підходи до педагогічних досліджень: колективна монографія / За заг. ред. д. пед. наук, професора, чл.-кор. НАПН України В.І. – Харків: Вид-во Віровець А.П. «Апостроф», 2012. – 348с.
8. Олейникова О. Н. Европейское сотрудничество в области профессионального образования и обучения: Копенгагенский процесс. – М.: Центр изучения проблем профессионального образования, 2004. – 70 с.
9. [Електронний ресурс]. – Режим доступу: http://hesdespi.crimea.edu/node/4
10. [Електронний ресурс]. – Режим доступу: http://rabota.cn.ua/2011-03-29-09-17-50/4-news/235-2012-01-17-07-47-58.

Тильчарова К.О.
аспирантка Бердянского государственного педагогического университета

ИНФОРМАЦИОННОЕ ОБЕСПЕЧЕНИЕ АКАДЕМИЧЕСКОЙ ЧЕСТНОСТИ

"Я клянусь честью, что мне не предоставлялась и мной не получалась запрещенная помощь в этом задании". Такую клятву должен провозгласить каждый студент университета в Мериленде (США) перед началом экзамена или любой другой письменной или устной зачетной работой. Такое положение прописано в "Кодексе академической честности университета Мериленда" и не есть новым для академических реалий США и Западной Европы. [1]

Наше исследование ставит перед собой **цель** рассмотреть информационное обеспечение принципа академической честности в университетской среде.

Для достижения поставленной цели ставим перед собой такие **задания**:

- раскрытие понятия "информационное обеспечение академической честности";
- исследование источников академической честности США, Западной Европы, Украины и России.

Информационное обеспечение — это предоставление информации, необходимой для осуществления какой-либо деятельности, оценки состояния чего-либо, совершенствования чего-либо, предупреждения нежелательных (опасных) ситуаций и др. Основными требованиями, предъявляемыми к информационному обеспечению являются: полнота, достоверность, адресность, оперативность предоставления информации. Информацию о академической честности чаще всего несут в себе обозначенные выше кодексы академической честности учебных заведений.

Университеты США и Западной Европы рассматривают проблему академической честности (нечестности) широко, как угрозу своей безопасности (факторы безопасности университетов: информационные, экономические, социальные, психологические, социальные, политические и религиозные). Рассматривая американскую систему обучения, следует отметить, что каждый студент, который поступает в университет, должен подписать договор (Календарь, Регуляции), одним из пунктов которого является необходимость следовать правилам академической честности, которые уже заранее предупреждают об ответственности за академическую нечестность. Что касается самих кодексов, то они имеют определенную структуру, которая может незначительно меняться в зависимости от самого учебного заведения. Структура их(кодексов) в обязательном порядке включает информацию для студентов по таким направлениям академической жизни в кампусе: основные ценности кампуса, понятия и термины (перечень понятий является универсальным: плагиат; мошенничество; фабрикации; взяточничество; обман; саботаж; кража; снисходительность преподавателя); академическая и административная ответственность; порядок, правила рассмотрения дел о выявлении нарушения норм академической честности и меры наказания.

Одной из форм наказания за академическую нечестность согласно кодексам является исключение из учебного заведения и отметка в личном деле XF, что значит «исключен за академическую нечестность».

В Британском университете кампусного типа Эссекса разработана и успешно действует программа "Академических правонарушений и порядок действий при выявлении академических правонарушений". В отличии от кодекса академической честности Мериленда этот документ раскрывает принцип академической честности и наказание за нечестность более широко. Здесь усилены полномочия заведующего кафедры, декана и ректора университета по утверждению меры наказания за нарушение. [2]

В странах Восточной Европы понятие академической честности довольно новое. Высшие учебные заведения и даже общеобразовательные школы по примеру западных университетов составляют свои кодексы чести. Вопрос состоит в том, что учебные заведения западно-европейских стран обладают выраженной автономией, то есть руководство вправе лично определять и выносить меру наказания для провинившихся студентов в пределах существующих нормативов. В свою очередь, как известно, образовательная система постсоветского пространства полностью зависит от стандартов государства. Исходя из этого, созданные университетом кодексы, как таковые, не несут юридической силы. Если рассматривать действующего украинское законодательство (Закон Украины "О высшем образованим", "Об образовании") университет не может рассматривать списывание или плагиат студента как повод для отчисления или наказания студента, поскольку формально это не считается общественно опасным деянием и не приводит к серьезным нарушениям прав других субъектов. [3;4]

В свою очередь кодексы чести университетов России также предусматривают наказание за академическую нечестность. А федеральный закон РФ "О высшем и послевузовском профессиональном образовании" ст. 16 п. 9 говорит о том, что студента могут исключить из вуза за нарушение правил внутреннего распорядка.[5]

Следующим уровнем информационного обеспечения принципа академической честности становятся уставы университетов. Устав – это в первую очередь документ юридического лица, который содержит данные, характеризующие правовой статус университета. Данные документы создаются на основе законодательной базы той или иной страны, прописывают основные права и обязанности всех членов учебного процесса и также ответственность за проступки, вплоть до увольнения или отчисления из учебного заведения. Как таковых пунктов об принципах академической честности (нечестности), как правило, уставы не имеют. Они прописывают методологию существования университета.

Опираясь на уставы университетов создаются должностные инструкции работников вузов. Чаще всего там можно найти пункт "Ответственность", где сказано, что преподаватель несет ответственность за неисполнение своих обязанностей и нарушение законодательства.

Информационное обеспечение принципа академической честности в странах Западной Европы и США представлены кодексами честности, которые имею одинаковую структуру и несут, как правило, и информацию о наказании за подобный проступок. Что касается стран Восточной Европы и Украины, то в системе информационных и законодательных документов "закон"-"устав университета"-"должностные инструкции" дефиниция "академическая честность" отсутствует.

Наше исследование - рефлексия сложных процессов становления категории "академическая честность/нечестность" в европейском пространстве высшего образования. Благодаря партнерской деятельности социума и академической среды эта категория приобрела практически ментальный характер.

Литература

1. [Електронний ресурс]. - Режим доступу: http://www.studua.org/articles/2009/02/27/1767.html
2. [Електронний ресурс]. - Режим доступу: essex.ac.uk>academic/docs/regs/offpro.shtm
3. Про вищу освіту [Текст] : [закон України : офіц.текст: за станом на 19 жовтня 2006 року]. – К. : Парламентське вид-во, 2006. – 64 с.
4. Про освіту [Текст]: закон України. – К.: Парламентське вид-во, 1991. -45 с.
5. Федеральный закон РФ "О высшем и послевузовском профессиональном образовании" от 22 августа 1996 г. N 125-ФЗ

Покидова В.А.
аспирант, преподаватель кафедры иностранных языков факультета гуманитарного образования Новосибирского государственного технического университета
valeriya_po@hotmail.com

ФОРМИРОВАНИЕ ПРОФЕССИОНАЛЬНЫХ ПЕДАГОГИЧЕСКИХ КОМПЕТЕНЦИЙ СТУДЕНТОВ КАК ЗАЛОГ УСПЕХА В БУДУЩЕЙ ПРОФЕССИОНАЛЬНОЙ ДЕЯТЕЛЬНОСТИ

В последнее время мы все чаще слышим негативные отзывы от студентов о преподавателях. Что это? Личная неприязнь? Нежелание работать? Или же все-таки проблемы в сфере профессионального педагогического образования? Как бы то ни было, требования к преподавателям изменились, изменились также государственные стандарты. Но изменился ли процесс обучения будущих преподавателей в свете данных преобразований?

Студенты педагогических учебных заведений, как и раньше, слушают лекции, участвуют в семинарах, проходят пассивную и активную педагогическую практику, получают большой объем информации по профильным дисциплинам, включая педагогику, методику обучения. Тогда почему же бывшие студенты, нынешние выпускники и молодые преподаватели с профессиональным педагогическим образованием уходят из педагогики в другие сферы деятельности?

Каждый 3 опрошенный специалист (всего было опрошено 100 человек) в начале своей профессиональной деятельности сталкивался с тем, что он не знал, как применить на практике тот огромный багаж теоретических знаний, который он прибрел, учась 5-7 лет в университете. Примерно такая же ситуация происходит и с выпускниками педагогический учебных заведений. 84% опрошенных молодых преподавателей не знают, каким образом начать урок, как мотивировать учащихся, как наладить контакт со студентами, если разница в возрасте между преподавателем и студентом в 2-4 года, что делать, если более взрослые и опытные коллеги не воспринимают молодого преподавателя всерьез, как наладить организацию учебного процесса, как преподнести материал по-другому, если учащиеся не восприняли его с первого раза. Эти и многие другие проблемы были названы всеми опрошенными молодыми преподавателями.

Так что же нужно будущему преподавателю кроме диплома для того, чтобы после окончания педагогического учебного заведения он смог начать работать по специальности и осуществлять полноценную педагогическую деятельность в соответствии с выбранной специальностью».

Рассмотрим подобную ситуацию с преподавателями иностранного языка. Согласно проведенному опросу наибольшие трудности у молодых начинающих преподавателей вызывают:
- Структура урока и ее практическое применение;
- Следование плану урока;
- Четкое и целостное объяснение языкового материала;
- Взаимодействие с учениками/студентами, которые начинают хуже себя вести и учиться при виде молодого преподавателя;
- Разногласия с более опытными коллегами, ссылающимися на неопытность молодого преподавателя;
- Психологическая напряженность;
- Решение конфликтных ситуаций между учениками;
- Большой объем работы.

Так что же делать молодым преподавателям, когда они сталкиваются с проблемами, пути решения которых нельзя найти в учебном пособии? Ответом на данный вопрос может быть создание нового учебного пособия, которое могло бы дополнить уже существующие, но ведь это будут опять теоретические знания, которые в проблемной ситуации человек может и не вспомнить. Тогда решение подобного рода проблем нужно находить практически. Но как это сделать в рамках учебного процесса?

Во-первых, следует увеличить часы, отведенные на активную и пассивную педагогическую практику студента и обсуждения итогов его прохождения с разбором проблемных ситуаций, с которыми столкнулись студенты и рассмотреть возможные пути их решения.

Во-вторых, в рамках учебного процесса и дисциплин «методика обучения иностранному языку» и «педагогика» на семинарских занятиях использовать заранее сконструированные учебные ситуации, в рамках которых будет проходить анализ и решение конкретных проблемных ситуаций, круглый стол и метод мозгового штурма, деловые игры, разыгрывание ролей, которые являются методами активного обучения.

Под активными методами обучения понимаются «способы активизации учебно-познавательной деятельности студентов, которые побуждают их к активной мыслительной и практической деятельности в процессе овладения материалом, когда активен не только преподаватель, но активны и студенты» [5: 34].

Анализ конкретных ситуаций предполагает анализ студентами предложенной ситуации, возникающей при конкретном положении дел и выработке практического решения. Круглый стол – форма публичного обсуждения или освещения каких-либо вопросов, когда участники высказываются в определенном порядке. Метод мозгового штурма является эффективным методом решения проблемы на основе стимулирования творческой активности, при которой участникам обсуждения предлагают высказывать большее количество вариантов решения. После этого происходит отбор наиболее удачных идей, решений той или иной проблемы или задачи, которые могут быть применены на практике. Деловая игра является имитационным моделированием процессов профессиональной деятельности студентов в условных ситуациях с целью изучения и решения возникших проблем [1: 19]. Разыгрывание ролей является имитационным игровым методом обучения, характеризующимся следующими признаками: наличие проблемы или задачи в сфере профессиональной деятельности и распределение ролей между участниками их решения, взаимодействие студентов посредством проведения дискуссии, ввод преподавателем в процессе занятия корректирующих условий, оценка результатов обсуждения и подведение итогов преподавателем [3: 10].

Целевое назначение данных методов заключается в следующем:
- высокая степень сознательности в активизации мышления, восприятия и поведения студентов;
- эффективность развития профессионально-прикладных навыков и умений в сжатые сроки [4: 152];
- применение методов активного обучения, способствующее развитию мышления и самостоятельной быстрой выработки решений в будущем;
- постоянное взаимодействие субъектов учебной деятельности (студента и преподавателя) посредством прямых и обратных связей [2: 34];
- непрерывный контроль над процессом усвоения учебного материала со стороны преподавателя и корректирование ошибок.

Таким образом, данные методы могут быть применены при обучении будущих преподавателей, в результате чего они приобретут не только теоретические знания в области педагогики и методики обучения, но и рассмотрят основные проблемы и пути их решения, с которыми они могут столкнуться в первые годы работы преподавателем.

Литература

1. Бельчиков Я. М., Бирштейн М. М. Деловые игры. – Рига, Автос, 1989. – 209с.
2. Зарукина Е. В., Логинова Н. А., Новик М. М. Активные методы обучения: Рекомендации по разработке и применению СПб., СПбГИЭУ, 2010. – 59 с.
3. Смолкин А.М. Методы активного обучения. – М., 1991. – 304с.
4. Harmer J. The Practice of English Language Teaching. – London, 1991. – 386с.
5. Scrivener J. Lerning teaching. – Oxford, Macmillan, 2009. – 435 с.

Лукина Л.Б.
доцент, кандидат педагогических наук
Резенькова О.В.
доцент, кандидат биологических наук
Шаталова И.Е.
доцент, кандидат педагогических наук
Троценко Н.Н.
доцент, кандидат педагогических наук
ФГАОУ ВПО «Северо-Кавказский федеральный университет»

ОСОБЕННОСТИ ПЛАНИРОВАНИЯ ОБРАЗОВАНИЯ В ОБЛАСТИ ФИЗИЧЕСКОЙ КУЛЬТУРЫ СТУДЕНТОВ СПЕЦИАЛЬНЫХ МЕДИЦИНСКИХ ГРУПП

Решение проблемы здоровья человека всегда было, есть и будет самой важной и сложной задачей, решаемой человеческим обществом на всех этапах его развития. Это важно потому, что именно здоровье человека определяет его возможность жить полноценной жизнью. Здоровье - залог комфорта человека сегодня и уверенность в завтрашнем дне еще и потому, что именно здоровье лежит в основе продолжительности жизни и рождении здоровых и полноценных детей [5,33].

Среди общих и специальных задач, решаемых в сфере физической культуры, выделяются такие, как укрепление здоровья, повышение уровня общей работоспособности, развитие основных физических качеств, то есть таких показателей, которые имеют самое прямое отношение к уровню динамического здоровья [1,133; 2, 21].

Успешное решение поставленных задач чрезвычайно важно, так как только в вузе существует обязательная для всех студентов государственная программа по физической культуре и создается фундаментальная база здоровья на много лет вперед, поскольку после окончания учебного заведения обязательных занятий по дисциплине «Физическая культура» нет.

Стремление к определенной нормативной физической форме, которое распространено на традиционных занятиях по физической культуре, является следствием отношения к телу как к объекту, который следует тренировать [7, 25]. Однако в настоящее время неуклонно растет количество студентов, отнесенных по состоянию здоровья к специальной медицинской группе (СМГ), среди них есть также не посещавшие в школе занятия по физической культуре. Требовать от этой категории студентов достижения определенного уровня физической подготовки и выполнения зачетных нормативов не всегда является правомерным.

Анализ структуры заболеваний студентов специальных медицинских групп СКФУ за 2012-2013 учебный год показал следующую картину:

– на 1 месте находятся заболевания группы А (сердечно-сосудистой и нервной системам) – 34 %;
– на 2 месте заболевания группы В (органы дыхания и зрения) 31 %;
– на 3 месте заболевания группы Д (опорно-двигательного аппарата) – 21 %;
– на 4 месте заболевания группы Г (ЖКТ и мочевыделительной систем) – 7,1 %;
– на 5 месте заболевания группы Е (другие)– 4 %;
– на 6 месте заболевания группы Б (эндокринная система) – 0,9 %.

В связи с этим выдвигается задача разработки и обоснования дифференцированного подхода к выбору оптимальных нагрузок и направленности упражнений в занятиях с учетом мотивационных установок к физическому совершенствованию во взаимосвязи с психоэмоциональными особенностями организма студентов специальных медицинских групп, что отраженно в программе «Физическая культура» для студентов специальных медицинских групп разработанной авторским коллективом кафедры физической культуры СКФУ.

Опыт работы со студентами СМГ показал, что эти задачи можно успешно решать, используя на занятиях по физической культуре средства фитнеса, включая каланетику, упражнения аэробной направленности - оздоровительная ходьба и бег.

Включение в занятия каланетики, упражнений на дыхание и ведение дневников самоконтроля носит познавательный характер, решает задачи углубления осознания собственного тела и возможностей его использования, улучшения физического и эмоционального состояния.

Отличительными особенностями программы являются:

1. Использование возможностей базового компонента содержания образования в области физической культуры на основе дифференциации физкультурно-спортивных интересов студентов, и дополнительного блока учебного материала по основам самообразования, предоставляющего студентам возможность выбора и реализации индивидуальных программ физического самосовершенствования.

2. Планирование, организация и контроль самостоятельной работы студентов, обеспечивающей активное включение студентов в познавательно-практическую деятельность.

3. Обеспечение инструктивно-консультативного подхода, строящегося на основных положениях педагогики сотрудничества.

4. Гибкие критерии оценок по всем разделам программы, стимулирующие творческую активность студентов.

5. Разработка специального учебного пособия для подготовки студентов к успешной организации самостоятельных занятий физическими упражнениями.

6. Разработка системы занятий с практико-методической направленностью.

Преподавателями кафедры делается акцент на личностно-ориентированное образование студентов СМГ с выраженной подготовкой их к самостоятельной физкультурно-оздоровительной деятельности, направленной на формирование навыков коррекции здоровья, в том числе профессионального.

Важнейшим результатом эффективной реализации навыков самоконтроля, мы считаем, достижение умений осуществлять мониторинг собственного здоровья, оценивать состояние своего организма, его динамику под влиянием физических упражнений и на этой основе вносить коррективы в их использование. Навыки оперативного и текущего самоконтроля позволили сформировать у студентов возможность самостоятельно, целенаправленно и творчески использовать средства физической культуры и спорта в целях укрепления здоровья и самосовершенствования в области физической культуры.

Литература

1. Кузнецов В.С. Теория и методика физической культуры /В.С. Кузнецов: учебник для студ. учреждений высш. проф. образования – М.: Издательский центр «Академия», 2012. – 416 с.
2. Лубышева Л.И. Современные подходы к формированию физкультурного знания у студентов вузов / Л.И. Лубышева // Теория и практика физической культуры. –1993. – № 3. – С. 19-21.
3. Методические разработки по курсу физической культуры. – Изд-во: АГМА. – 1998.
4. Орлов Ю.М. Восхождение к индивидуальности: / Ю.М. Орлов. – Кн. для учителя. М.: Просвещение.– 1991.– 287с.
5. Половников Г.В. Комплексная оздоровительная программа для студентов со значительными отклонениями в состоянии здоровья / Г.В. Половников, Л.М. Волкова // Вестник Балтийской Академии.– Выпуск 9.– 1996.– С. 33-36.
6. Сиднева Л.В. Оздоровительная аэробика и методика преподавания /Л.В. Сиднева , С.А. Гониянц // Учебное пособие для студентов, обучающихся по специальности 022300 - "Физическая культура и спорт". М., 2000. - 74 с.
7. Сулейманов И.И. Общее физкультурное образование: Учебник. [И.И. Сулейманов, В.И. Михалёв, В.Х. Шнайдер и др.] Школьное физкультурное образование.– Омск: СИБГАФК.–1998.–268с.

Башанаева Г. Г.
кандидат психологических наук, доцент кафедры общей и практической психологии Московского городского педагогического университета.
Тел.: 8-968-527-05-21
E-mail: gulizar1611@mail.ru

КОМПОНЕНТЫ, ХАРАКТЕРИЗУЮЩИЕ РАЗВИТИЕ САНОГЕННОГО МЫШЛЕНИЯ

Методологической основой исследования развития саногенного мышления, его структурных элементов и проявления особенностей послужили научные разработки представителей деятельностного подхода в психологии (С.Л. Рубинштейна; А.Н. Леонтьева). Особенности саногенного мышления проявляются тогда, когда удовлетворение потребностей личности встречает некую преграду в виде определенных сложившихся шаблонов поведения.

В данном контексте условиями развития саногенного мышления субъектов семейных отношений, несомненно, являются особенности психического развития детей, которые выражаются в стремлении удовлетворить свои потребности привычными способами [2].

В силу этих обстоятельств, всесторонний анализ научных подходов к пониманию сущности формирования саногенного мышления личности, проявляемого в повседневной жизнедеятельности, и учет особой категории субъектов изучаемого процесса позволил выделить основные компоненты, характеризующие особенности развития саногенного мышления: мотивационный, рефлексивный, эмоциональный и операциональный, направленные на реализацию основных функций оздоравливающего мышления.

Ориентируясь на выделенные функции саногенного мышления, логично предположить, что в качестве внутренних условий, определяющих возможность и качество их осуществления, будут выступать следующие индивидуально-психологические особенности личности ребенка: рефлексивность, прогностичность, выраженность познавательной мотивации, социально-перцептивные способности (социальный интеллект), проницательность, интернальность, ответственность и др.

Таким образом, при оценке саногенного мышления следует также учитывать не только предпочитаемые ребенком ценности социума, но и отношение к ним, а также планируемые и применяемые способы их интериоризации во внутренний мир. Все это требует привлечения прошлого опыта, в связи с чем принято говорить об особом свойстве сознания – апперцепции. Благодаря такой связи между актуальными и прошлыми впечатлениями возможна ассимиляция новой сенсорной информации, включение новых образов в систему человеческого опыта. Поэтому отчетливое и осознанное восприятие окружающего мира невозможно без участия мышления. В этой связи оценку оздоравливающего мышления целесообразно производить:

а) *на уровне мотивов*; б) *на уровне знания*; в) *на уровне эмоций*; г) *на уровне умственного действия*.

Первым звеном, характеризующим развитие саногенного мышления, является *мотивационный* компонент, определяющий наличие у ребенка смысла, значимости познавательной активности, что приводит к активизации у него не только обучающих мотивов, но и стимулов быть успешным членом семьи [2].

По мнению ученых (Ю.М. Орлова, Б.З. Вульфова, Ю.В. Синягина, Н.Ю. Синягиной, Е.В. Селезневой), личностям с чертами патогенного мышления характерна рассогласованность мотивов (высокая мотивация на достижение успеха и низкая мотивация на защиту и наоборот), тогда как личностям с чертами саногенного мышления свойственна сбалансированная мотивация на защиту и успех [7, 9].

С процессом саногенного мышления связана способность к осуществлению *рефлексивной деятельности* по самоопределению в проблемной ситуации и практическая реализация выбранного варианта действий.

В этой связи следует подчеркнуть важную роль рефлексии как процесса, позволяющего человеку оценивать и находить правильные решения в трудных обстоятельствах. Предметом рефлексии является деятельность, сам человек, другие люди. Уровень развития рефлексивных процессов – рефлексивность – рассматривается как «способность личности, позволяющая осознавать и принимать сложность и противоречивость внешнего мира, внутриличностных структур, сознательно выстраивать свою жизнедеятельность» [5].

По мнению Л.М. Карнозовой, самоопределение напрямую связано с рефлексивным способом существования человека, «самоопределение есть полная рефлексивная форма связи человека с миром, обеспечивающая сознательное личностное действие» [4]. Существенным фактором, обусловливающим особенности формирования саногенного мышления, является *эмоциональный компонент*. Среди множества понятий (самоуважение, самопринятие, эмоциональное отношение к себе и т.д.), относимых к эмоциональному компоненту, нет четких разграничений.

Человек представляет собой одновременно три целостные системы: организм, социальный индивид и личность. Они взаимосвязаны между собой определенной уровневой организацией, где каждый уровень имеет свои особенности.

В содержательном плане взаимосвязь уровней самосознания с уровнями психического здоровья может быть представлена в следующих положениях: а) болезнь организма (психофизическое здоровье) ограничивает человека как социального индивида, влияя на индивидуально-исполнительский уровень психического здоровья, т.е. развитие личности обусловлено развитием индивида; б) каждый из уровней самосознания человека имеет определенную систему взаимосвязей и отношений (организм – среда, социальный индивид – социальная деятельность, личность – внутренняя активность); в) на уровне организма внешнее воздействие оценивается с точки зрения приятных или неприятных ощущений, на индивидном уровне самоотношение зависит от отношения других и характера взаимодействия с ними.

На основании описанных подходов можно сделать вывод, что эмоциональный компонент личности включает в себя самоотношение и самооценку. Самоотношение является общей жизненной установкой человека и формируется в процессе развития [3].

Самооценка, позволяет человеку ответить на вопросы: чего это стоит, что это значит для меня. Общая самооценка образуется на основе частных самооценок отдельных представлений о себе. По итогам самооценочной деятельности самосознания у человека формируется позитивное или негативное самоотношение, причем позитивное отношение к себе выступает одним из признаков оздоравливающего мышления [2].

Эмоциональных компонент также может быть представлен в виде суммы таких чувств, как самоуважение и аутосимпатия (В.В. Столин; С.Р. Пантелеев; В.С. Агапов) [8]. Исходя из этого, компоненты самоотношения исполняют роль компенсаторных механизмов, поддерживающих устойчивое эмоциональное состояние личности, что в конечном итоге может являться одним из признаков саногенного мышления.

Операциональный компонент отражает обращенность ребенка к внутренним стандартам и нормам оценки самоэффективности в познавательной деятельности. Значимость данного качества определяется значительной неопределенностью исходных условий, часто сопровождающих процесс принятия ребенком решений, необходимостью активно привлекать собственный опыт, особенно в ситуациях, характеризующихся дефицитом времени, высокой интенсивностью действий и динамикой событий. В основе операционального «фундамента» мыслительных процессов лежит самостоятельность. Кроме того, самостоятельность или стремление к ней в мыслительной деятельности является и мотивирующим фактором.

Качество развития саногенного мышления определяется по степени когнитивной сложности-простоты мыслительных процессов как способности интерпретировать социальное поведение по заданному количеству параметров (Бьери; Т.Б. Карцева); устойчивости, определяемой как степень изменяемости представлений о себе во времени, в зависимости от происходящих событий или ситуации (Л.М. Фридман, И.Ю. Кулагина; Т.Б. Карцева; Г.К. Черняховская). Устойчивость проявляется в стабильности системы самооценок личности (Л.В. Бороздина).

Когнитивная сложность-простота мыслительных операций выражается в степени их расчлененности по уровням иерархии, или в степени их дифференцированности (Е.Т. Соколова). Когнитивно сложная система содержит много конструктов, обеспечивает значительную дифференциацию в восприятии явлений и способствует большей согласованности внутренних процессов мышления. Когнитивно простая система содержит мало конструктов, и дифференциация восприятия при этом будет слабой. Следовательно, степень когнитивной дифференцированности мыслительных операций выступает в качестве показателя устойчивости, согласованности и непротиворечивости изучаемого процесса.

В своих исследованиях Н.Д. Левитов установил, что процесс усвоения приемов выделения общих свойств (путем сравнения различных предметов) у детей происходит параллельно с овладением умения выводить понятия общих и частных, значимых и несущественных признаков; при этом ими активно применяются все мыслительные операции – анализ, синтез, сравнение и обобщение [6].

На основе результатов психологических экспериментов А.В. Брушлинский приходит к выводу, что с развитием познавательной активности ребенка решаемые задачи и проблемные ситуации приобретают более сложный характер, вследствие чего при выделении отличительных и общих признаков нескольких предметов дети стремятся разложить их на различные кластеры. В этом случае, по мнению ученого, испытуемые применяют такую умственную операцию, как классификация [1]. Осуществляя классификацию, дети рассматривают предложенные предметы и выделяют в них наиболее существенные компоненты, используя умственные операции анализа и синтеза, в последующем делают обобщение по каждой группе предметов, входящих в целый класс. Такой сложный мыслительный операциональный процесс дает возможность проводить классификацию предметов по значимому признаку.

Приведенные факты позволяют предположить, что все мыслительные операции тесно коррелируют между собой и формирование саногенного мышления предполагает применение всех операций в комплексе. Только их взаимообусловленное использование способствует развитию оздоравливающего мышления в целом. Ряд психологических исследований позволил подтвердить, что комплексное применение мыслительных операций логического анализа, синтеза, сравнения, обобщения и классификации выступает мощным фундаментом хорошего обучения, полноценного усвоения учебного материала.

Результаты психологических исследований подтверждают важность выбранной категории для формирования саногенного мышления, т.к. именно в 1 детском возрасте начинают активно овладеваться мыслительными операции, а гармоничное применение всего арсенала переработки информации является необходимым условием развития саногенного мышления [3].

Список использованных источников:

1. Брушлинский А.В. Психология субъекта. – СПб.: Алетейя, 2003. – С. 97.
2. Башанаева Г.Г. Изучение семьи как фактора формирования у детей основ саногенного мышления в работах зарубежных психологов // Психология и психотехника. № 7. 2013. С.
3. Башанаева Г.Г. Акмеологическая теория саногенного мышления субъектов семейных отношений // Научное обозрение. Серия гуманитарные науки. № 1 – 2. 2013. С.
4. Васильев И.А. Роль интеллектуальных эмоций в регуляции мыслительной деятельности // Психологический журнал. – 1998. № 4. – С. 49 60.
5. Васильев И.А., Поплужный В.Л., Тихомиров О.К. Эмоции и мышление. – М.: Мысль, 1980. – С. 86 91.
6. Карнозова Л.М. Самоопределение профессионала в проблемной ситуации: психосемиотическое исследование на материале организационно-деятельностных игр: Автореф. дис. … канд. психол. наук. – М., 1991. – С. 9.
7. Карпов А.В. Психология рефлексивных механизмов деятельности. – М.: Изд-во «Институт психологии РАН», 2004. – С. 77.
8. Левитов Н.Д. Психологические особенности младших школьников. – М., 1989. – С. 79 81.
9. Орлов Ю.М. Оздоравливающее мышление. – М.: Слайдинг, 2006. – С. 75 78.
10. Пантелеев С.Р. Самоотношение / В кн.: Психология самосознания. – М.: Апрекс, 2003. – С. 223 226.

Вискалин Я.А.
студент, УлГУ
Забегалина С.В.
к.псх.н., старший преподаватель, УлГУ

ЭМОЦИОНАЛЬНЫЙ СТРЕСС, ПРИЧИНЫ ВОЗНИКНОВЕНИЯ

В современной научной литературе термин «стресс» используется, как минимум, в трех значениях. Понятие стресс может определяться как внешние стимулы или события, вызывающие у человека напряжение или возбуждение. В современно мире в этом значении чаще употребляются термины «стрессор», «стресс-фактор». Стресс так же может относиться к субъективной реакции, в этом значении он отражает внутреннее психическое напряжение и возбуждение; это состояние обычно понимают как эмоции, оборонительные реакции и процессы преодоления происходящие с человеком. Такие процессы могут стать одним из факторов способствующих развитию и совершенствованию функциональных систем. Наконец стресс может пониматься как следствие физической реакции организма на вредное воздействие. Именно в этом смысле и В. Кеннон и Г. Селье употребляли этот термин. Физиологической функцией этих физических реакций, вероятно, является поддержка поведенческих актов и процессов психики по преодолению этого состояния.

В связи с отсутствием общей теории стресса не имеется общепринятого его определения. Рассматривая различные их варианты, Аракелов Г. Г [3] отметил следующее: «Иногда это понятие относят к состоянию беспокойства в организме, которое он стремится устранить или уменьшить. В таком смысле понятие стресса немногим отличается от неприятных состояний, таких как тревожность или аверсивных мотиваций, слабой боли и диссонанса. Стресс также рассматривается как психологические и поведенческие реакции, отражающие состояние внутреннего беспокойства или его подавления. Такие защитные от стресса реакции или индикаторы наблюдались в различных функциональных проявлениях, включая эмоциональные, когнитивные и поведенческие».

Стресс определяется как состояние или условие в физическом или социальном окружении, которое ведет к принятию мер по избеганию, агрессии, принятию решения об устранении и ослаблении угрожающих условий. Такое понятие как «стрессоры» подобно понятию опасность, угроза, давление, конфликт, фрустрация и экстремальная ситуация.

Таким образом, отсутствует точное определение стресса, а различные попытки исследователей в этом вопросе все еще фрагментарны и неопределенны.

Различные представления о сущности стресса, его теории и модели во многом противоречат друг другу, отмечал так же Р. Лазарус [1] В этой области не существует установившейся терминологии. Даже определения стресса часто очень существенно различаются. Правда, такое положение характерно и для целого ряда других кардинальных проблем, таких как адаптация, утомление, способности, личность и многие другие.

Для прояснения понятия стресса Р. Лазарус сформулировал два основных положения. Во-первых, терминологическую путаницу и противоречия в определении понятия «стресс» можно будет устранить, если при анализе психологического стресса учитывать не только внешние наблюдаемые стрессовые стимулы и реакции, но и некоторые, связанные со стрессом, психологические процессы - например, процесс оценки угрозы. Во-вторых, стрессовая реакция может быть понята только с учетом защитных процессов, порождаемых угрозой, - физиологические и поведенческие системы реакций на угрозу связаны с внутренней психологической структурой личности, ее ролью в стремлении субъекта справиться с этой угрозой. Характер стрессовой реакции причинно связан с психологической структурой личности, взаимодействующий с внешней ситуацией посредством процессов оценки и самозащиты. Он отмечает, что только связывая характер стрессовой реакции с психическими процессами, действующими в людях с различными психическими структурами, мы можем надеяться объяснить происхождение явления и получить возможность их предсказывать [2]

Следствием неоднозначности трактовки понятия «стресс», отягощенности его медико-биологическими и односторонними психологическими представлениями явилось то, что некоторые авторы, особенно отечественных работ, этому понятию предпочитают другое - «психическая напряженность». Одной из основных причин такого предпочтения, по мнению Н. И. Наенко, является свобода этого термина от отрицательных ассоциаций с другими близкими понятиями и его нацеленность, связь с необходимостью изучения психологического функционирования человека в сложных условиях.

Психологический стресс как особое психическое состояние является своеобразной формой отражения субъектом сложной, экстремальной ситуации, в которой он находится. Специфика психического отражения обусловливается процессами деятельности, особенности которых (их субъективная значимость, интенсивность, длительность протекания и т. д.) в значительной степени определяется выбранными или принятыми ее целями, достижение которых побуждается содержанием мотивов деятельности.

В процессе деятельности мотивы «наполняются» эмоционально, сопрягаются с интенсивными эмоциональными переживаниями, которые играют особую роль в возникновении и протекании состояний психической напряженности. Не случайно последняя часто отождествляется с эмоциональным компонентом деятельности. Отсюда синонимичное употребление таких понятий, как «эмоциональная напряженность», «аффективное напряжение», «нервно-психическое напряжение», «эмоциональное возбуждение», «эмоциональный стресс» и другие. Общим для всех этих понятий является то, что они обозначают состояние эмоциональной сферы человека, в которой ярко проявляется субъективная окрашенность его переживаний и деятельности.

Список литературы:

1) Лазарус, Р. Теория стресса и психофизиологические исследования // Эмоциональный стресс. / Под ред. Л. Леви. Л.: Медицина, -1970. С.178-208.
2) Наенко, Н. И. Психическая напряженность. - М: Изд-во Моск. ун-та - 1976, 112 с.
3) Аракелов, Г. Г. Стресс и его механизмы // Вестн. Моск. ун-та. Сер. 14, Психология. -1995., №4. - С. 45-54. с

Чигарькова А.В.
студентка, УлГУ
Забегалина С.В.
к.псх.н., старший преподаватель, УлГУ

СТРЕСС КАК ОСНОВНОЙ ФАКТОР ДЕЯТЕЛЬНОСТИ В ОСОБЫХ УСЛОВИЯХ

В современном обществе каждый человек подвержен множеству негативных влияний внешней среды и не все могут справиться с последствиями, основным можно по праву считать стресс.

При этом особые требования предъявляются к специалистам, чья деятельность протекает в особых условиях. Для начала рассмотрим, что представляют собой такие условия труда.

Особые условия труда - условия, когда деятельность специалиста сопряжена с эпизодическим, непостоянным действием экстремальных факторов или высокой осознанной вероятностью их появления. При этом экстремальные факторы не имеют большой мощности или интенсивности, а возникающие негативные состояния работника выражены умеренно. В особых условиях у людей мобилизуются резервные возможности компенсаторного типа.

В связи с особенностями деятельности в особых условиях у специалиста возникает, а может и прогрессировать состояние психического напряжения - стресс.

Стресс – это обширный круг состояний человека, возникающих в ответ на разнообразные экстремальные воздействия. Употребляется для описания состояний в особых условиях на физиологическом, психологическом и поведенческих уровнях.

Основными стресс-факторами, вызывающими нервно-психическое напряжение (стресс) у специалистов, работающих в особых условиях труда, являются опасность, создающая угрозу жизни, повышенная ответственность за решение сложной задачи, дефицит времени на принятие решений и выполнение действий, необычность условий рабочей среды.

Понятие напряжения тесно связано с понятием стресс. **Напряжение -** характеризуется наличием психического напряжения, осознанием психотравмирующего фактора профессиональной деятельности. В качестве основных причин выступают «внешние профессиональные» факторы: трудноизмеримое содержание работы, наличие психоэмоциональных перегрузок, отсутствие четких обязанностей, чрезмерная загруженность, эмоциональная насыщенность. Состояния психической напряженности возникают в таких условиях деятельности, когда требуются чрезмерные психические усилия для решения поставленных задач. Для состояния напряженности характерны чувства беспокойства, тревоги и даже страха. Интеллектуальная деятельность становится более интенсивной, темп мыслительных процессов увеличивается, зачастую за счет уменьшения глубины анализа. Меняются и физиологические реакции: учащается пульс, повышаются давление и температура тела, происходит прилив крови к голове. Обычно такие состояния возникают в случаях повышенной ответственности, дефицита времени или при столкновении с особо трудными задачами. Для всех этих ситуаций общим является то, что они требуют от специалиста новых, нестандартных, неавтоматизированных действий. Таким образом, состояние психической напряженности часто возникает вследствие того, что имеющиеся средства деятельности оказываются недостаточными, не соответствуют новым условиям.

Стресс может воздействовать на организм в двух направлениях, а именно как **эустресс** – положительное влияние, приводящее к мобилизации и адаптации организма, как **дистресс** – отрицательное, дезорганизующее воздействие на жизнедеятельность человека.

Так, соотнося проблемы стресса с условиями работы, Н.В. Самоукина пишет: «Профессиональный стресс - это напряженное состояние работника, возникающее у него при воздействии эмоционально-отрицательных и экстремальных факторов, связанное с выполняемой профессиональной деятельностью» [1,186]. Фактически речь скорее идет о профессиональном дистрессе. К этому можно было бы добавить, что профессиональный стресс (дистресс) - это также реакция на какие-то затруднения, выражающаяся в неспецифических действиях.

Н.В. Самоукина выделяет основные виды профессионального стресса (дистресса) [1,186-187]:

1. Информационный стресс возникает в условиях жесткого лимита времени и усугубляется в условиях высокой ответственности задания. Часто информационный стресс сопровождается неопределенностью ситуации (или недостоверной информацией о ситуации) и быстрой переменой информационных параметров, что характерно для деятельности в особых условиях.
2. Эмоциональный стресс возникает при реальной или предполагаемой опасности (чувство вины за невыполненную работу, отношения с коллегами и др.). Нередко разрушаются глубинные установки и ценности работника, связанные с его профессией.
3. Коммуникативный стресс связан с реальными проблемами делового общения. Он проявляется в повышенной конфликтности, в неспособности контролировать себя, в

неумении тактично отказать в чем-либо, в незнании средств защиты от манипулятивного воздействия и т.п.

В деятельности в особых условиях выделяют еще одно понятие тесно связанное со стрессом – это психическая дезадаптация, которая выражается в широком классе состояний, при которых нарушается нормальное функционирование психики практически душевно здорового человека, наблюдается расстройство деятельности, неадекватность поведения, переживание сильного внутреннего напряжения и дискомфорта.

В работах Александровского Ю.А., Котенева И.О. было установлено, что при выполнении деятельности в особых условиях у значительного числа лиц в особых условиях труда наблюдались различные формы дезадаптивного психического состояния, проявляющееся, прежде всего в угрожающем здоровью постоянном тревожном напряжении.

Дезадаптивное поведение специалистов характеризуется немотивированной агрессивностью, недисциплинированностью, уклонением от исполнения профессиональных обязанностей, ухудшением показателей эффективности деятельности, злоупотреблениями спиртными напитками, внутрисемейными и межличностными конфликтами.

Таким образом, специалисты, чья деятельность протекает в особых условиях, подвержены повышенному риску возникновения стрессовых расстройств, что обусловливает необходимость проведения комплексных психодиагностических исследований и создания системы профилактических и реабилитационных мероприятий.

Литература:

1. Самоукина, Н.В. Психология и педагогика профессиональной деятельности: Учебник / Н.В. Самоукина / М.: Тандем, 1999. - 351 с.
2. Тарабрина, Н.В. Практическое руководство по психологии посттравматического стресса / Н.В.Тарабрина / М.: «Когито-Центр», 2007. - 208с.

Хафизова Л.
студентка направления
«Психология» факультета гуманитарных наук и
социальных технологий УлГУ
Калинина Н.В.
доктор психологических наук, профессор

ОСОБЕННОСТИ УДОВЛЕТВОРЕННОСТИ БРАКОМ В СЕМЬЯХ С РАЗЛИЧНЫМИ СТРАТЕГИЯМИ ПОВЕДЕНИЯ В КОНФЛИКТАХ

Сегодня в психологии наблюдается повышенный интерес к изучению брака и семьи. Поскольку третья часть всех браков становится нежизнеспособной, то важнейшую государственную значимость приобретает проблема укрепления брака, развития у супругов ответственности и сотрудничества.

Социально-психологические условия в семье определяют устойчивость отношений, оказывают определенное влияние на развитие, как взрослых, так и детей. Семейная жизнь, как и любое взаимодействие людей не может строиться без конфликтов. Будучи неизбежными спутниками семейного взаимодействия, конфликты могут выступать и как повод развития семейных отношений, способа решения проблем, так и средством нарушения функционирования семьи, средством ее разрушения. Роль конфликта в семье определяется умением супругов создавать благоприятный психологический климат. Психологический климат семьи не является чем-либо постоянным, представленным раз и навсегда. Его формируют члены каждой семьи, и именно от их усилий зависит, каким он будет, неблагоприятным или все-таки благоприятным. Супружеские отношения – это исходная база благоприятного климата семьи. Основой современного брака служит умение супругов достичь совместимости, которое связано с выбором стратегий поведения в ситуациях конфликта[5].

Целью нашего исследования было выявление особенностей удовлетворенности браком в семьях с различными стратегиями поведения в конфликтах.

Материалы и методы

Исследование проводилось с использованием следующих методов: Тест К. Томаса «Стратегии поведения в конфликтных ситуациях» в адаптации Н.В. Гришиной; «Тест удовлетворенности браком» Алешиной.

Результаты обрабатывались с помощью критериев математической статистики: многофункциональный непараметрический критерий Угловое преобразование Фишера.

В исследовании приняли участие 10 семей – 20 человек супругов. Возраст супругов от 21 до 51. Стаж супружеской жизни – от одного года до 32 лет.

При планировании исследования была выдвинута **гипотеза:** существуют различия в удовлетворенности браком в семьях с различными стратегиями поведения в конфликте. При этом в семьях, где выбирают супруги конструктивные стратегии удовлетворенность браком выше, чем в семьях, где супруги различаются в выборе стратегий или выбирают неконструктивные стратегии поведения в конфликте.

Анализ результатов исследования

В результате изучения стратегий поведения супругов в конфликтных ситуациях[4], были выделены 4 группы семей:

1 группа - семьи, где оба супруга используют стратегию *компромисс.* В таких семьях при использовании стиля компромисса обе стороны немного уступают в своих интересах, чтобы удовлетворить их в остальном, часто главном. Это делается путем торга и обмена, уступок. При компромиссе отсутствует поиск скрытых интересов, рассматривается только то, что каждый говорит о своих желаниях. При этом причины конфликта не затрагиваются. Идет не поиск их устранения, а нахождение решения, удовлетворяющего сиюминутные интересы обеих сторон. Семьи этой группы составили 30 %.

2 группа - семьи, где оба супруга в конфликте выбирают *противоборство*. Супруги этих семей активны и предпочитают идти к разрешению конфликта каждый собственным путём. Они не заинтересованы в сотрудничестве с другими и достигают цели, используя свои волевые качества. Таких семей оказалось 10%.

3 группа - семьи, где супруги выбирают конструктивные стратегии и умеют договариваться, несмотря на их различия. В исследуемых нами семьях это были такие стратегии как: приспособление и сотрудничество. *Приспособление* - это действия совместно с другим человеком без попытки отстаивать собственные интересы, принесения в жертву собственных интересов. Это стиль уступок, согласия и принесения в жертву собственных интересов. Те же, кто следует стилю *сотрудничества*, активно участвует в разрешении

конфликта и отстаивает свои интересы, но старается при этом сотрудничать с другим человеком. Этот стиль требует более продолжительных затрат времени, чем другие, так как сначала выдвигаются нужды, заботы и интересы обеих сторон, а затем идёт их обсуждение. Это хороший способ удовлетворения интересов обеих сторон, который требует понимания причин конфликта и совместно поиска новых альтернатив его решения. Среди других стилей сотрудничество – самый трудный, но наиболее эффективный стиль в сложных и важных конфликтных ситуациях. Эти семьи составили 40%.

4 группа – семьи, где супруги выбирают неконструктивные стратегии, такие как установка на соперничество и подавление, проявление враждебности, закрытости, напряжённости, манипуляция чувствами, интересами и позициями. Это такие стратегии как *избегание*, что означает, что индивид не отстаивает свои права, ни с кем не сотрудничает для выработки решения или уклоняется от решения конфликта. Для этого используются уход от проблемы (выход из комнаты, смена темы и т.д.), игнорирование её, перекладывание ответственности за решение на другого, отсрочка решения и т.п. Семей этой группы оказалось 20%.

Данные представлены на рисунке 1.

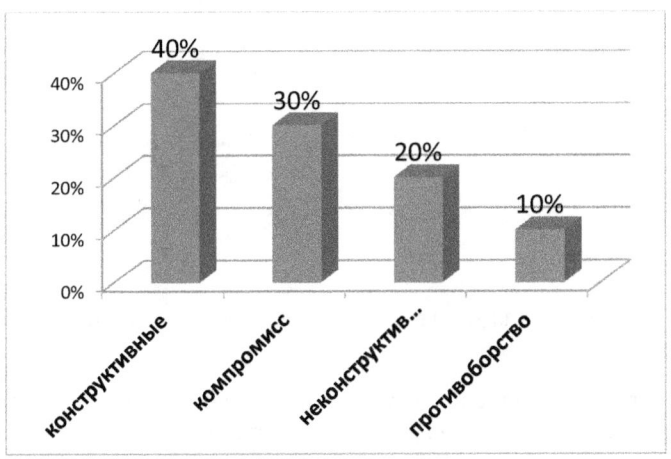

Рис. 1 Гистограмма по группам семей

По результатам теста Алешиной было обнаружено, что наиболее удовлетворены браком, семьи, выбирающие в конфликте стратегию поведения компромисс. Наименьшую удовлетворенность браком показали семьи с неконструктивными стратегиями. Обработав результаты с помощью непараметрического критерия углового преобразования Фишера (см. рисунок 2), мы установили, что семьи в группе, где супруги применяют стратегию поведения компромисс, больше удовлетворены браком, чем семьи в группе, где супруги применяют стратегии поведения противоборство в конфликтных ситуациях. В группе, где супруги применяют конструктивные стратегии поведения, более выражена удовлетворенность браком, чем в группе, где семьи применяют неконструктивные стратегии поведения в конфликтных ситуациях. Наиболее удовлетворены браком, семьи, использующие конструктивные стратегии поведения, а наименее удовлетворены браком, семьи, использующие стратегию противоборство. Среди удовлетворенных браком супругов доля семей с конструктивными стратегиями поведения выше, чем доля семей со стратегией поведения компромисс. Доля семей с неконструктивными стратегиями поведения выше, чем доля семей со стратегией поведения противоборство.

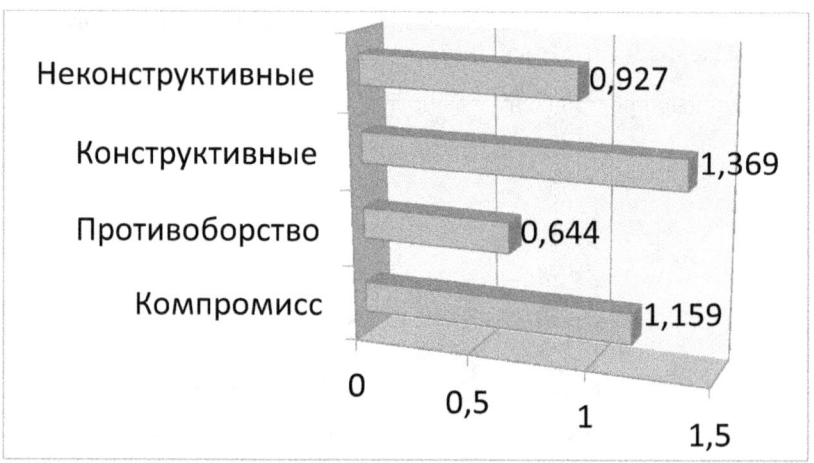

Рис. 2 Линейчатая диаграмма по коэффициентам 4 групп с помощью Углового преобразования Фишера

Таким образом, сравнение групп семей с различными стратегиями поведения супругов в конфликтах по степени удовлетворенности браком показало, что в семьях, где супруги выбирают компромисс и конструктивные стратегии поведения они более удовлетворены браком. В семьях же, где супруги выбирают неконструктивные стратегии конфликтного поведения, (причем неважно, разные они или одинаковые), удовлетворенность браком снижена.

Заключение

Жизненная практика людей демонстрирует, что межличностные отношения проходят зачастую в условиях конфликтов, которые играют роль неотъемлемой части человеческих отношений. Любой конфликт, в большинстве случаев, имеет мощный деструктивный заряд. Стихийное формирование конфликта очень часто приводит к нарушению стандартного функционирования семьи[1]. В его сопровождение обычно выключаются сильные негативные эмоции, которые испытывают по отношению друг к другу стороны. При достижении крайней стадии конфликта затрудняется его разрешение. Анализ причин, течения и результатов конфликтов убеждает в том, что многие из них не только допустимы, но и желательны, поскольку дают информацию о проблемах семьи, позволяют выявить скрытые от глаз процессы, разнообразие позиций и прочее[3]. Отечественные (Н.В. Гришина) и зарубежные (К. Томас) психологи считают, что необходимо сконцентрировать внимание на аспектах изучения конфликтов таких, как формы поведения в конфликтных ситуациях, а также факторах, которые влияют на выбор той или иной формы поведения. Результаты проведенного исследования дают возможность расширить уже имеющиеся представления о стратегиях поведения при конфликтах и условиях удовлетворенности браком супругов. Предложенные в работе факты могут быть использованы в практике брачно-семейного консультирования.

Библиографический список

1. Алешина, Ю. Е. Социально-психологические методы исследования супружеских отношений / Ю. Е. Алешина, Л. Я. Гозман, Е. М. Дубовская. - М.: МГУ, 1987.

2. Алешина, Ю.Е. Удовлетворенность браком и межличностное восприятие в супружеских парах с различным стажем совместной жизни / Ю.Е. Алешина. - Вестник МГУ, Серия 14, Психология №2, 1987.

3. Андреева Г.М. Социальная психология: Учебник для высш. шк. - М.: «Аспект-пресс», 2004. — ISBN 978-5-7567-0274-3.

4. Емельянов, С.М. Практикум по Конфликтологии / С.М. Емельянов. - 3-е изд., перераб. и доп. - СПб. : Питер, 2009 - ISBN 5-314-00115-2.

5. Гозман, Л.Я. Процессы межличностного восприятия в семье: межличностное восприятие в группе / Л.Я. Гозман М.: МГУ, 1981.

Куксо П.А.[1], Слепец Е.В[2]., Куксо О.Г.[3]

[1] доцент кафедры клинической психологии факультета психологии, к.б.н., ФГБОУ ВПО «Башкирский государственный университет»,
[2] Учитель начальных классов СОШ № 35,
[3] доцент кафедры управления и информатики, Восточная экономико-юридическая гуманитарная академия

НЕЙРОПСИХОЛОГИЧЕСКИЕ ОСОБЕННОСТИ РАЗВИТИЯ ПРАКСИСА И ТАКТИЛЬНОГО ГНОЗИСА ДЕТЕЙ МЛАДШЕГО ШКОЛЬНОГО ВОЗРАСТА С ЗПР И С НОРМАЛЬНЫМ ПСИХИЧЕСКИМ РАЗВИТИЕМ

В настоящее время достигнуты определенные успехи в клиническом, нейропсихологическом и психолого-педагогическом изучении детей с ЗПР (задержка психического развития). Большой вклад в понимание психологического строения и мозговой организации движений вносят нейропсихологические исследования [1, 3].

Наша разработка нейропсихологического подхода связана с исследованием двигательной сферы и тактильного гнозиса детей с задержкой психического развития (ЗПР) и с нормальным психическим развитием. В данной статье мы будем говорить об особенностях развития праксиса и тактильного гнозиса у детей с ЗПР и у детей с нормальным психическим развитием.

Нормальное (нормативное) развитие предполагает отсутствие неблагоприятных изменений в созревании организма и нервной системы ребенка, и наличие благоприятной ситуации развития [1, с. 196]. При этом следует помнить, что существуют непатологические отклонения, которые обусловлены разными причинами и проявляются в разных формах.

Задержка психического развития – это замедление темпа развития психики, которое чаще обнаруживается при поступлении в школу и выражается в нехватке общего запаса знаний, ограниченности представлений, незрелости мышления, преобладании игровых интересов и неспособности заниматься интеллектуальной деятельностью. Известны четыре варианта задержки психического развития [2, с. 63.]. Первый вариант задержка психического развития конституционального типа. Второй вариант задержка психического развития соматогенного происхождения. Третий вариант вариант задержка психического развития психогенного происхождения. Четвертый вариант задержка психического развития церебрально-органического.

В двигательной деятельности человека различают произвольные движения – сознательно управляемые целенаправленные действия, непроизвольные движения, происходящие без участия сознания и представляющие собой, либо безусловные реакции, либо автоматизированные двигательные навыки.

Мы провели исследование, целью которого было изучение особенностей сформированности двигательной сферы детей младшего школьного возраста с задержкой психического развития и детей с нормальным психическим развитием. Мы сформировали две группы испытуемых: экспериментальная группа – 40 учащихся третьего класса с задержкой психического развития; контрольная группа – 40 учащихся, это дети «практической нормы». Возраст детей – 9-10 лет. Группы были уравнены по половозрастному признаку.

Мы использовали методику исследования двигательной сферы Л.С. Цветковой (2002).

Выполнение заданий по методикам, направленным на исследование уровня развития двигательных функций у детей, оценивались по системе оценок продуктивности психической деятельности следующим образом. Высокий уровень – «0» – выставляется в тех случаях, когда ребенок без дополнительных разъяснений выполняет предложенную экспериментальную программу. Выше среднего – «1» – отмечается ряд мелких погрешностей, исправленных самим испытуемым без участия экспериментатора. Средний – «2» – испытуемый в состоянии выполнить задание после нескольких попыток, развернутых подсказок и наводящих вопросов. Низкий – «3» – задание недоступно даже после подробного многократного разъяснения со стороны экспериментатора. Анализ полученных эмпирических данных проводился по следующей схеме: подсчитывали средний бал за выполнение заданий; полученные оценки переводили в проценты успешности выполнения заданий, соответствующие уровню развития психических функций; подсчитывался средний процент для каждой пробы. А также провели анализ связи между показателями с использованием непараметрического коэффициента корреляции Спирмена (R).

Рассмотрим результаты выполнения проб на двигательную сферу. Графическая проба «заборчик» позволяет оценить усвоение двигательной программы, ее автоматизации переключения с одного движения на другое. При этом 63% детей с ЗПР и 75% детей практической нормы выполняют этот тест безошибочно. Остальные допускают ошибки различной степени сложности. 25% детей с ЗПР и 20 % детей практической нормы компенсируют трудности переключения за счет остановок, некоторого упрощения двигательной программы. 7,5% детей с ЗПР и 2,5 % детей практической нормы допускают персеверации, и, наконец, 5% детей с ЗПР и 5 % детей практической нормы наблюдается стойкая тенденция к персеверациям. Выполнение графической пробы связано с работой задне-лобных отделов левого полушария.

Проба на праксис позы пальцев направлена на исследование кинестетической организации движений рук. С помощью этой пробы исследуется развитие тонких и точных движений рук, которые необходимы для письма, рисования и т.д. Безошибочно выполняют пробу на праксис позы пальцев 73% детей с ЗПР и 58% детей практической нормы. С небольшими ошибками выполнили 25% детей с ЗПР и 43% детей практической нормы. Исследование зрительно-пространственных функций представляет большой интерес в процессе нейропсихологического исследования, эти функции, как и функции программирования и контроля формируются на протяжении более длительного периода относительно других. Именно эти функции в исследуемый возрастной период являются менее зрелыми по сравнению с другими. Выполнение этой пробы связано с работой теменно-затылочных отделов коры полушарий.

Что касается выполнение пробы на динамический праксис, то 60% детей с ЗПР и 77,5% детей практической нормы безошибочно справились с заданием, небольшие трудности запоминания и персеверации были отмечены у 25% и 42,5% соответственно, еще большее количество ошибок сделали 2,5% детей опытной группы. Грубых ошибок отмечено не было. За выполнение этой пробы отвечают задне-лобные отделы левого полушария (3-ий блок мозга по А.Р. Лурия, речь).

Проба на реципрокную координацию движений направлена на оценку сформированности механизмов кинетической организации движений и процессов межполушарного взаимодействия. Реципрокно, плавно выполнили 68% детей с ЗПР и 65% детей практической нормы. С отставанием той или иной руки 23% детей с ЗПР и 23% детей практической нормы, Поочередно выполнили 10% детей с ЗПР и 12% детей практической нормы. И, наконец, с уподоблением (обе руки выполняют одинаковые движения) не было ни одного случая. Успешное выполнение этой пробы говорит о зрелости мозолистого тела.

Проба на пространственный праксис оказалась достаточно сложной для выполнения детьми этой возрастной группы. 22,5% детей с ЗПР и 45% детей относительной нормы выполнили без ошибок. 42,5% детей с ЗПР и 45% правой руки на левую, ошибка в определении левой и правой стороны и т.д. 25% и 10% допускали еще больше ошибок. И, наконец, 10% детей с ЗПР не удалось справиться с этой пробой, что может говорить о дисфункции теменно-затылочных отделов у этой группы детей (2-ой блок мозга по А.Р. Лурия). Кроме того, необходимо помнить, что в этом возрасте происходит созревание транскаллозальных связей и, прежде всего, мозолистого тела, которое будет продолжаться вплоть до 15 лет. Эта структура обеспечивает межполушарную организацию психических опосредованных процессов на социокультурном уровне.

Рассмотрим результаты выполнения проб на тактильный гнозис. Наибольшую сложность у детей опытной и контрольной группы вызвали пробы на дорисовывание предметов и называние пальцев. Так при выполнении первой пробы безошибочное её выполнило 12,5% детей с ЗПР и 20% детей относительной нормы, с небольшими ошибками – 12,5% и 10%, с ошибками в половине случаев – 67,5% и 65%, и наконец, 7,5% и 5% соответственно. Корреляционный анализ показал у детей с ЗПР в отличие от детей «практической нормы» наличие связей между выполнением некоторых проб на двигательную сферу и тактильный гнозис. Обнаружена связь между выполнением пробы на пространственный праксис и пробы на показ частей своего тела ($R=0,36$, $p<0,05$). Выполнение этих проб, как на исследование двигательной сферы, так и на исследование тактильного гнозиса связано с работой одних и тех же зон – теменно-затылочных отделов левого и правого полушария (2-ой блок мозга по А.Р. Лурия). Обнаружена также связь между выполнением пробы на символический праксис (двигательная сфера) и пробы на показ частей своего тела, разделение бумаги, на рисование фигур и на тактильное опознание (тактильный гнозис): $R=0,32$; $R=0,58$; $R=0,69$; $R=0,40$ соответственно, $p<0,05$. По законам системных взаимосвязей у детей с ЗПР работа подкоркового уровня двигательного анализатора (1-ый блок мозга по А.Р. Лурии) связана с работой теменных и теменно-затылочных отделов (2-ой блок мозга по А.Р. Лурия). Это свидетельствует, что у детей с ЗПР прослеживается незрелость функциональных связей между 1-ым и 2-ым блоком мозга.

СПИСОК ЛИТЕРАТУРЫ

1. Микадзе, Ю.В. Нейропсихология детского возраста: Учеб. Пособие. – СПб. : Питер, 2008. – 288 с.
2. Лебединская К.С., Лебединский В.В. Нарушения психического развития в детском и подростковом возрасте. – М.: Академический проект; Трикста, 2011. – 303 с.
3. Цветкова, Л.С. Методика нейропсихологической диагностики детей. – М.: Педагогическое общество России, 2002.- 96с.

Минигалиева М.Р.
канд. психол. наук, старший научный научный сотрудник кафедры психологии развития и образования Калужского государственного университета
mariam_rav@mail.ru

СОЦИАЛЬНО-ПСИХОЛОГИЧЕСКАЯ КОМПЕТЕНТНОСТЬ: ИНТЕГРАТИВНАЯ МОДЕЛЬ

Ведущий отечественный исследователь в области социально-психологической компетентности, Л.А.Петровская отмечала, что на современном этапе радикальных общественных преобразований важнейшим условием деятельности специалиста является его социально-психологическая компетентность. Эта компетентность предполагает:

1) знание социально-психологических закономерностей развития личности: этапов, институтов и механизмов социализации, содержания и структуры социальных установок и ценностных ориентаций, особенностей ролевого поведения в различных ситуациях общения и взаимодействия, специфики становления личностной и социальной идентичности,

2) знание социально-психологической феноменологии общения и взаимодействия, в том числе природы и детерминантов эмоциональных взаимоотношений, причин возникновения, динамики и способов разрешения межличностных конфликтов, эффектов восприятия и понимания человека человеком, специфики информационного обмена, особенностей невербальной коммуникации и т.д., а также владение навыками установления психологического контакта, приемами психологического воздействия, техникой личного общения,

3) знание психологических механизмов возникновения и жизнедеятельности малых социальных групп, в том числе способов и последствий влияния группы на личность, закономерностей сплочения и интеграции группы, динамики и этапов группового развития, психологии руководства и лидерства, а также владение групповыми методами оптимизации межличностных отношений, повышения эффективности коллективной деятельности, актуализации психологических резервов группы и пр.,

4) знание социально-психологических основ динамики социальных процессов, в том числе закономерностей межгрупповых отношений, этапов и форм этнического самосознания, механизмов и особенностей массового поведения, природы социальных представлений и "коллективного бессознательного".

Понимание социально-психологической компетентности различными авторами не является однозначным. В отечественной психологии наиболее распространен подход к изучению социально-психологической компетентности, реализуемый школой Л.А.Петровской. Социально-психологическая компетентность рассматривается как ближайший аналог коммуникативной компетентности и трактуется как знание правил социального поведения, овладение возможно более разнообразным репертуаром средств общения и умение на этой основе взаимодействовать с другими людьми. В западной психологии социально-психологическая компетентность, как правило, рассматривается как совокупность социальных навыков и умений личности. Например, таких, как доброжелательное и уважительное отношение к себе и другим, уровень развития социальной перцепции, статус личности в группе, конфликтная компетентность, вербальная компетентность и др.. Интересной представляется расширительная трактовка социально-психологической компетентности: не просто как набора характеристик, обеспечивающих адекватное осуществление процесса общения, а как обширного репертуара навыков и действий, способствующих успешному преодолению различных стрессовых ситуаций.

Выделяются два основных измерения развития социально-психологической компетентности: возрастно-психологическое и собственно социально-психологическое.

Анализируя данные возрастной и педагогической психологии, можно выделить компоненты социально-психологической компетентности:
- поведенческий компонент - умения человека (группы, общности), связанные с преобразованием себя и социальных ситуаций,
- когнитивный компонент - знания человека (группы, общности) о себе как социальном субъекте и окружающем мире,
- к этим компонентам как несамостоятельный компонент, выражающий отношения субъекта, примыкают эмоциональные реакции («поведения»), связанные с отдельными группами ситуаций и людей,
- ценностный компонент - ценностные установки (группы, общности) о себе как социальном субъекте и окружающем социальном мире, отношение становится ведущим аспектом социально-психологической компетентности.

Таблица 1.Уровни и компоненты компетентности.

поведенческий компонент	приемы	низкий уровень
когнитивный компонент	тактики	средний уровень
ценностный компонент	стратегии	высокий уровень
личностно-духовный компонент	стратегемы	высший уровень

Иногда эти аспекты выделяются как уровни компетентности: ценностный уровень, уровень мотивов и установок, уровень умений, уровень знаний. Работа с повышением компетентности в общении и взаимоотношениях, как отмечала Л.А. Петровская, состоит в совершенствовании ценностного потенциала личности с помощью следующих средств: 1) повышения культуры работы с собственным бессознательным (осознание состояний и черт), 2) развития творческого (преобразование состояний и черт), 3) рефлексивно-эмпатического (оценка результатов преобразований) потенциалов личности. Собственно социально-психологическая - типология компонентов социально-психологической компетентности включает: 1) компетентность в социальных ситуациях, 2) компетентность в других людях, группах, общностях, 3) компетентность социального субъекта в самом себе.

Таблица 2. Уровни и компоненты компетентности.

компетентность в ситуациях	приемы	низкий уровень
компетентность в других	тактики	средний уровень
самокомпетентность	стратегии	высокий уровень
единство миро- и самокомпетентности	стратегемы	высший уровень

Общие аспекты развития социально-психологической компетентности в современных подходах и теориях социально-психологической компетентности таковы:
- вариативность, множественность,
- осознанность, рефлексивность,
- дифференцированность как соотнесенность – с особенностями субъектов взаимодействий и отношений, ситуаций социального взаимодействия и взаимоотношений.

Таблица 3. Модусы развития социально-психологической компетентности

приемы	вариативность содержания	взаимодействие	низкий уровень
тактики	осознанность содержания и процедур	отношение = взаимодействие	средний уровень
стратегии	дифференцированность шаблонов познания, поведения	отношение	высокий уровень
стратегемы	единство ценностей, знания и поведения	духовный смысл	высший уровень

У субъекта, находящемся на низком уровне развития социально-психологической компетентности, ведущими компонентами выступают компетентность в ситуациях социального взаимодействия и поведенческий компонент социально-психологической компетентности. Это предполагает, что субъект ориентируется на имеющиеся у него приемы реагирования и отношения. Отношенческий пласт социально-психологической компетентности целиком определяется предметным: включая неизвестные ситуации и ситуации кризисов и конфликтов. Осознание приемов развивается медленно, типичны низкая вариативность поведения, неумение соотнести имеющиеся шаблоны поведения с особенностями ситуации и субъектов отношения и взаимодействия.

У субъектов, находящихся на среднем уровне развития социально-психологической компетентности ведущими компонентами являются компетентность в себе и когнитивный компонент социально-психологической компетентности. Его реакции и отношения организуются как тактики социального поведения. Отношенческий и предметный пласты жестко связаны. Суть ситуации, человека – функция отношения к ним и наоборот. Осознание – важная цель, позволяющая дифференцированно использовать имеющиеся знания и умения в ситуациях общения с разными людьми. Гибкость высока, но ее развитие контролируется потребностью осознанного контроля поведения и знаний.

У субъектов, находящихся на высоком уровне развития социально-психологической компетентности ведущие компоненты – ценностный и компетентность в себе. Его поведение и отношения регулируется стратегически, со стороны отношений субъекта. Отношенческий пласт социально-психологической компетентности важнее предметного. Осознание сочетается со спонтанностью. Вариативность поведения и отношения не ограничены ничем, кроме собственных ценностных установок субъекта.

Таблица 4. Определяющие развитие компетентности факторы

толерантность, уважение	конфликтная и рутинная компетентность	низкий уровень
особенности переработки опыта, свобода	кризисная и повседневная компетентность	средний уровень
сензитивность, эмпатия	компетентность в общении и деятельности	высокий уровень
принятие, любовь	компетентность во отношениях и взаимодействиях	высший уровень

Кроме того, важными аспектами ее развития являются:
- наличный опыт и особенности переработки опыта о различиях субъектов и ситуаций,
- сензитивность субъекта к различиям субъектов и ситуаций взаимодействия и отношений,
- толерантность и принятие различий субъектов и ситуаций взаимодействия и взаимоотношений.

Третья типология компонентов социально-психологической компетентности предполагает выделение компонентов на основе типов социальных ситуаций и сфер взаимодействия и взаимоотношений:
- конфликтной и рутинной социально-психологической компетентности (в конфликтных и рутинных ситуациях взаимодействия),
- кризисной и обыденной (повседневной) социально-психологической компетентности,
- компетентность в социальных взаимоотношениях и взаимодействиях как взаимодействиях целостных субъектов («предметный и социальный интеллекты»), включая профессионально-деловой и интимно-личностной аспекты компетентности.

Данные аспекты могут быть охарактеризованы:
- большей или меньшей степенью осознанности, рефлексивности,
- большими или меньшими степенями сформированности и значимости,
- большей или меньшей степенью соответствия друг другу (диссонансностью-консонансностью).

Различия в содержании данных компонентов могут касаться представлений о ситуациях, себе и других людях
- как более или менее гибких, более или менее изменяющихся,
- как более или менее сложных, развитых,
- как более или менее гармоничных.

Таблица 5. Сферы компетентности и их содержание

компетентность в рутинных ситуациях и ситуационных конфликтах	низкий уровень
кризисная и повседневная компетентность	средний уровень
компетентность в отдельных видах деятельности и общения	высокий уровень
компетентность в отношениях и взаимодействии субъектов в целом	высший уровень

Следующий аспект анализа данных компонентов включает анализ:
- функционирования и развитие компонентов компетентности,
- осознание возможностей и ограничений разных компонентов,
- осознание факторов и функций функционирования и развития различных компонентов, их взаимодействия и соотношения.

Таблица 6. Уровни компетентности и ее ведущие измерения

низкий уровень	функционирование и развитие разных компонентов компетентности
средний уровень	осознание возможностей и ограничений разных компонентов
высокий уровень	осознание факторов и функций функционирования и развития различных компонентов
высший уровень	осознание (целостного механизма) взаимодействия и соотношения различных компонентов

Итак, интегративная модель социально-психологической компетентности содержит представления о ней как системном образовании, включающем ряд базовых взаимосвязанных компонентов, позволяющих оценить ее особенности (полноту как точность и сформированность представлений о себе и мире, глубину и уровень развития) в отношении трех основных составляющих: понимания себя, понимания человеком других людей и понимания ситуаций общения (взаимодействия) с ними.

Казанцева Н.П.
кандидат с.-х. наук, профессор кафедры кормления и разведения сельскохозяйственных животных ИжГСХА
Краснова О.А.
кандидат с.-х. наук, доцент кафедры технологии производства продукции животноводства ИжГСХА
Овчинников О.П.
аспирант ИжГСХА

ХИМИЧЕСКИЙ СОСТАВ И ТЕХНОЛОГИЧЕСКИЕ СВОЙСТВА МЯСА ГИБРИДНЫХ СВИНЕЙ

Одной из важнейших проблем, стоящих перед агропромышленным комплексом России, является увеличение производства мяса. Существенную роль в решении этого вопроса играет свиноводство, наиболее скороспелая отрасль животноводства. Основной целью свиноводства следует считать производство высококачественного животного белка в виде пищевых продуктов с определенными диетическими, вкусовыми и другими потребительскими качествами. Производство свинины должно удовлетворять следующим требованиям: низкая себестоимость произведенной продукции, высокое качество мяса для потребителя натурального продукта (увеличение в туше доли нежирного мяса, «мраморность», сочность), высокие технологические характеристики мяса, способствующие эффективному его использованию для глубокой переработки.

В Удмуртской Республике свинокомплекс ООО «Восточный» является промышленным предприятием по выращиванию и откорму свиней с годовым объемом 108 тыс. голов. В связи с тем, что на предприятии планомерно получают гибридов различных сочетаний, возникла необходимость их сравнения по различным показателям. В задачу наших исследований входило сравнение химического состава и функционально-технологических свойств образцов длиннейшей мышцы спины свиней разных генотипов. В исследовании участвовали животные четырех разводимых в хозяйстве пород: крупная белая (КБ), ландрас (Л), йоркшир (Й), дюрок (Д). Были подобраны шесть вариантов сочетаний: двух- и трехпородные. Качественные показатели мяса изучены на основе контрольных убоев свиней по пять голов в каждой группе, с использованием общепринятых методик.

Анализ химического состава длиннейшей мышцы спины (табл. 1) показал, что все породные сочетания имеют оптимальный предел общей влаги 71,0-71,7%, что соответствует норме. Но имеются существенные различия по содержанию жира, общего белка и золы. Так, содержание жира в мясе животных первой группы (КБ х Л) составляет 4,0%, что на 0,8%

больше, чем в мясе животных четвертой группы (КБ х Л) х Д , соответственно наблюдается и снижение общего белка на 0,64% и золы на 0,16%

Таблица 1 Химический состав длиннейшей мышцы спины свиней разных генотипов

№ Группы	Сочетание пород ♀х♂	Массовая доля влаги, %	Содержание сухого вещества, %	Массовая доля жира, %	Массовая доля белка, %	Содержание золы, %
1	КБ х Л	71,0±0,3	29,0±0,2	4,0±0,2	24,20±0,3	0,80±0,03
2	Л х Й	71,5±0,4	28,5±0,3	2,8±0,3	24,78±0,2	0,93±0,04
3	Й х Л	71,5±0,3	28,5±0,4	2,3±0,3	25,23±0,4	0,97±0,03
4	(КБ х Л) хД	71,0±0,4	29,0±0,3	3,2±0,4	24,84±0,3	0,96±0,05
5	(Л х Й) хД	71,5±0,2	28,5±0,2	2,46±0,3	25,27± 0,2	1,01±0,04
6	(Й х Л) хД	71,7±0,3	28,3±0,3	2,08±0,2	26,31±0,3	1,15±0,03

Отмечены различия по содержанию жира, белка и золы между двух- и трехпородными сочетаниями (Л х Й) и (Л х Й) х Д). У сочетания (Л х Й) содержание жира в мясе составило 2,8%, что на 0,34% больше, чем у сочетания (Л х Й) х Д), а содержание общего белка в мышечной ткани породного сочетания снижается на 0,49% и содержание золы на 0,08% соответственно. Такие изменения закономерны, так как порода дюрок в трехпородных сочетаниях используются для повышения «мясности» туш. Те же тенденции наблюдаются по химическому составу мяса в третьей и шестой группах.

Подробное знание химического состава мышечной ткани во многом позволяет объяснить направленность многих биохимических процессов, происходящих в мясном сырье во время его созревания, а также позволяет спрогнозировать его функционально-технологические свойства [2,40]. Наиболее важными технологическими показателями являются активная кислотность, массовая доля влаги, влагоудерживающая (ВУС), влаговыделяющая (ВВС) и влагосвязывающая (ВСС) способность мышечной ткани (табл. 2).

Таблица 2 Технологические свойства мяса свиней разных генотипов

№ Группы	Сочетание пород ♀х♂	pH	ВВС, %	ВУС, %	ВСС, %	
					X_1	X_2
1	КБ х Л	5,18±0,04	15,6±0,4	53,7±0,4	47,7±0,5	68,59±0,4
2	Л х Й	5,22±0,02	16,9±0,3	51,91±0,2	46,7±0,4	67,74±0,3
3	Й х Л	5,25±0,04	15,3±0,4	52,7±0,3	42,49±0,3	62,2±0,4
4	(КБ х Л) хД	5,32±0,08	14,98±0,3	50,62±0,4	42,58±0,4	64,69±0,5
5	(Л х Й) хД	5,34±0,05	16,94±0,2	54,1±0,3	47,21±0,4	66,49±0,3
6	(Й х Л) хД	5,38±0,06	15,52±0,3	57,28±0,4	52,08±0,5	71,54±0,4

Очень важная величина мясной системы – кислотность мяса, рН. В свинине в нормальных условиях конечные величины рН обычно достигаются спустя 24 часа и составляют от 5,6 до 6,4. В наших исследованиях величина рН в шести сочетаниях составила 5,18-5,38. Это проявляется в крайне светлой окраске мяса, сильном отделении сока и разрушении структуры. Аденозинтрифостфат, который в момент убоя содержится в мышцах в изобилии, образует некоторые соединения с ионами кальция и магния, что повышает способность тканей удерживать воду. Но более простые фосфаты уже не могут связывать ионы кальция и магния, поэтому вследствие быстрого расходования аденозинтрифосфата способность удерживать воду уменьшается. Однако, наблюдаются изменения величины рН в лучшую сторону у трехпородных сочетаний (рН 5,32-5,38). Свиньи породы дюрок обладают стрессоустойчивостью, отличными качествами мяса и стойкостью их передавать в потомстве – это особенности породы. Вода в мясе является средой, где протекают все биохимические процессы, она находится в свободном и связанном состоянии. Свойство мяса удерживать воду, а при добавлении и поглощать, оказывает существенное влияние на его качество. Чем выше влагосвязывающая и влагопоглотительная способность мяса, тем сочнее и нежнее получаемая продукция, больше выход готовых мясопродуктов [1,115]. В сырье от животных трехпородного сочетания отмечается снижение ВВС на 0,22-0,62%, повышения ВУС на 2,19-4,58% и увеличения ВСС к массе мяса на 9,59%, а к общей влаге на 9,34%, соответственно. Такие положительные результаты в большей степени присущи мясному сырью от животных породного сочетания (Й х Л) хД.

Таким образом, на основании проведенных исследований мы можем предположить, что такое сочетание пород как (Й х Л) х Д по качественным характеристикам мясного сырья имеет наилучшие результаты: достаточное количество влаги 71,2%, низкое содержание жира в длиннейшей мышце спины 2,08%, высокое содержание общего белка 26,31% и золы 1,15% соответственно , величина рН 5,38, отличные показатели по ВУС 57,28% и ВСС 71,54%. Считаем, что такое сырье будет востребовано потребителями и тем более в производственных условиях для производства любой мясной продукции, в особенности для дорогостоящих деликатесных изделий.

Литература

1. Житенко, П.В. Технология продуктов убоя животных / П.В. Житенко. – Москва: Колос, 1984. – 237 с.
2. Журавская, Н.К. Технохимический контроль производства мяса и мясопродуктов / Н.К. Журавская, Б.Е. Гутник, Н.А. Журавская. – Москва: Колос, 1999. – 175 с.

Котляров В.В., Донченко Д.Ю., Котляров Д.В., Сединина Н.В.

д. с-х. н., профессор, директор ООО МИП «Кубанские агротехнологии»; к. б. н., ст. н.с. НИИ Биотехнологии и сертификации пищевой продукции ФГБОУ ВПО КубГАУ; докторант кафедры физиологии и биохимии растений ФГБОУ ВПО КубГАУ; ведущий специалист микробиологической лаборатории НИИ Биотехнологии и сертификации пищевой продукции ФГБОУ ВПО КубГАУ, соискатель кафедры физиологии и биохимии растений ФГБОУ ВПО КубГАУ

Kuban-agrotech@mail.ru; sedininanv@mail.ru

ЭКОЛОГИЗАЦИЯ И БИОЛОГИЗАЦИЯ СЕЛЬСКОГО ХОЗЯЙСТВА НА ПРИМЕРЕ ТЕХНОЛОГИИ ПРОИЗВОДСТВА И ПРИМЕНЕНИЯ БАКОВОГО СРЕДСТВА ДЛЯ ЗАЩИТЫ РАСТЕНИЙ ОТ БОЛЕЗНЕЙ И НАСЕКОМЫХ-ВРЕДИТЕЛЕЙ

Массовое применение химических средств защиты растений до начала XXI века привело к тому, что накопилось значительное количество их остатков в почве, воздухе, водоемах, в то же время появились устойчивые формы вредных организмов, в отношении которых эти химические средства защиты уже становятся неэффективны. Кроме того, плодородие почв снизилось более чем в четыре раза по сравнению с данными прошлого столетия. В связи с этим 14 июля 2012 года была принята «Государственная программа развития сельского хозяйства и регулирования рынков сельскохозяйственной продукции, сырья и продовольствия на 2013-2020 годы» (Постановление правительства № 717). Программой предусмотрены экологизация и биологизация агропромышленного производства на основе применения инновационных биотехнологий в растениеводстве в целях сохранения природного потенциала и повышения безопасности пищевых продуктов.

Экологизация предполагает сохранение и экономию энергии и ресурсов, переход к экологически чистым источникам и сырью, путем разработки и внедрения технологий по производству средств защиты растений с использованием вторичного сырья.

Биологизация предполагает замену минеральных удобрений органическими, использование нулевой технологии. Следует отметить, что биологизация еще предусматривает замену или уменьшение доли использования химических средств защиты растений, за счет применения биологических средств защиты [1,181].

С учетом вышеизложенного на базе ФГБОУ ВПО КубГАУ ООО МИП «Кубанские агротехнологии» разработаны технология производства и способ применения бакового средства для микробиологической защиты растений.

Особенностью разрабатываемой технологии производства бакового средства для микробиологической защиты растений от болезней и насекомых-вредителей является возможность ее производства на базе малотоннажных предприятий - хозяйств в больших объемах, достаточных для обработки значительных посевных площадей, а так же использование в баковой смеси различных культур микроорганизмов, основанное на их симбиотических отношениях. Учитывая, то, что в рамках экологизации обязательным условием считается минимизация использования сырья и первичных ресурсов, следует отметить, что данная технология предусматривает использование недорогих, имеющихся в хозяйстве компонентов питательной среды (некондиционного зерна, отрубей). Содержание в них белка и углеводов, микроэлементов и витаминов обеспечивает возможность их применения при культивировании микроорганизмов [2].

Известно, что микроорганизмы являются продуцентами физиологически активных веществ: аминокислот, антибиотиков, ферментов, витаминов, пуриновых и пиримидиновых оснований, гормонов, токсинов [3,66]. В этой связи действие микробиологического средства на основе жизнедеятельности микроорганизмов благотворно влияет на растения и, в то же время, угнетает насекомых-вредителей путем заселения их двумя энтомопатогенными грибами (способных к расщеплению их хитинового покрова). Кроме того, два вида бактерий-антагонистов и гриб-антагонист за счет продуцирования антибиотических веществ, подавляют фитопатогенную микрофлору, а так же лизируют растительные остатки (обеззараживая почву и повышая ее плодородие), улучшая азотное и фосфорное питание растений.

В целом, действие готового препарата в виде баковой смеси направлено против Fusarium, Phytophthora, Alternaria, Pythium, Botrytis, Phoma, возбудителей ржавчины, мучнистой росы, а также против колорадского жука, картофельной моли, лугового и кукурузного мотыльков, вредной черепашки, различных видов моли, акациевой огневки, хлопковой совки, гороховой зерновки, свекловичного долгоносика, проволочника, медведки, реликтового дровосека, термитов и ряда других.

В качестве инокулятов для производства культур этой баковой смеси используют стартовые сухие препаративные формы микроорганизмов. Культивирование микроорганизмов проводят глубинным методом при соблюдении определенных режимов, в том числе - температурных (22-25°С) и pH (5,5-7,0). Эта биотехнология предусматривает инокуляцию питательной среды сухой культурой. Вначале стартовый инокулят выдерживают на основе среды (предварительное обогащение), а затем добавляют отруби или зерно. При необходимости в смесь вводят соли – активаторы и кислоты для интенсификации процесса развития микроорганизмов. Используемые культуры по температурному оптимуму развития подобраны так, что для обеспечения температурных режимов не требуется применения паро-водяной рубашки на емкостях для их ферментации. Для достижения температурного оптимума достаточным является применение централизованного отопления или отопительных приборов. Тепло и продукты жизнедеятельности, выделяемые в процессе развития микроорганизмов, отводится наружу из помещения. В целом процесс культивирования микроорганизмов составляет 7-10 суток. Готовые культуры с определенным титром 1×10^5 - 7×10^7 КОЕ/г(мл) не смешиваются, а в отдельных емкостях доставляются к месту их внесения или временного хранения.

Формирование баковых смесей из выращенных культур основано на их симбиотических отношениях между собой.

Проведенное нами исследование, подтверждает возможность одновременного внесения в баковой смеси микробных препаратов и гербицидов, при этом не снижается количество микробных клеток и их действие. Это удешевляет технологичность и стоимость применения препарата.

Обработка посевов в период вегетации предполагает опрыскивание баковой смесью при норме ее расхода 5-7,5л/га и рабочего раствора не менее 120-300 л/га (в зависимости от внешних условий).

Применение бакового средства в течение нескольких лет на полях ООО «Аксайская земля» обеспечила повышение содержания гумуса в почве на 0,16%, резко снизило использование пестицидов. Так, за счет биозащиты в ООО «Темижбекское» Ставропольского края в 2012 году была достигнута экономия 2,5 млн. рублей, резко снизилась себестоимость растениеводческой продукции. В настоящее время 10 хозяйств Ростовской и Волгоградской областей, Краснодарского и Ставропольского краев используют биотехнологии в растениеводстве на основе этого бакового средства как для защиты посевов (пшеницы, ячменя, кукурузы, свеклы, подсолнечника, сои, гороха, нута, льна) от болезней и вредителей, так и для утилизации растительных остатков. Подана заявка (№ 2013131339) на получение патента.

Используемая литература:

1. Биологическая защита растений / М. В. Штерншис, Ф. С. –У. Джалилов, И.В. Андреева, О.Г. Томилова; Под ред. М.В. Штерншис. – М.: КолосС, 2004.
2. Сайт «Мой здоровый рацион»: health-diet.ru
3. Применение физиологически активных веществ в агротехнологиях / В.В. Котляров, Ю.П. Федулов, К.А. Доценко, Д.В. Котляров, Е. К. Яблонская.- Краснодар, КубГАУ, 2013.

Ушаков Л.С.
доктор технических наук, профессор, oushakov2007@mail.ru
Красько М.В.
аспирант, viper666777@yandex.ru
ФГБОУ ВПО «Госуниверситет – УНПК», г. Орел

ОБЗОР РАЗРАБОТОК ПО СОЗДАНИЮ МАШИН ДЛЯ ИМПУЛЬСНЫХ ТЕХНОЛОГИЙ

Механический (без взрывной) способ отбойки пород от массива при добыче полезных ископаемых является предпочтительным, однако принцип силового резания, доминирующий в современных очистных и проходческих комбайнах, ограничивает их область применения породами средней крепости. Крепкие горные породы для машин такого типа являются препятствием к их широкому применению (повышенная динамичность процесса резания, уменьшение ресурса горных машин, увеличенный расход резцов и т.д.).

Перспективным является ударный способ разрушения пород как монолитных, так и имеющих сложную структуру. Современный уровень развития импульсной техники позволяет широко использовать гидравлические молоты в качестве отбойных устройств ударно-скалывающих исполнительных органов горных машин. В зависимости от технологической схемы отработки месторождений, вынимаемой мощности и других факторов могут быть созданы машины избирательного, стругового и бурового принципа действия. В СССР вопрос о применении большой энергии удара в горном и строительном деле был поставлен во второй половине прошлого века благодаря исследованиям, проведенным в институтах Гидродинамики и Горного дела СО АН СССР, Институте автоматики Киргизской ССР, Карагандинском политехническом институте, Дон УГИ и других научных организациях, ряду проведенных научных конференций и опубликованных монографий [1, 10-17], то есть сформировалось научное направление «силовые импульсные системы».

В последующем, в отдельных организациях были организованы свои научные школы, которые расширили область поисковых работ и практическую реализацию проектов. Так, в КарПТИ по решению ГКНТ СССР была организована Проблемная лаборатория «Научные основы создания силовых гидравлических систем для разрушения горных пород», созданы отраслевые лаборатории, которые выполнили значительный объем исследований и создали экспериментальные образцы горных машин с ударными исполнительными органами. Традиции и научные наработки в XXI веке были продолжены в Орловском государственном техническом университете на базе организованной научной школы «Импульсные технологии». Краткий обзор разработок и техническая характеристика машин имеют целью представить современному обществу информацию о пройденном пути этих научных школ по созданию импульсной техники.

Машина ОМК-1 (рис. 1), разработанная в соответствии с Постановлением Госкомитета СССР по науке и технике, имела струговый исполнительный орган из семи ударных долотчатых инструментов, набранных кассетным способом в вертикальной направляющей раме, по хвостовикам которых наносятся удары тяжелой ударной массой (бойком), приводимой в возвратно-поступательное движение двумя импульсными гидравлическими приводами. В конце рабочего хода производился удар по хвостовикам инструментов, в результате чего производилось разрушение массива. Конструкция машины предусматривала ее работу по челноковой схеме в длинном забое. Подача на забой и создание усилия поджатия инструментов к породному массиву осуществлялось шагающим механизмом подачи при распоре стабилизирующих гидроцилиндров в кровлю и почву выработки. При работе машины выполнялось важное технологическое требование – образование ровной поверхности почвы выработки, необходимой для ее зачистки. Испытания проводились на предприятии ПО «Северо-Востокзолото» и позволили определить основные технико-экономические показатели ее работы и перспективы применения в условиях многолетней мерзлоты [2, 7-10; 3, 59-64].

Рис. 1. Машина ОМК-1 для непосредственного механического разрушения многолетнемерзлых пород в забое прииска «Экспериментальный»

Горный манипулятор. Ударно-скалывающий исполнительный орган проходческой машины избирательного действия для разрушения горных пород, представлен на рис. 2 [4, 34-36].

Основу исполнительного органа составляет гидравлический манипулятор с пятью степенями подвижности отбойного устройства (рис. 2), который обеспечивает различное позиционирование гидравлического молота в зоне его досягаемости (обслуживания).

В отличие от стрелового исполнительного органа с фрезой, данный рабочий орган горной машины имеет возможность ориентировать инструмент гидравлического молота с учетом меняющейся конфигурации груди забоя, наличия трещин в породе, крупных твердых включений и других особенностей.

Рис. 2. Манипулятор с гидравлическим молотом на подрывке почвы горной выработки

Эти свойства рабочего органа важны для разработки неоднородных продуктивных пластов сложной структуры. Экспериментальный образец горного манипулятора испытан в шахте ПО «Карагандауголь» при ремонте горной выработки и позволил увеличить производительность в несколько раз, в сравнении с ранее принятой технологии подрывки почвы выработки [5, 35-37].

Для повышения избирательности и погрузочной способности исполнительного органа был разработан гидравлический манипулятор большой несущей способности 4 (рис.3), с семью степенями подвижности каретки, на которой подвижно установлен гидравлический молот 1, снабженный дополнительным откидным ковшом (скребком) 2 и приводом 3, задающим положение ковша.

В повернутом назад состоянии ковш не препятствует исполнительному органу производить разрушение забоя по всей зоне обслуживания. В тех случаях, когда машина 5 работает по слабым породам (пескам), она может разрушать массив методом экскавации в любой доступной зоне выработки. При накоплении отбитой горной массы перед машиной ковш используется так же для ее навалки на лоток погрузчика 6. Данный рабочий орган имеет расширенные технологические возможности, необходимые для работы в сложных горно-геологических условиях [6, 358].

Техникой, обладающей хорошей мобильностью, достаточно мощным гидроприводом и относительно недорогой, являются фронтальные погрузчики на пневмоколесном ходу. Обладая скорость передвижения 37…40 км/ч, что сопоставимо со средней скоростью движения транспорта в городских условиях, высокой маневренностью, более мощным по сравнению с экскаваторами 2 группы, гидроприводом, - погрузчики представляют наибольший интерес для использования в качестве базовой машины при применении в строительной отрасли достаточно мощных гидравлических молотов (рис. 4).

Для широкого применения колесных погрузчиков особое значение приобретают необходимая досягаемость различных зон обслуживания, быстродействие и точность манипулирования инструментом исполнительного органа. На рис. 4 показано позиционирование гидравлического молота относительно базовой машины.

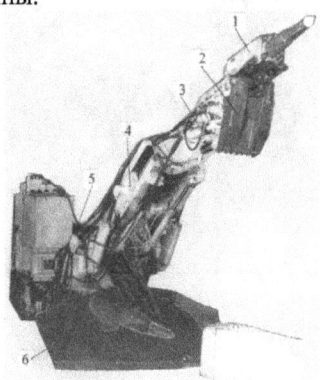

Рис.3. Горнопроходческая машина с манипулятором и гидравлическим молотом

При горизонтальной фиксации гидравлический молот в рабочем состоянии находится выше вертикального габарита машины (1), что дает возможность проводить работы по разборке строений с проходом технологической машины внутрь помещения. Последующие фиксированные горизонтальные положения гидравлического молота (2…6) позволяют проводить по слоевую обработку строения или забоя.

Как следует из рис. 4, в нижнем положении рабочего органа (6) горизонтальная фиксация гидравлического молота не позволяет вести работы по поверхности, близлежащей к нулевой отметке. В этом случае эффективной является вертикальная фиксация гидравлического молота (рисунок 4). В зависимости от расположения объекта разрушения выбирается фиксация рабочего органа с опережающим (положительным) (1) или строго вертикальным (нулевым к вектору гравитации) (2) положением рабочего инструмента. Конструкция манипулятора позволяет устанавливать гидравлического молота с отрицательным углом фиксации (3, 4) на разных уровнях от нулевой отметки.

Учитывая тот факт, что гидравлические молоты в настоящее время получили широкое распространение в строительстве и при разрушении природных и искусственных материалов, а отечественные и зарубежные фирмы добились высоких технических и эксплуатационных показателей работы гидравлических молотов [7,237; 8, 17-20], представляется целесообразным на основе полученного предыдущего опыта и конкретных требований производства разработать программу по созданию такой высокопроизводительной машины для предприятий угольной и горнорудной промышленности. Обладателем научных идей и технической документации по данной проблеме являются Проблемная НИЛ «Импульсные технологии» ФГБОУ ВПО «Государственный университет - учебно-научно-производственный комплекс» (г. Орел) [9, 5].

Рис. 4. - Зоны обслуживания ударно-скалывающим исполнительным органом погрузчик

Список литературы

1. Ушаков Л.С., Котылев Ю.Е. Проблемы исследования и создания импульсных приводов и ударных устройств. Материалы международного научного симпозиума «Механизмы и машины ударного, периодического и вибрационного действия». Орел: ОрелГТУ, 2000. – С.10-17.

2. Лазуткин А.Г., Ушаков Л.С., Бодров Е.М. и др. Шахтные исследования исполнительного органа очистной машины для механического разрушения вечномерзлых россыпей // Колыма. – 1974. – № 6. - С.7-10.

3. Лазуткин А.Г., Ушаков Л.С., Волков В.В. и др. Импульсная машина для подземной отбойки вечномерзлых продуктивных песков // ФТПРПИ. – 1984. – № 4. С.59-64.

4. Ушаков Л.С., Альсенов Ж.К., Кравченко В.А. и др. Горнопроходческая машина с ударно-скалывающим исполнительным органом // Уголь. – 1989. – № 11. – С. 34–36.

5. Ревский Д.Ф., Лазуткин А.Г., Ушаков Л.С. и др. Выбор параметров разрушения твердых включений, сопутствующих песчано-глинистым рудам

для создания ударного исполнительного органа выемочной машины // Сборник «Горно-металлургическая промышленность» – 1976. – № 11.

6. Ушаков Л.С., Котылев Ю.Е., Кравченко В.А. Гидравлические машины ударного действия. – М.: Машиностроение, 2000. – 416 с.

7. Ушаков Л.С. Импульсные технологии и гидравлические ударные механизмы: учебное пособие для вузов.- / Л.С.Ушаков. – Орел: ОрелГТУ, 2009, - 250 с.

8. Ушаков Л.С. Гидравлические схемы ударных устройств и исполнительные органы для горных, строительных и дорожных работ. «Горные машины и электромеханика», № 4, 2010. С.17 – 20.

9. Ушаков Л.С. Гидравлические ударные механизмы – мировой опыт расчете и проектирования. Изд. дом «Palmarium Academic Publishing». 2013. - 280 с.

Технические науки

Nagayka M.A.
postgraduate and senior teacher of Engineering Institute, NSAU. E-mail: Mnagayka@mail.ru.
Shchukin S.G.
candidate of Technical Sciences, associate professor of Farm Machinery Chair, Engineering Institute, NSAU

TECHNOLOGY AND EQUIPMENT FOR SOIL DECOMPRESSION

INTRODUCTION

Applying the techniques to decompress soil structure is an inseparable part of farming technologies for the areas that undergo spring drought and have annual rainfalls after the growing season, but before a steady snow cover established and minus temperatures set in. Different methods of primary tillage, plowing, hoeing with using racks «paraplau» or chisel plow tillage and others, are aimed at creating intra-soil space for moisture to penetrate and fix in it, the one that is so essential for plants in dry spring seasons. Soil horizon saturated by moisture freezes, when exposed to minus temperatures, swells, thus increasing pore space and allowing to use natural power for the benefit of the farmer by reducing soil density.

Intra-soil space created during soil cultivation depends on the size of soil particles formed during soil layer crumbling. The vibration energy of a certain frequency used to loosen soil structure, exerts a disturbing dynamic effect on the large fragments of heavier weight and lower natural frequency, in the process, the dust-like particles - which natural frequencies are the higher, the smaller are their size and weight – do not disintegrate when exposed to static effect.

The principles have been known more than half a century. In the middle of the last century they were applied to practice by A.A. Dubrovsky, R.M. Zonenberg, V.I. Lynov, S.E. Kutubidze, G.E. Svirsky, G.V. Silaev, and several other researchers [1, 28; 2, 10; 3, 12]. As far as relatively small particles are concerned, the conditions under which they coagulate and improve soil structure are identified.

Practically, correlation between the energy for vibration and traction is justified, curve 3 (Fig. 1). Curve 1 (Fig. 1) shows a monotonic decrease in vibration energy. It is theoretically shown that the increase in vibration energy transmitted to the soil reduces the tractive resistance, because the soil, in terms of mixed solid particles, air and water, attains mobility – pseudofluidity [4, 80]. It is conventional to call this state of mechanical mixture the state of fluidization. The relationship between the individual particles in this state weakens, and the soil medium compacts. The further increasing intensity of vibration transmitted by the mixture leads to the lost contact of the mixture particles with a vibrating working device; bonds between the particles weaken and sometimes even break down; the medium comes to the state of boiling called vibroboiling. The vibroboiling leads to loosened medium and enhances the mobility of its constituent particles significantly reducing the costs of working devices moving through the medium.

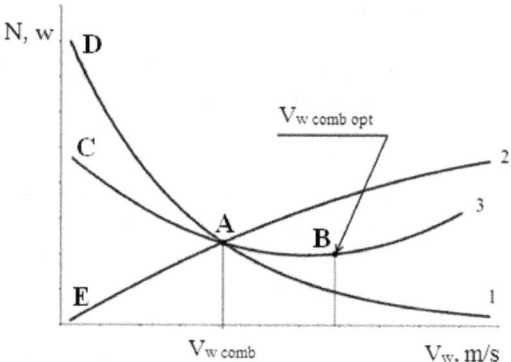

Figure 1. Characteristic of the machine specific operation to cultivate the soil with the vibration energy used:

1 - monotonic decrease in the vibration energy, 2 - increase of energy consumed for the implement traction, and 3 - resulting curve.

Curve 2 (Fig. 1) shows an increase of energy consumed to overcome the traction resistance. The intersection of curves 1 and 2 at point A shows the minimum of specific work (energy of the vibrator and work devices moving consumed to cultivate a soil unit per second) with equal energy consumption for the movement and vibration of the working devices at point A.

Practically, $V_{w\,comb}$ does not exceed 2 m / s, the soil medium transforms to fluidization state when the relationship between the individual particles weakens and the medium compacts. The intention to increase the amount of transmitted vibration energy to the soil structure under the transition from fluidization state to vibroboiling requires an exciter available that is able to change the frequency and amplitude of oscillations varying with assignments.

Scientific hypothesis. Having transmitted from fluidization to vibroboiling state, one can reach 1.5-fold growth of translational velocity of a vibration machine when reducing the specific operation by 5 ... 7%, thus reaching point B in curve 3 (Fig. 1).

Technical and design solution of the vibration exciter called pulse generator was justified by I.N. Petryagin [5, 66]. Impulse Generator (IG) converts mechanical energy (Fig. 2) of driving link 2 to the mechanical vibrations of runner 3 performing the function of centrifugal imbalance. No mechanical linkages between driving link 2 and runner 3 allow to call IG a vibration exciter with the unbalanced mass of a runner or, to put it shorter, with unbalanced mass (UM).

The vibration exciter is designed for the accumulation of UM energy and its controlled transfer to external consumers.

The unbalanced mass in the form of runner 3 enables you to get the maximum energy transformed per one revolution of driving link 2 inside housing 1. Using the IG in technologies requiring the transfer of large amounts of energy vibrations, I.N. Petryagin created vibratory rippers for soil treatment mounted in the tractor of class 30 kN. The advantage of the IG in relation to the centrifugal is that the driving link (Fig. 2) is value ε shifted off the center of the internal surface of the housing. Due to this, the nature of the IG effect is different from the sinusoidal law and depends on (Fig. 3) the shift ε, trajectory radius r_1 and ratio $\lambda = \dfrac{\varepsilon}{r_1}$.

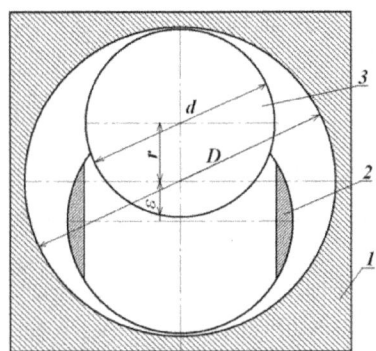

Figure 2. Diagram of the impulse generator:
1 – housing, 2 - driving link, 3 – runner.

According to (Fig. 3), the velocity of point «m» (the center of mass) is determined by:

$$V_1 = r_1 \cdot \alpha \qquad (1)$$

where r_1 - radius of the UM trajectory relative to O_1, m;

α - UM angular velocity relative to O_1, rad / sec.

The location of the velocity vector (Fig. 3) allows to deduce the following equation:

$$V_1 \cdot \cos(\gamma) = r_2 \cdot \varphi \qquad (2)$$

where γ - angle between radiuses r_1 and r_2, rad;

r_2 - radius of the UM trajectory relative to O_2, m;

φ - UM angular velocity relative to O_2, rad. /sec.

The movement of the radius vector r_2 relative to the center of angular velocities O_2 has constant angular velocity, therefore $\varphi = \omega - cons$. The value of the radius vector is determined from Fig. 3:

$$r_2 = \varepsilon \cdot \cos(\varphi) + r_1 \cdot \cos(\gamma) \qquad (3)$$

where φ - angle of rotation of the UM trajectory radius relative to O_2, rad.

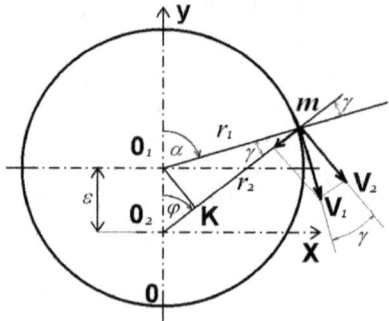

Figure 3. The unbalanced mass trajectory at constant angular rotation velocity around the center of angular velocities.

From the ratio $\varepsilon \cdot \sin(\varphi) = r_1 \cdot \sin(\gamma)$

$$\sin(\gamma) = \frac{\varepsilon}{r_1} \cdot \sin(\varphi) \qquad (4)$$

We denote the ratio $\frac{\varepsilon}{r_1}$ by λ as a relative value of the center of angular velocities (CAV). Using these ratios obtained, we deduce:

$$r_1 \cdot \cos(\gamma) = \varepsilon \cdot \sqrt{\lambda^2 - \sin^2(\varphi)}$$
$$r_2 = \varepsilon \cdot \left(\cos(\varphi) + \sqrt{\lambda^2 - \sin^2(\varphi)}\right)$$

Putting these values in (2) we have:

$$\alpha = \omega \cdot \left(1 + \frac{\cos(\varphi)}{\sqrt{\lambda^2 - \sin^2(\varphi)}}\right) \qquad (5)$$

The resulting expression is the law of variation of UM angular velocity, where the CAV shift is maintained over the entire cycle.

The characteristic of the angular velocity (5) can be obtained as the derivative from angle α (Fig. 3):

$$\alpha = \varphi + \gamma \qquad (6)$$

where $\gamma = \arcsin\left(\frac{\sin(\varphi)}{\lambda}\right)$; $\varphi = \omega \cdot t$; $\omega = const$

The derivative of expression 6 coincides exactly with the 5, deduced from geometric ratios.

Let us introduce the following symbols:

$$C = \sqrt{\lambda^2 - \sin^2(\varphi)} \qquad (7)$$
$$E = C + \cos(\varphi) \qquad (8)$$

Functions 7 and 8 describe the equivalent angular velocity of the UM. Relying upon this, the functions can be called equivalence ones.

Hereto, there are the derivatives of functions 7 and 8 that are to be required further:

$$C' = -\omega \cdot \frac{\sin(\varphi) \cdot \cos(\varphi)}{C} \qquad (9)$$

$$E' = -\omega \frac{E}{C} \sin(\varphi) \qquad (10)$$

The derivatives are taken for t, provided that φ=ω·t. The expression of the UM angular velocity with equivalent functions reads as follows:

$$\alpha' = \omega \frac{E}{C}.$$

To determine the angular acceleration, expressions 9 and 10 are to be used:

$$\alpha'' = \omega \frac{E' \cdot C - C' \cdot E}{C^2} = -\omega^2 \frac{\lambda^2 - 1}{C^3} \sin(\varphi).$$

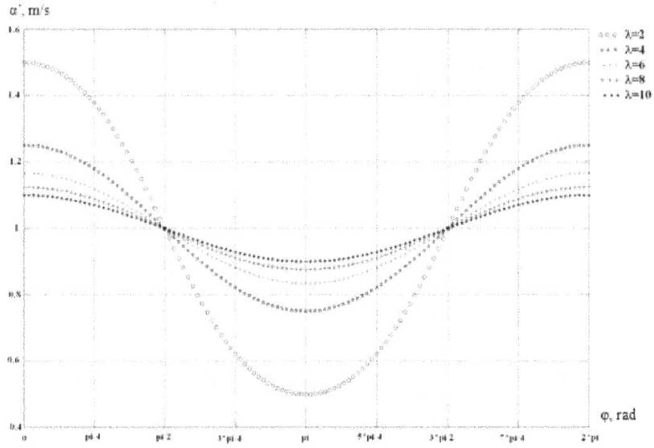

Figure 4. Characteristic of the angular velocity relative to the turn angle of the unbalanced mass at the CAV shift value λ = 2, 4, 6, 8, 10.

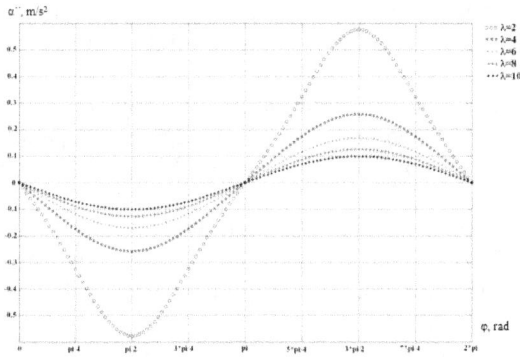

Figure 5. Characteristic of the angular acceleration relative to the angle of turn of the unbalanced mass at the CAV shift value λ = 2, 4, 6, 8, 10.

The graphs of angular velocity and acceleration are shown in Figures 4 and 5. Expression 5 indicates the nature of UM angular velocity variation relative to the axis of rotation, where the CAV will be maintained within a single turnover. Provided the UM has several cycles of change in angular velocity for one revolution around the axis O_1, the axis O_2 position will be specific and certain for each cycle. In this case, in order to obtain a qualitative characteristic of change in the UM angular velocity, it is necessary to find your own value ε shift within each cycle.

CONCLUSIONS

The research in the conversion of mechanical energy in the pulse generator by the runner are to be aimed at determining the shift of the axis O_2 position. It is important to note that the ratio $g/\omega^2 = m \cdot s^2 / s^2$ is to be measured by units of length and represents the shift of axis O_2 position opposite to the effect of gravity.

The transition from the state of fluidization to that of vibroboiling can be realized by changing the nature of generating the vibration energy in the impulse generator that is transmitted to the soil structure.

REFERENCES

1 Дубровский А.А. Основные принципы применения вибраций для повышения эффективности почвообрабатывающих орудий: автореф. дис. ... д-ра. техн. наук: 05.410 / А.А. Дубровский ; ЛСИ. – Ленинград, 1963. - 55с.

2. Зоненберг Р.М. Исследование влияния вибрации на тяговое сопротивление рабочих органов, взаимодействующих с почвой: автореф. дис. ... канд. техн. наук: 05.410 / Р.М. Зоненберг; Омский СХИ им. С.М. Кирова. – Омск, 1965. -21с.

3. Силаев Г.В. Исследование влияния вынужденных колебаний рабочего органа почвообрабатывающей машины на рыхление почвогрунтов: автореф. дис. ... канд. техн. наук: 05.420 / Г.В. Силаев; МЛИ. – Москва, 1972. -21с.

4. Шарлаимов В.И. Экспериментальные исследования нестационарных процессов при движении сплошной среды в гравитационном поле [Текст] / В.И. Шарлаимов, В.М. Козин. — М.: Академия Естествознания, 2007. — 232с.

5. Петрягин И.Н. Преобразование энергии импульсным возбудителем колебаний [Текст] / И.Н. Петрягин // Перспективные технологии и системы машин в сельскохозяйственном производстве Сибири: сб. науч. тр. – Новосибирск, 1979. –С.66-71.

Затинацкий С.В.
к.т.н., профессор ФГБОУ ВПО «Саратовский ГАУ им. Н.И. Вавилова»
Михеева О.В.
к.т.н., доцент ФГБОУ ВПО «Саратовский ГАУ им. Н.И. Вавилова»,
miheevaolya@gmail.ru

ИССЛЕДОВАНИЕ ГИДРОДИНАМИЧЕСКОЙ АВАРИИ ВОДОХРАНИЛИЩ МАЛЫХ РЕК САРАТОВСКОГО ЗАВОЛЖЬЯ (НА ПРИМЕРЕ ЧАПАЕВСКОГО ВОДОХРАНИЛИЩА САРАТОВСКОЙ ОБЛАСТИ)

Прорыв плотины является начальной фазой гидродинамической аварии. Он представляет собой процесс образования прорана и неуправляемого потока воды водохранилища из верхнего бьефа через проран в нижний бьеф. Во фронте устремляющегося в проран потока воды образуется волна прорыва.

Волна прорыва представляет собой неустановившееся движение потока воды, при котором глубина, ширина, уклон поверхности и скорость течения изменяются во времени. Особенности формирования речных русел в продольном профиле и плане являются результатом тесного взаимодействия между руслом и протекающим по нему водным потоком[1]. Характер воздействия поражающего фактора на объект определяется гидродинамическим давлением потока воды (гидропотоком), высотой, глубиной и скоростью потока воды, уровнем и временем затопления, деформацией речного русла, загрязнением гидросферы, почв, грунтов, размыванием и переносом грунтов. Последствием гидродинамической аварии является катастрофическое затопление местности.

Все подпорные гидротехнические сооружения, выполненные в виде грунтовых плотин, входящие в Российский Реестр ГТС должны быть исследованы на возможность возникновения гидродинамической аварии

В качестве примера нами смоделирована гидродинамическая авария через тело грунтовой плотины Чапаевского водохранилища Ершовского района Саратовской области.

При расчете было определено четыре расчетных створа: на расстоянии 10 км, 20 км, 30 км и 40 км ниже по течению реки.

К наиболее тяжелому сценарию развития аварии относится прохождение паводка редкой повторяемости, выход из строя водосбросного сооружения, переполнение водохранилища, перелив воды через гребень плотины, размыв части гребня, разрушение откосов, образование прорана, затопление территории нижнего бьефа.

Прорыв плотины рассматривается при проектном значении паводка (▼31,1) объемом 4,2 млн.м³. Результаты расчетов представлены на поперечных профилях русла в расчетных створах.

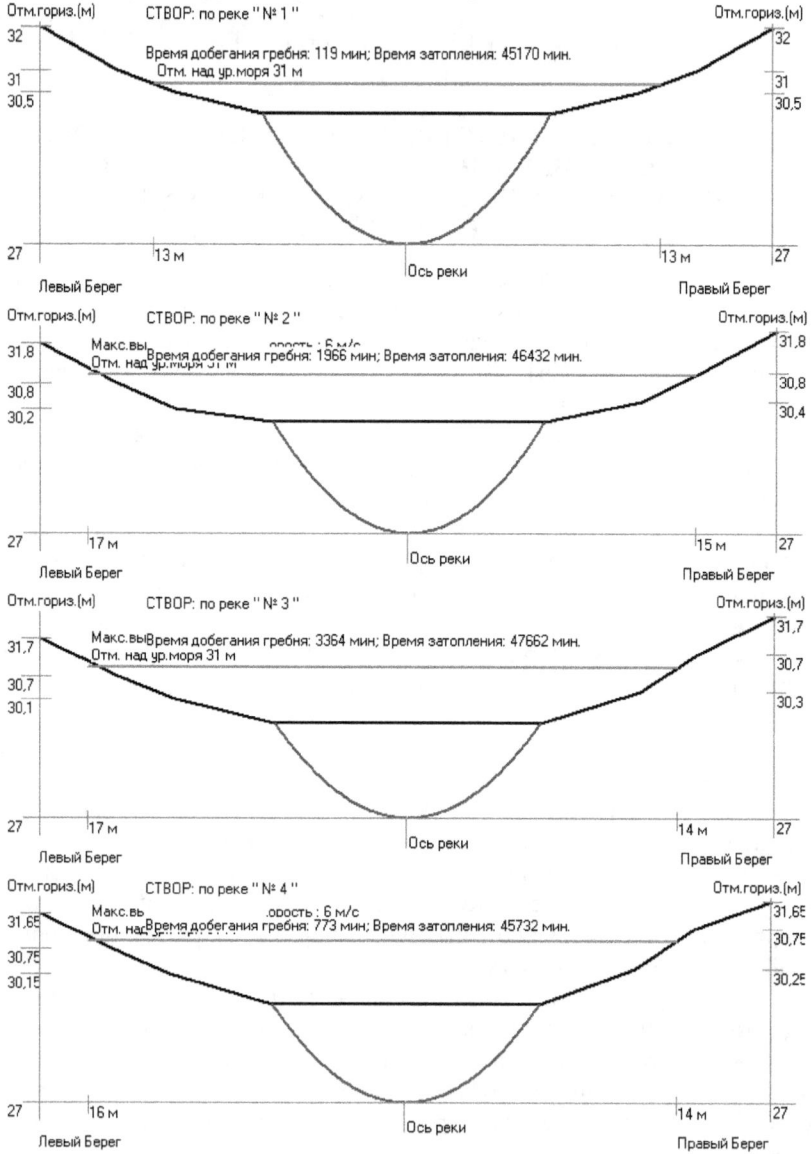

Рис.1. Поперечные профили русла в расчетных створах.

Расчет показал, что волна прорыва за 47662 мин достигнет створа «3». Так как высота волны прорыва равна глубине воды в нижнем бьефе, то произойдет ее затухание. Анализ расчета прорывной волны при тяжелом сценарии гидродинамической аварии позволяет сделать вывод о том, что в случае разрушения напорного фронта плотины Чапаевского водохранилища, значительного затопления населенных пунктов ниже створа плотины не произойдет. Населенные пункты расположены на возвышенных местах, а река б. Кушум за многие годы разработала глубокое русло, что является для населения гарантией безопасности от наводнения. На основании расчета можно сделать вывод, что непосредственной угрозы населению от затопления территории при образовании прорана нет.

Безопасность плотин представляет одну из наиболее важных проблем при проектировании, строительстве и эксплуатации гидротехнических сооружений. При аварии на плотине наиболее опасными последствием является прорыв напорного фронта, образование прорана и возникновении непредвиденного паводка в нижнем бьефе гидроузла. Это может привести к большим экономическим, экологическим и социальным последствиям.

В последнее время все больше внимания уделяется бесхозным и потенциально опасным водным объектам. Оценка эксплуатационного состояния грунтовой плотины как технической системы, состоящей из множества элементов, узлов и конструкций и находящейся под воздействием многочисленных нагрузок, является сложной и ответственной задачей эксплуатации гидротехнических сооружений. Грунтовая плотина считается исправной, если она отвечает всем эксплуатационным требованиям и эстетическим показателям. Ответить на вопрос, исправна ли грунтовая плотина, можно лишь тогда, когда каждый элемент и узел плотины отвечает всем эксплуатационным и эстетическим требованиям.

Так события в Крымске Краснодарского края в 2012 году и наводнение в Амурской области в 2013 году показали необходимость более тщательного отношения к проблеме потенциально опасных водных объектов. Какое-либо нарушение работы на объектах гидротехнического строительства, в частности на водохранилищах, неизбежно повлечет за собой снижение урожайности сельскохозяйственных культур, нарушение системы водоснабжения и может привести к разрушительным последствиям для проживающего населения.

Литература:

1. К вопросу об использовании ковшовых водозаборов на малых реках. О.В. Михеева, Научная жизнь-3/2012, 152с, С143-148.

Zatinatsky C.B.
Cand.Tech.Sci., professor FGBOU VPO "The Saratov GAU of N.I.Vavilov"
Mikheyeva O.V.
Cand.Tech.Sci., associate professor FGBOU VPO "The Saratov GAU of N.I.Vavilov", miheevaolya@gmail.ru

RESEARCH OF HYDRODYNAMIC ACCIDENT RESERVOIRS OF THE SMALL RIVERS OF THE SARATOV ZAVOLZHYE (ON THE EXAMPLE OF CHAPAYEVSKYS RESERVOIR OF THE SARATOV REGION)

Break of a dam is an initial phase of hydrodynamic accident. It represents education process a pro-wound and uncontrollable water flow of a reservoir from top бьефа through pro-wounds in bottom бьеф. In the front of water flow directing in pro-wounds the break wave is formed.

The wave of break represents unsteady movement of water flow at which depth, width, a bias of a surface and speed of a current change in time. Features of formation river русел in a longitudinal profile and the plan grow out of close interaction between the course and a water stream proceeding on it [1]. Nature of influence of a striking factor is defined on object by the hydrodynamic pressure of water flow (hydrostream), height, depth and water flow speed, level and flooding time, deformation of the river course, pollution of the hydrosphere, soils, soil, washing out and transfer of soil. Consequence of hydrodynamic accident is catastrophic flooding of the district.

All retaining hydraulic engineering constructions executed in the form of soil dams, GTS entering into the Russian Register have to be investigated on possibility of hydrodynamic accident

As an example we simulated hydrodynamic accident through a body of a soil dam of the Chapayevsky reservoir of the Ershovsky area Saratov region.

At calculation four settlement alignments were defined: at distance of 10 km, 20 km, 30 km and 40 km is lower on a watercourse.

Passing of a high water of rare repeatability, failure of a water waste construction, reservoir overflow, water modulation belongs to the heaviest scenario of development of accident through a dam crest, washout of part of a crest, destruction of slopes, education a pro-wound, flooding of the territory bottom бьефа.

Break of a dam is considered at design value of a high water (▼31,1) of 4,2 million m^3. Results of calculations are presented on cross profiles of the course in settlement alignments.

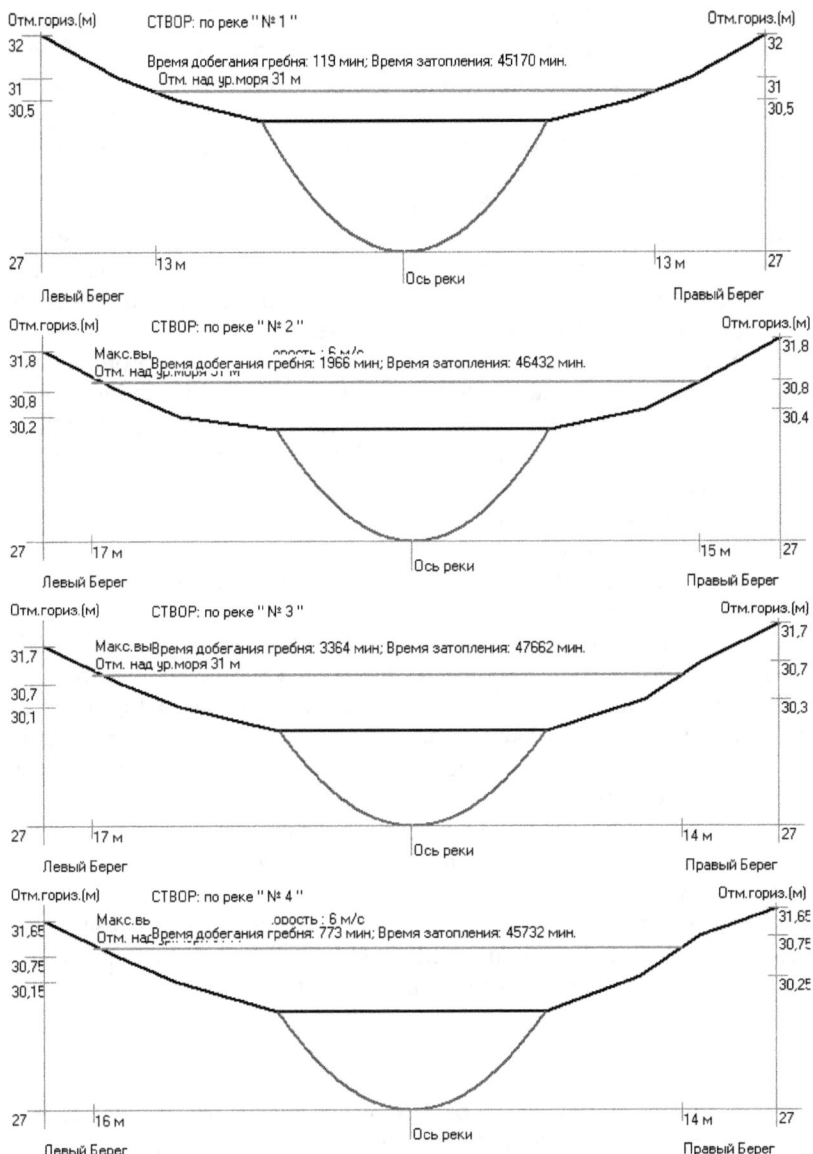

Fig. 1. Cross profiles of the course in settlement alignments.

Calculation showed that the break wave in 47662 min. will reach an alignment "3". As height of a wave of break is equal to water depth in bottom бьефе, there will be its attenuation. The analysis of calculation of a breakthrough wave at the heavy scenario of hydrodynamic accident allows to draw a conclusion that in case of destruction of the pressure head front of a dam of the Chapayevsky reservoir, considerable flooding of settlements below an alignment of a dam won't happen. Settlements are located on sublime places, and the river B. Kushum for many years I developed the deep course that is for the population a safety guarantee from a flood. On the basis of calculation it is possible to draw a conclusion that direct threat to the population from territory flooding at education a pro-wound isn't present.

Safety of dams represents one of the most important problems at design, construction and operation of hydraulic engineering constructions. At accident on a dam a consequence break of the pressure head front, education a pro-wound and emergence of an unforeseen high water in bottom бьефе the water-engineering system is the most dangerous. It can lead to big economic, ecological and social consequences.

Recently more and more attention it is given to ownerless and potentially dangerous water objects. The assessment of an operational condition of a soil dam as the technical system consisting of a set of elements, knots and designs and being under the influence of numerous loadings, is a complex and responsible challenge of operation of hydraulic engineering constructions. The soil dam is considered serviceable if it meets all operational requirements and esthetic indicators. To answer a question, whether the soil dam is serviceable, it is possible only when each element and knot of a dam meets all operational and esthetic requirements.

So events in Krymsk of Krasnodar Krai in 2012 and a flood in the Amur region in 2013 showed need of more careful attitude to a problem of potentially dangerous water objects. Any violation of work on objects of hydrotechnical construction, in particular on reservoirs, will inevitably cause decrease in productivity of crops, violation of system of water supply and can lead to destructive consequences for the living population.

Literature:

1 . To a question of use of ladle water intakes on the small rivers. O. V. Mikheyeva, Scientific life-3/2012, 152c, C143-148.

УДК 626.01 : 624,1

Кашарина Т.П.
д.т.н., проф.каф. ПГСГиФ ЮрГТУ им. М.И. Платова
Кашарин Д.В.
к.т.н., проф.каф. ВХИЗОС ЮрГТУ им. М.И. Платова

КОНСТРУКЦИИ ИЗ КОМПОЗИТНЫХ (ПОЛИМЕРНЫХ) МАТЕРИАЛОВ В СТРОИТЕЛЬСТВЕ

Технические системы представляют собой целенаправленный и сознательно выполненный продукт человеческой деятельности, который взаимосвязан между природой и техникой. Реконструкционные или регенерационные возможности природных несущих структур дифференцированы и привлекают все в большей степени интерес специалистов с точки зрения использования их в технике. Применению новых композитных (полимерных) материалов в современном строительстве также отводится значительная роль, т.к. они оказывают минимальное воздействие на окружающую среду и эргономично вписываются в неё. В тоже время, обладают мобильностью и взаимозаменяемостью элементов.

Широкое распространение в настоящее время получили технические решения и сооружения из композитных материалов в различных отраслях народного хозяйства России и во многих странах мира.

В середине предыдущего столетия применялись в строительстве, в т.ч. водном хозяйстве, конструкции из полимерных пленок, резино-тканевых, кордовых, вантовых и т.п. элементов. Обоснованием их применения занимались ученые из многих стран мира: Японии, США, Германии, Франции, Болгарии, СССР и др. – воздухо - водонаполянемые конструкции; Дании, Италии, Франции, Испании, Австралии, СССР, США и др. – грунтонаполняемые, грунтоармированные [1-4].

Отличительной особенностью строительных, в т.ч. гидротехнических, конструкций из композитных (полимерных) материалов, является их взаимосвязь формы от действующих на них нагрузок. Основным элементом их является предварительно-напряженная мягкая (гибкая) оболочка, удовлетворяющая одновременно трем критериям [2]:

- безопасности изгиба $\frac{E}{(1-v^2)[\sigma_и]} \leq 2\frac{R}{t}\ (\leq 2)$;

- легкости образования складок $\frac{ET}{(1-v^2)[T]_p} \ll \left(\frac{l}{H}\right)^2\ (\leq 2)$;

- безмоментности $\frac{f^2}{(1+4f^2)(1-v^2)} \cdot \frac{E}{P}\left(\frac{t}{l}\right)^2 \ll 0{,}003\ (0{,}015)$;

где E, v – упругие характеристики эластичных слоев ткани; $[\sigma_и]$ – допустимые напряжения в эластичных слоях при изгибе; R – минимальный радиус кривизны оболочки при изгибе; t - толщина оболочки; $[T]_u$ – допустимые погонные усилия для материала оболочки; L – пролет оболочки в плоскости изгиба; $f = \frac{F}{l}$ – относительная стрела прогиба оболочки от нагрузки; P - среднее давление на оболочку. Материал оболочки является ортотропным с показателями анизотропии $C = \frac{E_{cc}}{E_{ут}}$, где $E_{ос}$ – модуль упругости основы; $E_{ут}$ – модуль упругости утка, что доказано проведенными экспериментальными исследованиями. В связи с тем, что растягивающие усилия значительно выше сдвигающих, поэтому ими пренебрегают. Весом можно пренебречь только для мягких оболочек, т.к. он незначителен и влияет в первоначальный момент возведения сооружения.

На основании проведенных исследований получены графики зависимости деформации некоторых материалов, применяемых в натурных условиях $\xi = f(N)$, а также обобщенная эмпирическая зависимость для применяемой в водохозяйственной отрасли ткани ТК-200 [3]:

$$\xi = A + B \cdot N^{\frac{1}{3}} + CN^{\frac{1}{4}},$$

где A, B, C - эмпирические коэффициенты.

Расчет общей прочности материала оболочек ведут с учетом на: растяжение $N_{раст}(МПа)$ и изгиб $N_{изг}(МПа)$, а также плотности ρ (Н/м³), обеспечивающих надежность и безопасность их и рассчитывают с учетом следующей зависимости, полученной авторами [7, 8]:

$$N = \Phi\left(T, t, x_c, \lambda, \frac{E}{p}, N_{раст}, N_{изг}, \sigma\frac{T}{p}, \rho, \frac{\varepsilon_1}{\varepsilon_2}, A\right),$$

где T – время жизненного цикла с учетом постоянной или временной его установки, t - изменение климатических условий, λ – долговечность, $\frac{\varepsilon_1}{\varepsilon_2}$ - отношение относительных удлинений по основе и утку.

Растягивающее усилие во всех слоях арматуры (с использованием прямолинейных и наклонных лент) можно вычислять по следующей зависимости [7, 8]:

$$T_0 = T_1 + T_2 = 2 \cdot \gamma \cdot h \cdot (b_1 \cdot m_1 \cdot f_1 \cdot l_1 + b_2 \cdot m_2 \cdot f_2 \cdot k \cdot l_2),$$

где T_0 - суммарное растягивающее усилие во всех слоях арматуры, соответствующих поверхности обрушения, T_1, T_2 - растягивающие усилия в прямолинейных и наклонно расположенных армолентах; b_1, b_2 - ширина прямолинейной и наклонной армолент; h – высота рассматриваемого слоя грунта над армолентами; f_1, f_2 - коэффициент трения грунта по арматуре, где $f = tg(\theta)$ (θ – угол внутреннего трения грунта); l_1, l_2 - длина прямолинейной и наклонной армолент; γ – объемная плотность насыпи; k - коэффициент, учитывающий наклон армоленты. Данные расчета выполняют с учетом программ на ЭВМ [6,7].

Исследования грунтоармированных конструкций показали, что при предельном отклонении вертикальной подпорной стенки от вертикали обрушения не происходит и в течение двух-трех суток и восстанавливается в проектное положение за счет включения в работу всех армолент.

Расчет силы натяжения грунтонаполняемых оболочек под нагрузкой можно вести по следующей зависимости [5]:

$$N = \frac{(h+y)(\{1-a\}+\{1-am\}y'^2)}{y''} + (1-am)(hy + \frac{y^2}{2}),$$

где N – сила натяжения в оболочке $N = \frac{N_0}{\gamma_\text{н} b}$, кН.

В результате анализа исследований грунтонаполняемых оболочек получены эмпирические выражения изменения её напряженно-деформированного состояния при внутренних воздействиях на неё сухого и влажного грунта представлены в виде:

$$Д = A \cdot x^n + C, \qquad (6)$$

где $A = 2{,}05\ldots4{,}11$; $n = 0{,}37\ldots0{,}58$ при $R=0{,}95$, что подтверждает достоверность проведенных исследований.

Эмпирические зависимости деформации грунтонаполняемой оболочки под нагрузкой и разгрузкой, записывается следующим образом:

$$d_1 = K - Ax^2 + Bx + C,$$

где $K=1, A=0{,}6, B=0, C=0{,}03-0{,}187$ при $R^2=0{,}997$,

После снятия нагрузки $d_2 = -0{,}000x$ при $R=0{,}986$, т.е. оболочка сохранила свое положение.

При испытаниях нагружения грунтонаполняемых оболочек выявлено, что наиболее рациональной формой её является эллипсоидная с параметрами $L(L_0 = f\ (H,P)$: $L_0=1{,}0\ldots1{,}1H$, $L=1{,}8-2{,}0\ H$, где Н – высота оболочки.

Грунтоармированные и грунтонаполняемые элементы конструкций, разработанные авторами для различных условий применений их, в качестве: оснований и фундаментов, подпорных сооружений, инженерной защиты (противооползневых и просадочных явлений и т.п.) защищены патентами [1-8].

Изучение взаимодействия оболочечных конструкций с различными внешними и внутренними воздействиями, проверка работоспособности в лабораторных и натурных условиях, позволило авторам: создать новые технические решения; обосновать основные расчетные зависимости по их формообразованию, усилию в них; создать блок-схемы, алгоритмы по расчетным обоснованиям; определить допустимые параметры для вариантов комбинированных водоподпорных оболочек и программы по их расчету на ЭВМ.

Для широкого внедрения в производство разработаны и утверждены технологические карты, альбомы технических решений, рекомендации и руководства по применению грунтоармированых и грунтонаполняемых конструкций.

Библиографический список

1. Кашарина Т. П. Мягкие гидросооружении на малых реках и каналах. – М.: Мелиорация и водное хозяйство, 1997. – 56с.
2. Кашарина Т. П. Совершенствование конструкций, методов научного обоснования, проектирования и технологии возведения облегчённых гидротехнических сооружений-автореф.дис. на соиск. уч. степ. докт. техн. наук.-М.:изд-во ООО "Эдэль"-2000.-56с.
3. Кашарин Д. В. Защитные инженерные сооружения из композитных материалов в водохозяйственном строительстве [Текст]: монография / Д. В. Кашарин ; Юж.-Рос. .гос. техн. ун-т.- Новочеркасск: ЮРГТУ (НПИ), 2012. -343с.
4. Кашарина Т.П. Применение грунтонаполняемых оснований из композитных материалов для водоподпорных сооружений//Т.П Кашарина, Д.В. Кашарин. Труды международной конференции «Фундаменты глубокого заложения и проблемы с освоением подземного пространства». Пермь: «Изд-во ПНИПУ»,2011.- С.395-401.
5. Кашарина Т.П. Современные методики расчета укрепления оснований грунтонаполняемым элементом малоэтажных строений на техногенных грунтах / Т.П. Кашарина, О.В. Жмайлова, А.С. Глаголева // Малоэтажное строительство в рамках Национального проекта «Доступное и комфортное жилье гражданам России»: технологии и материалы, проблемы и перспективы развития в Волгоградский области: материалы Междунар. науч.-практ. конф.,15-16 дек. 2009г., г. Волгоград / Волгоград гос. архит.-строит. ун-т. – Волгоград: ВолгГАСУ, 2009. – с. 189-192
6. Свидетельство о государственной регистрации программы для ЭВМ №2010610995 «Грунтонаполняемая оболочка». – Новочеркасск: ЮРГТУ(НПИ), 2010.
7. Рекомендации «По применению в малоэтажном строительстве грунтонаполняемых элементов при усилении оснований на техногенных грунтах» / под. рук. Т.П. Кашариной. – Ростов-на-Дону: Южводпроект, 2010. – 23с.
8. Пособие к СНиП3.07.03-85 «Мелиоративные системы и сооружения» (Обоснования эксплуатационной надежности облегченных гидротехнических сооружений)// ИНПЦ «Союзводпроект», ЮжНИИГиМ.- М., 2001.

Клименко М.Ю.
ассистент

СОВРЕМЕННЫЙ ПОДХОД К ОПРЕДЕЛЕНИЮ ИНТЕГРАЛЬНОЙ ЗНАЧИМОСТИ ЭКОЛОГИЧЕСКОЙ БЕЗОПАСНОСТИ ЗДАНИЙ И СООРУЖЕНИЙ

В настоящее время уделяется большое внимание экологической безопасности городской застройки, что соответствует Федеральному закону [1], а так же известным Общероссийским общественным организациям, идеология которых сформулирована с учетом принципов устойчивого развития в соответствии с Декларацией Конференции ООН по окружающей среде и развитию [2]. Это осуществляется при организационном, методическом и материально-техническом содействии заинтересованных государственных, общественных и коммерческих организаций, решающих проблемы комплексной сравнительной оценки позитивных и негативных факторов, тенденций в природоохранной, общественно-социальной и хозяйственной деятельности на основе критериев экологической безопасности и сбалансированного устойчивого развития регионов РФ.

В этой связи необходимо создание коэффициентов значимости технического состояния объектов строительства. Целью данной работы является создание интегрированной системы показателей экологической безопасности зданий в системе управления их эксплуатацией

Для решения поставленной цели нами выбраны теоретические исследования [3], а также натурные исследования, представляющие собой технические заключения о состоянии строительных конструкций, позволяющие определить общее техническое состояние, условную надежность, срок эксплуатации, долговечность и примерную стоимость капитального ремонта зданий и сооружений, риск, социальную значимость объекта, экологический рейтинг объекта.

Неотъемлемыми критериями для определения экологической безопасности зданий и сооружений в системе управления их эксплуатацией являются: экологический рейтинг, безопасность и социальная значимость объекта.

При определении данных критериев объекта необходим комплексный подход, основанный на качественных и количественных показателях, который способен адекватно определить его численное выражение. На основании вышесказанного была построена иерархическая схема (рис.1) [4].

Рис.1 Иерархическая схема экологической безопасности зданий в системе управления их эксплуатацией

На основании разработанной системы показателей экологической безопасности зданий составляют рейтинги конкурирующих зданий и сооружений в первоочередности их на восстановление или ликвидацию, что определяет значимость объектов городской застройки на селитебной территории.

Расчет интегральной значимости экологической безопасности зданий в системе управления их эксплуатацией (критерий 1-го рода) производится по формуле:

$$I_{эк}=В \cdot k_1 + \beta p \cdot k_2 + С_р \cdot k_3 + t_0 \cdot k_4 + \omega \cdot k_5 + Э \cdot k_6 + R \cdot k_7 \qquad (1),$$

где $I_{эк}$ - интегральная значимость экологической безопасности зданий в системе управления их эксплуатацией, βp - расчетная надежность в %, $С_р$ - расчетная стоимость капитального ремонта выраженная в %, t_0 - время наступления аварийного состояния выраженное в %, ω - социальная значимость в %, Э – экологической рейтинг объекта в %, R- риск в %, k_1-k_7- коэффициенты значимости критериев второго рода [5].

Отметим, что по такому же принципу рассчитываются критерии 2-го рода. Используя формулу (1) составляется рейтинг конкурирующих объектов, при выборе которых предполагается улучшение технического состояния объекта, что позволит сделать качественно обоснованный и правильный выбор управляющей компании.

Литература:

1. Федеральный закон Российской Федерации от 30 декабря 2009 г. N 384-ФЗ "Технический регламент о безопасности зданий и сооружений"
2. Доклад Конференции ООН по окружающей среде и развитию. Рио-де-Жанейро, 3-14 июня 1992 г. Т.2. Отчет о работе Конференции.- Нью-Йорк, 1993. С. 19, 31, 40-60, 64, 71.
3. Рекомендации по оценке надежности строительных конструкций зданий и сооружений по внешним признакам/ Добромыслов А.Н. и др. Москва 2001.
4. Клименко М.Ю. Методы прогнозирования существования строительных конструкций / М.Ю. Клименко, Т.П. Кашарина, Дефекты зданий и сооружений. Усиление строительных конструкций: материалы XVI научн.-метод. конф., посвящ 85-телию со дня рождения проф. В.Т. Гроздова, г. Санкт-Петербург, 23 марта 2012 г. / СПбФВАТТ (ВИТУ). – СПб., 2012.-С. 96-101.
5. Кашарина Т.П. , Экологическая безопасность и надежность строительных конструкций при проектировании и эксплуатации / Т.П. Кашарина, М. Ю. Клименко «Вестник ВОЛГАСУ», серия «Строительство и архитектура», Выпуск №25(44), 2011г.

Скибин Е.Г.
аспирант каф. ПГСГиФ ЮРГПУ (НПИ)

ПРИМЕНЕНИЕ МОДЕЛИ КРИТИЧЕСКОГО СОСТОЯНИЯ ГРУНТА ДЛЯ РАСЧЕТА НЕСУЩЕЙ СПОСОБНОСТИ ВИСЯЧИХ СВАЙ

В данной статье рассмотрена возможность применения модели критического состояния грунта, разработанной под руководством К. Роско [1] в конце 50-х начале 60-х годов прошлого столетия, для расчета несущей способности висячих свай, работающих, главным образом, за счет сил трения по боковой поверхности. В данной модели грунт переходит в состояние пластического течения при определенном критическом состоянии, которое не зависит от напряженно-деформированного состояния грунта, а только от его вещественного состава.

Применение модели критического состояния для расчета несущей способности висячих свай обосновано главными достоинствами модели:
- прочностные свойства грунта зависят от его текущей плотности;
- нахождение распределения плотности (пористости) в радиальном направлении в зоне уплотнения грунта.

Выше указанные достоинства позволят дать теоретическое решение поставленной задачи для свай, изготавливаемых с вытеснением и извлечением грунта, опираясь только на физико-механические свойства грунта, полученные при стандартных лабораторных испытаниях.

Несущая способность сваи вычисляется в следующей последовательности:

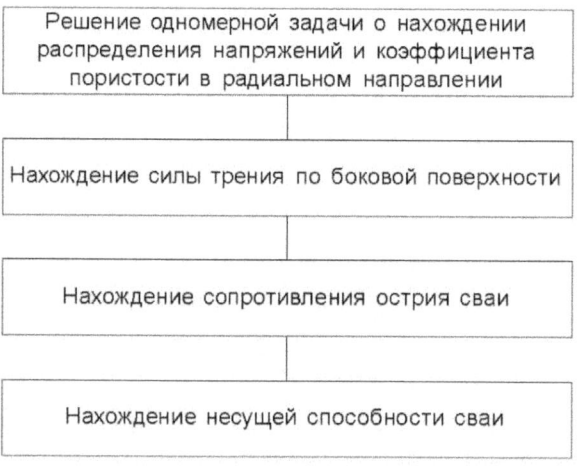

1. Задача о стабилизированном распределении пористости и напряжений вокруг цилиндрической полости нагруженном распределенным давлением.

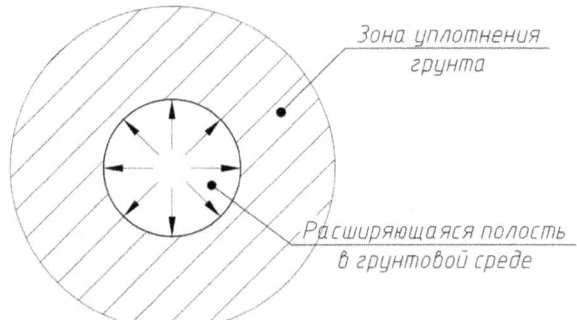

Рис. 1. Уплотненная зона грунта, возникающая при изготовлении сваи с вытеснением грунта.

Система уравнений, используемая для решения задачи:

$$\begin{cases} \dfrac{d\sigma_3}{dr^*} + \sigma_3 - \sigma_1 = 0; \\ \sigma_3 = -C + AC_1 + b\sigma_1^2; \\ e = \Gamma - 1 - \mu \ln \dfrac{C + \dfrac{A^2}{4b}}{P_0}; \\ \dfrac{de}{dr^*} = (1 + e_A)\left(1 - \dfrac{1}{A + 2b}C_1\right); \end{cases}$$

Пример. Ниже представлены результаты расчета задачи о выдавливании цилиндрической полости со следующими исходными данными: φ=19°, с=0,016 МПа, е=0,856, давление в полости Р=1 МПа, dсв=30 см.

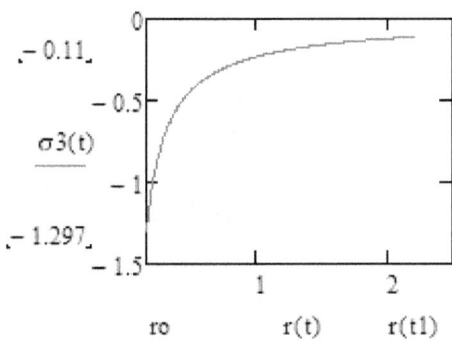

Рис. 2. Зависимость 3-го главного напряжения от радиуса.

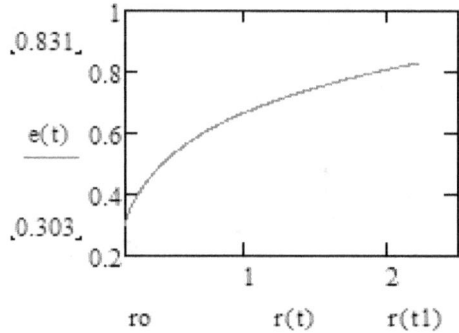

Рис. 3. Распределение коэффициента пористости в зависимости от радиуса.

2. Нахождение возникающей силы трения при приложении нагрузки на сваю, путем умножения на коэффициент трения давлений действующих на боковую поверхность сваи.
3. Нахождение верхней оценки силы сопротивления под острием сваи, согласно одной из теорем Гвоздева, из равенства мощности внешней силы мощности внутренних сил пластического деформирования (рис. 4).

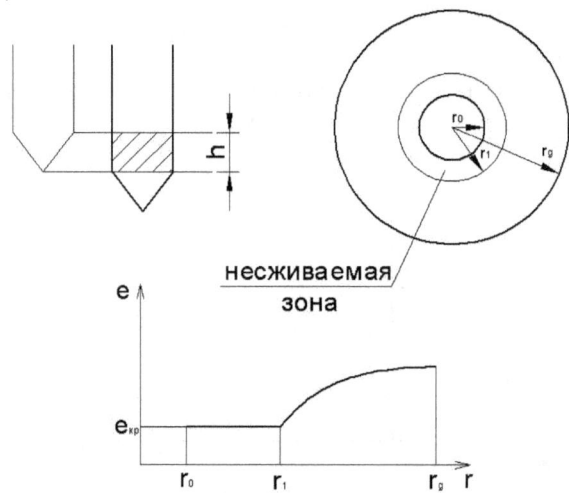

Рис. 4. К расчету несущей способности грунта под острием сваи.

4. Получающаяся сумма сил трения по боковой поверхности и сил сопротивления под острием сваи будет показывать максимальную нагрузку, которую можно передать на голову сваи, таким образом, мы и получим несущую способность сваи.

Стоит отметить, решение данной задачи зависит от принятых параметров модели, таких как уравнения поверхностей нагружения, зависимость коэффициента пористости от давлений (логарифмический закон уплотнения Терцаги). Таким образом, для различных типов грунтов можно применять и различные параметры модели, вплоть до индивидуальных для каждого грунта, которые можно получить при стандартных лабораторных испытаниях, что позволит получить более точные решения.

Несущая способность сваи, полученная приведенным выше методом, не будет опираться на эмпирические зависимости трудоемких натурных и лотковых испытаний свай, а будет зависеть от прочностных коэффициентов «с» и «φ», от плотности грунта, т.е. характеристик полученных при обычных лабораторных испытаниях, а также принятых закономерностей модели и размера сваи.

Литература:

1. Федоровский В.Г. Современные методы описания механических свойств грунтов. Обзор, - М., ВНИИИС, 1985.
2. СП 22.13330.2011 «Основания зданий и сооружений».
3. Дыба В.П., Ширяева М.П. Математическое моделирование пластически уплотняемой грунтовой среды // Численно-аналитические методы: Сборник научных трудов / Юж.-Рос. гос. техн. ун-т. – Новочеркасск: ЮРГТУ, 2007.-С. 101-108.
4. Ширяева М.П. Моделирование процессов пластического деформирования грунтов оснований. Кандидатская диссертация, - Новочеркасск, 2007.

Приходько А.П.
ассистент каф. ТСПиСМ ЮРГПУ (НПИ)

ЭКСПЕРИМЕНТАЛЬНЫЕ ИССЛЕДОВАНИЯ ГРУНТОАРМИРОВАНЫХ КОНСТРУКЦИЙ

В современном строительстве важной проблемой является возведение подпорных сооружений для берегозащиты и создание защитных сооружений городской застройки от затопления. Для внедрения в практику строительства новых и усовершенствованных грунтоармированных конструкций требуется обоснование их расчетных положений и технологии возведения.

Автором разработано новое техническое решение грунтоармированного сооружения с лицевой стенкой из отдельных лицевых элементов и технология его возведения [1].

Для проведения экспериментальных исследований была выполнена модель грунтоармированного подпорного сооружения. Исследования проводились на стенде плоской деформации в лаборатории каф. ПГСГиФ ЮРГПУ (НПИ).

Испытательный стенд состоит из лотка, выполненного из органического стекла толщиной 30 мм. Нагрузка на основание передается через штампы. Ступени нагружения определяются весом груза. Лоток заполнен песком, который моделирует собой песчаную грунтовую насыпь. Физико-механические характеристики песка следующие: угол естественного откоса равен $33°$, угол внутреннего трения $\varphi=40°$; удельный вес $\gamma=17,4$ кН/м^3.

Рис. 1. Абразивные процессы побережья Азовского моря

Модель грунтовой насыпи принята в соответствии с условиями побережья азовского моря, высота которого составляет от 1 до 3-х метров, поэтому высота нашей подпорной стенки H = 30см. Материалом для лицевой стенки по результатам лабораторных испытаний был выбран UNISOL 650, т.к. он был наилучшим по своим механическим и деформационным характеристикам. Расположение армолент выделялось отсыпкой цветным песком [2, 3]. Перемещения лицевых элементов подпорной стенки модели грунтовой насыпи фиксировались сертифицированными индикаторами часового типа ИЧ-10, с помощью координатной сетки и фотометрии.

Экспериментальные исследования проводились в два этапа. В качестве армирующего материала в предварительных опытах использовали кальку толщиной t = 0,03 мм, ширина армополос b = 10 мм. Такой материал был выбран в связи с желанием получить картину распределения усилий внутри грунтоармированного массива, а так же определить наиболее приемлемый вариант единичных лицевых элементов подпорной стенки и параметров армирования (рис. 2).

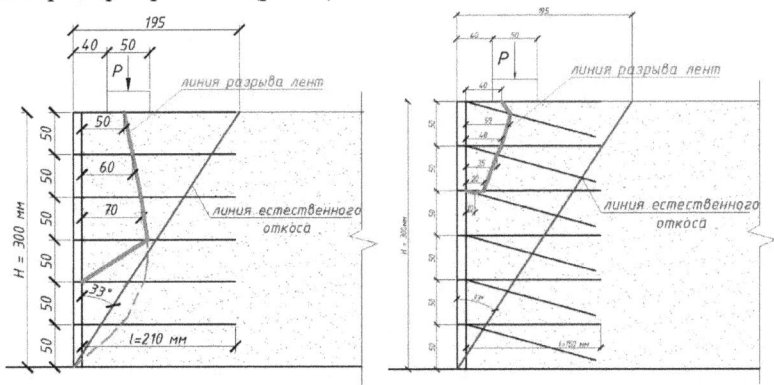

Рис. 2. Схемы расположения максимальных усилий в армолентах при различных параметрах армирования

Автором проводились 19 серий опытов. Первые 2 серии выполнены без приложения нагрузки, затем последующие два с равнораспределенной нагрузкой, передаваемой через одинарный штамп на пластину. Так же в первых 6 сериях опытов были использованы модели с горизонтальными армирующими элементами, а в последующих добавлены наклонные армоленты. С помощью фотометрии были получены диапазоны перемещения армолент внутри грунтоармированного массива. К примеру, для натурной стенки высотой H = 3м, длинной горизонтальных и наклонных армолент l = 1,05м, единичным лицевым элементом h = 0,5м, углом наклонных лент β = 78°, диапазон перемещений составляет 5,3 – 8 мм.

После проведения предварительных исследований были выбраны параметры единичных элементов лицевой стенки и определена зона армирования. В последующих сериях опытов в качестве армирующего материала использовали капроновый материал (ТК-80).

На основании проведенных экспериментальных исследований выявлены параметры армирования: длина горизонтальных армолент составляет 0,3 - 0,5H, высота слоя армирования h = 0,5м; с учетом технологического процесса возведения, углы наклона лент должны быть в предела 78 - 85°, а их длина определяется из условия $l=0,8h\,\mathrm{tg}\beta$.

По результатам исследований можно сделать выводы, что устойчивость грунтоармированного массива зависит от выбранной длины армирующих элементов, однако большая длина армолент не является показателем устойчивости, т.к. происходит их прогиб, продавливание или растяжение, из-за чего подпорное сооружение теряет свою устойчивость. Армоленты всегда должны находится в напряжении. Исследования показали, что наклонные армоленты значительно повышают устойчивость грунтоармированного массива и уменьшают его объем. Сравнение экспериментальных результатов с усовершенствованной нами программой для ЭВМ составляет 3-5% [5].

Литература:

1. Патент №2444589 «Грунтоармированное сооружение и способ его возведения», заявка №2010131312, опубликована 10марта 2012г.
2. Приходько А.П. Усиление оснований и фундаментов малоэтажных комплексов на техногенных грунтах. – Волгоград ВолгГАСУ, 2009. – с.192-193.
3. Кашарина Т.П. Методы обоснования работы грунтоармированных элементов конструкций с применением композитных материалов/ Т.П. Кашарина, А.П. Приходько, - Волгоград. ВолгГАСУ, 2010.
4. Кашарина Т.П. Обоснование параметров элементов грунтоармированной насыпи с применением композитных (полимерных) материалов/ Т.П. Кашарина, А.П. Приходько, - Волгоград. Вестник ВолгГАСУ, 2011, № 22(44).
5. «Расчет грунтоармированного основания» свидетельство гос. регистрации программы для ЭВМ №2010616390, опубл. 24.09.2010г.

Обласова И.Н.
доцент, к.ф.м.н., СКФУ
Ширяева Н.В.
доцент, к.п.н., СКФУ
Агаханова Я.С.
к.ф.м.н., МФТИ

АКТУАЛЬНОСТЬ ПРИМЕНЕНИЯ ИНТЕГРАЛА РИМАНА—СТИЛТЬЕСА В МОДЕЛИРОВАНИИ СИНГУЛЯРНО ЗАКРЕПЛЕННОЙ КОНСОЛИ

Важнейшим источником математических трудностей, возникающих при анализе естественных задач физики и техники, является опора на стандартное понятие интеграла. Большинство законов физики, описанных в XVIII и XIX вв. опиралось фактически на определение интеграла Римана. Определение такого интеграла

$$\int_a^b f(x)dx$$

основано на предположении о том, что в используемой для параметризации области — промежутке *[a, b]* $\in R$, ни параметризуемый объект, ни функция *f(x)* не имеют особенностей и аномалий. Расширение в начале XX в. понятия интеграла, сделанное Лебегом, с точки зрения математического моделирования реальных ситуаций оказалось по существу недостаточно эффективным, т. к. например, интеграл Лебега напрямую не может быть использован для интегрирования производной от кусочно гладкой функции. Наиболее полноценный в этом плане интеграл Стилтьеса, допускающий существенные неоднородности в параметризации (возникающие, например, при сращивании разных одномерных систем), для математического моделирования начал использоваться с задержкой на полвека, за это заставив математиков основательно погрязнуть в трудностях обобщенных (по Шварцу-Соболеву) функций.

Пусть на отрезке *[a, b]* задана монотонно возрастающая функция $\alpha(x)$. Обозначим через $\tau = \{x_0, x_1, \ldots, x_n\}$ разбиение отрезка *[a, b]*, т. е. $a = x_0 < x_1 < x_2 < \ldots < x_{n-1} < x_n = b$. Положим $\Delta\alpha_i = \alpha(x_i) - \alpha(x_{i-1})$. Ясно, что $\Delta\alpha_i \geq 0$. Пусть *f* — ограниченная на *[a, b]* функция. Каждому разбиению τ отрезка *[a, b]* поставим в соответствие числа

$$S(\tau, f, a) = \sum_{i=1}^{n} M_i \Delta\alpha_i, \quad s(\tau, f, a) = \sum_{i=1}^{n} m_i \Delta\alpha_i$$

где

$$M_i = \sup_{[x_{i-1}, x_i]} f(x), \quad m_i = \inf_{[x_{i-1}, x_i]} f(x).$$

Положим

$$\overline{\int} f d\alpha \stackrel{def}{=} \inf S(\tau, f, a) \qquad (1)$$

$$\underline{\int} f d\alpha \stackrel{def}{=} \sup s(\tau, f, a) \qquad (2)$$

где верхняя и нижняя грани берутся по всем разбиениям τ отрезка *[a, b]*. Левые части равенств (1) и (2) называются соответственно верхним и нижним интегралами Римана-Стилтьеса от функции *f* по отрезку *[a, b]*. Заметим, что верхний и нижний интегралы определены для любой ограниченной функции *f*. Если левые части равенств (1) и (2) равны между собой, то их общее значение обозначается через

$$\int_a^b f d\alpha \qquad (3)$$

или через $\int_a^b f(x) d\alpha(x)$ и называется интегралом Римана-Стилтьеса (или просто Стилтьеса) от функции *f* по отрезку *[a, b]*. Если интеграл (3) существует, то говорят, что *f* интегрируема относительно α в смысле Римана-Стилтьеса и пишут $f \in RS(\alpha)$. Заметим, что при $\alpha(x) = x$, получается определение привычного интеграла Римана, т. е. интеграл Римана является частным случаем интеграла Римана-Стилтьеса.

Особенности интеграла Стилтьеса

Приведем достаточные условия существования интеграла Римана-Стилтьеса и его главные свойства (из [3,278; 2,118]).

Теорема (Стилтьес-Рисс). *Если функция f непрерывна на [a,b], α — имеет ограниченную на [a, b] вариацию, то интеграл Римана-Стилтьеса от функции f по α существует.*

Теорема. *Пусть α — не убывает на [a, b]. Тогда:*

(a) Если $f_1 \in RS(\alpha)$ и $f_2 \in RS(\alpha)$, то $f_1 + f_2 \in RS(\alpha)$, $cf \in RS(\alpha)$, какова бы ни была константа c, и

$$\int_a^b (f_1 + f_2) d\alpha = \int_a^b f_1 d\alpha + \int_a^b f_2 d\alpha, \int_a^b cf d\alpha = c \int_a^b f d\alpha.$$

(b) Если $f_1(x) \le f_2(x)$ на [a, b], то $\int_a^b f_1 d\alpha \le \int_a^b f_2 d\alpha$,

(c) Если $f \in RS(\alpha)$ на [a, b], и если $a < c < b$, то $f \in RS(\alpha)$ на [a, c] и на [c,b] и $\int_a^c f d\alpha + \int_c^b f d\alpha = \int_a^b f d\alpha$.

Обратное, вообще говоря, неверно, т.е. из существования интегралов $\int_a^c f d\alpha$ и $\int_c^b f d\alpha$ не следует существование интеграла $\int_a^b f d\alpha$.

(d) Если $f \in RS(\alpha_1)$ и $f \in RS(\alpha_2)$, то $f \in RS(\alpha_1 + \alpha_2)$ и $\int\limits_a^b f d(\alpha_1 + \alpha_2) = \int\limits_a^b f d\alpha_1 + \int\limits_a^b f d\alpha_2$

(e) Если $f \in RS(c\,\alpha)$ и c — положительное число, то $f \in RS(c\,\alpha)$ и $\int\limits_a^b f d(c\alpha) = c\int\limits_a^b f d\alpha$.

Теорема. Если $f \in RS(\alpha)$ и $g \in RS(\alpha)$ на $[a, b]$, то
(a) $fg \in RS(\alpha)$
(b) $|f| \in RS(\alpha)$ и $\left|\int\limits_a^b f d\alpha\right| \le \int\limits_a^b |f|\, d\alpha$.

Интеграл Римана-Стилтьеса можно вводить и другими способами, например, через интегральные суммы (см., например, [2,127]).

Полные доказательства следующих теорем можно найти в [2,134; 1,315].

Теорема. Если функция $f(x)$ непрерывна на $[a, b]$, а $g(x)$ является функцией ограниченной вариации на $[a, b]$, то

$$\left|\int\limits_a^b f dg\right| \le \max_{[a,b]} |f(x)| V_a^b(g)$$

Теорема. Пусть f и α - функции ограниченной вариации на $[a, b]$, кроме того, функция f непрерывна. Тогда

$$\int\limits_a^b f d\alpha = f(b)\alpha(b) - f(a)\alpha(a) - \int\limits_a^b \alpha df.$$

Теорема. Если f непрерывна, а α монотонно возрастает на $[a,b]$, то существует такая точка ξ, принадлежащая отрезку $[a,b]$, что

$$\int\limits_a^b f d\alpha = f(\xi)(\alpha(b) - \alpha(a)).$$

Теорема. Пусть функция f монотонна, а α — непрерывная функция ограниченной вариации. Тогда существует точка $\xi \in [a, b]$ такая, что

$$\int\limits_a^b f d\alpha = f(a)(\alpha(\xi) - \alpha(a)) + f(b)(\alpha(b) - \alpha(\xi)).$$

Следующая теорема устанавливает достаточные условия возможности предельного перехода под знаком интеграла

Теорема Э. Хелли. Пусть на отрезке $[a, b]$ заданы непрерывная функция $f(x)$ и последовательность функций $\{g_n(x)\}$, которая при каждом x из отрезка $[a, b]$ сходится к конечной функции $g(x)$, причем вариации функций $g_n(x)$ ограничена в совокупности $V_a^b(g_n) \le K < +\infty$, то

$$\lim_{n\to\infty}\int_a^b f\,dg_n = \int_a^b f\,dg.$$

Теорема Хелли, имеющая и самостоятельное важное значение, позволяет сводить вопрос о вычисление интеграла $\int_a^b f\,dg$. (где функция *f(x)* непрерывна, а *g(x)* является функцией ограниченной вариации) к случаю, когда и *g(x)* непрерывна, а именно справедлива теорема

Теорема. *Если функция f(x) непрерывна на [a,b], а функция g(x) является функцией ограниченной вариации на [a,b], то*

$$\int_a^b f\,dg = \int_a^b f\,dg_0 + f(a)(g(a+0)-g(a)) +$$
$$+ \sum_{\xi\in S(g)\setminus(a\cup b)} f(\xi)(g(\xi+0)-g(\xi-0)) + f(b)(g(b)-g(b-0)),$$

где S(g) — множество точек разрыва функции g(x)

В нашем исследовании по созданию математической модели сингулярно закрепленной консоли, в виде интегро-дифференциального уравнения

$$(pu'')'(x) + \int_0^x u\,dQ = F(x) - F(0) - (pu'')'(0),$$

моделирующего деформацию (под воздействием внешней нагрузки) нерегулярной консоли, мы опирались на соображения ранее использовавшиеся для стилтьесовской струны и на интеграл Стилтьеса.

Литература

1. Колмогоров, А.Н. Элементы теории функций и функционального анализа / А.Н. Колмогоров, С.В. Фомин. - М.: Наука, 1981. - 543 с.
2. Натансон, И.П. Теория функций вещественной переменной / И.П. Натансон. - М.: Наука, 1974. - 480 с.
3. Рисс, Ф. Лекции по функциональному анализу / Ф. Рисс, Б. Секефальди-Надь. - М.: Мир, 1978. - 587 с.

Сагирян И.Г.
доцент, кандидат филологических наук, Донской государственный технический университет
sagiryan@yandex.ru

СВОБОДНОЕ ПРИСОЕДИНЕНИЕ КАК СПОСОБ СВЯЗИ ВСТАВНОЙ РЕМАРКИ С ВКЛЮЧАЮЩИМ КОНТЕКСТОМ

В ряде лингвистических исследований последних лет прослеживается явный интерес ученых к вопросам, которые относятся к выявлению критериев вычленения тех или иных синтаксических единиц из структуры текста, их связь с включающим контекстом, графическое оформление и т.д. К их числу относятся работы З.Н. Бакаловой, В.П. Малащенко, Г.Г. Инфантовой и др. В этой связи примечательно изучение вставок (вставных ремарок) в художественном тексте. Ремарка (франц. remarque) – это, с одной стороны, замечание автора текста (книги, рукописи, письма), уточняющее или дополняющее какие-либо детали. С другой, - пояснение, указание драматурга для читателя, постановщика и актера в тексте пьесы.

Ремарка по структуре и семантике сближается со вставкой, выступает как элемент осложнения и включается в текст, разрывая его логико-грамматическую структуру, но при этом обнаруживает тесную семантическую и тематическую связь с включающим контекстом. Ремарка – описание действия, прямое вмешательство автора в собственный текст, комментирование действия и внесение дополнительного смысла. Принято считать, что ремарка приводит к разрушению линии повествования. В прозе, напротив, ремарка скрепляет действие, приводит его в движение за счет изменения ситуации.

В отдельных лингвистических исследованиях вставные конструкции разного рода отождествляются с присоединительными. В определенной мере это справедливо, потому что, как показывают наблюдения, присоединение является одним из средств связи вставной ремарки с включающим контекстом. Присоединение, которое квалифицируется как связь, наслаивающаяся на сочинение и подчинение, приобретает дополнительные синтаксические отношения и осуществляется по принципу добавления. «При добавлении модусные или логические пропозиции, комментирующий характер которых обусловливается отсутствием или разрывом формально выраженных синтаксических связей их языкового состава с составом пропозиции основной единицы информации в высказывании, т.е. отсутствием логической пропозиции между различными единицами информации» [4, 250].

Предположим, в творчестве М. Булгакова имеются произведения драматургического плана, которые заведомо писались исключительно для чтения и не предполагались для театральной постановки. Это «Ревизор» с вышибанием», «Кулак бухгалтера», «Сильнодействующее средство», «Пожар», «По телефону», «Неунывающие бодистки», «Сотрудник с массой, или свинство по профессиональной линии». Кроме этого, существуют прозаические произведения, содержащие эпизоды, по структуре напоминающие элементы пьесы: «Радио-Петя», «Псалом», «Брачная катастрофа», «Мадмазель Жанна», дневник доктора Борменталя из повести «Собачье сердце», дневник доктора Полякова из «Морфия».

Опираясь на терминологию Гальперина И.Р., заметим, что дуализм включающего контекста и ремарки основан на том факте, что включающий контекст несет в себе содержательно-фактуальную информацию, т.е. содержит сообщение о фактах, событиях, процессах происходящих, которые будут иметь место в окружающем нас мире, действительном или воображаемом. А в ремарке хранится содержательно-концептуальная информация, которая сообщает читателю индивидуально-авторское понимание отношений между явлениями, описанными средствами содержательно-фактуальной информации. Содержательно-концептуальная информация – это замысел автора плюс его содержательная интерпретация.

Основной вид связи, посредством которой М. Булгаков вводит вставные ремарки в контекст, - это бессоюзная присоединительная связь, осуществляемая интонационными средствами, без участия союзов. Приоритет в выборе связи объясняется тем, что на основе бессоюзного присоединения автор может наиболее оптимально ввести в контекст вставной компонент, т.е. нарушив синтагматическую структуру высказывания, сохранить ее семантическую целостность.

Вставные ремарки используются М. Булгаковым как специфический способ подачи мысли, как особый прием авторского комментирования текста. Намеренная изоляция ремарки (интонационная в произношении и графическая на письме) приводит к появлению у нее дополнительной пояснительно-уточняющей функции, способствующей развитию повествования. Например:

С лестницы вниз:
 - Писем мне, Федор, не было?
 Снизу на лестницу почтительно:
 *- Никак нет, Филипп Филиппович **(интимно вполголоса вдогонку)**, - а в третью жилтоварищей вселили.*

Местоположение вставных ремарок, интонационная и графическая изоляция уточняют семантическую интерпретацию их синтаксической функции в пределах включающего контекста таким образом, что семантика присоединения преобразуется в семантику комментирования, уточнения, пояснения. Вставная ремарка, таким образом, приобретает признаки бессоюзного предложения.

При отсутствии формально выраженных средств связи существенное значение в структуре предложения, включающего вставку, приобретает интонация: понижение тона в конце первой части конструкции и длительная пауза, которая на письме обозначается либо красной строкой, либо скобками. Интонация в данном случае служит выражению модальных значений между структурными частями предложения. «Интонация завершенности, <характерная для последней предикативной части сложного целого,> является необходимым условием восприятия этих рядоположенных частей как единого коммуникативного целого и, следовательно, совместно с его ритмико-интонационным рисунком и тональным членением выступает как средство связи данных частей и активизации синтаксических отношений между ними» [2, 30].

Отделенная паузой часть конструкции синтаксически может быть связана с включающим контекстом по одному из типов связи в словосочетании. Особенность заключается в том, что вставная ремарка включается в контекст по принципу свободного введения конструкции. «Свободное введение конструкции, как утверждает В.П. Малащенко, – это такой вид синтаксической связи между конструкцией и предложением, когда относительно самостоятельная, свободная конструкция синтаксически тяготеет к предикативному ядру предложения, поясняет все высказывание и относится к предложению в целом» [3, 270].

Таким образом, можно сделать вывод о том, что использование вставной ремарки в прозаическом тексте представляет собой оригинальный элемент индивидуальной творческой мастерской писателя. В стилистике автора ремарки, безусловно, играют яркую экстралингвистическую роль. Лингвистический анализ показал, что ремарки, функционируя в тексте на основе единственно возможной бессоюзной присоединительной связи, вполне гармонично вплетаются в канву повествования. При этом они расширяют свои функциональные возможности, выходя на уровень текстообразования.

Литература
1. Гальперин И.Р. Текст как объект лингвистического исследования. – М., 1981
2. Малащенко В.П. К вопросу о характере связи бессоюзных сочетаний предложений// Известия Ростовского гос-ого пед-ого унив-та: Сб. науч. тр. – Ростов н/Д., 1998. – Вып. 1: Филология.
3. Малащенко В.П. Слово в синтаксисе: Избранные труды. – Ростов н/Д, 2004.
4. Манаенко Г.Н. Отображение деятельности говорящего в семантике осложненного предложения// Русский язык: исторические судьбы и современность: III Междунар. конгресс исследователей русского языка, 20 – 23 марта, 2007.

Кунилова И.А.
студентка третьего курса направления лингвистика, УрФУ им. первого Президента России Б.Н. Ельцина, Екатеринбург
Вершинина Т.С.
кандидат филологических наук, доцент кафедры Лингвистики и профессиональной коммуникации на иностранных языках, УрФУ им. первого Президента России Б.Н. Ельцина, Екатеринбург

ЯЗЫКОВЫЕ СРЕДСТВА ВНУТРИКОРПОРАТИВНОЙ КОММУНИКАЦИИ

Человечество вступило в информационный век, в котором коммуникации становятся более значимыми во многих сферах жизни. Получатель информации выходит на активные позиции: лауреат Нобелевской премии К. Гэлбрейт сказал об этом изменении, что человек хочет быть услышанным [1,12]. Значительную часть своей жизни человек проводит на работе, что определяет *цель исследования* – изучение внутренних коммуникаций организации. В рамках работы выдвинута следующая *гипотеза* – внутренние коммуникации в организации могут способствовать созданию вовлеченности сотрудников в ее работу и формированию благоприятного информационного климата.

Внутрикорпоративная пресса отражает все процессы, происходящие в организации, и является важным каналом информирования [2]. Для анализа данной проблематики были выбраны текстовые материалы новостной ленты одной из организаций, которая уделяет особое внимание коммуникациям и входит в сотню лучших работодателей. Таким образом, материалы исследования дают возможность выявить наличие или отсутствие связи успеха компании и внутренних коммуникаций.

В качестве метода исследования был выбран количественно-качественный метод контент-анализа. Материалы были разделены по темам: обучение, поздравления, достижения, текущие новости, инновации (3475 слов). В качестве параметров исследования были выбраны: отрицательно окрашенная лексика; положительно окрашенная лексика; специфическая лексика; упоминания о названии компании; числовые данные; лексические усилители; перечисления; адресность; персонализация; яркость речи. Исследование затронуло различные аспекты: воздействие (оценочность, числовые данные, усиление); присоединение (персонализация, адресность, упоминание о компании) и выразительность речи (яркость, перечисления, специфическая лексика) [3]. По каждой теме были подведены итоги, а также отмечены общие тенденции, характерные для всех представленных в материалах тем.

Наиболее часто используется положительно окрашенная лексика (147 раз), представленная в виде глаголов *(приумножить, увеличили)*;

существительных, содержащих положительную коннотацию, *(обновления, старт, праздник)*; прилагательных *(чудесный, ведущий, актуальный)* и наречий *(полностью, активно)* [4]. Слова этой группы привлекают читателей, воздействуют на эмоции и создают положительный настрой.

Следующими по частотности использования являются лексические усилители (89 употреблений), которые привлекают внимание читателей к другим более крупным смысловым единицам текста. Кроме собственно частиц *(уже, еще)* в текстах используются местоимения *(любой, весь)*, выполняющие их функции, и наречия *(очень, проще, полностью)*.

Ряды однородных членов используются также активно (90 раз). Они, хотя и относятся к синтаксису, выполняют ряд важных смысловых функций: перечисление *(выпускники и студенты)*, конкретизация *(простое и наглядное)*, выразительность *(зимний, снежный и холодный)* [5]. Использование рядов однородных членов делает текст более полным, точным и, в некоторых случаях, облегчает его для понимания.

Название компании и продукции фигурирует практически во всех темах (79 употреблений). Кроме названия компании, которое встречается в сочетании с существительными (*девушки, мужчины «Компании»*), с названиями других организаций (*Компания и УрФУ*), используется и производное от названия компании, обозначающее сотрудников *(слова на –овц-ы)*, которое указывает на вовлеченность сотрудников в работу организации, создает чувство единения с ней, а также указывает на важность сотрудников для компании.

Следующий показатель – персонализация (61 раз). Местоимения подчеркивают, насколько важна принадлежность, указывают на читателей, что создает ощущение диалога. Наиболее часто используется местоимение «свой»: *своя компания, своим знакомым и друзьям*. Это означает: нечто составляет чье-либо достояние – это сужает круг выбора, подчеркивает исключительность того, кто (что) входит в него.

Специализированная лексика, соответствующая сфере деятельности организации, (59 употреблений), также используется почти во всех текстах. Можно отметить, что сообщать что-либо о компании, исключая лексику, терминологию, которая ей соответствует, практически невозможно, поэтому слова этой группы часто появляются в текстах *(релиз, дайджест, сервер)*.

Слова, соответствующие остальным критериям, активно используются только в определенных темах и служат для различных целей: обращения (приглашения, призыв); числовые данные (точная информация или воздействие на читателей через средние показатели), а также средства выразительности, которые присутствуют в текстах всех тем в небольшом количестве, чтобы «разбавить» сдержанный текст.

Все средства, в том числе и слова, воздействующие на читателей (с помощью положительной оценки, усиления), создают единый стиль высказывания, способствующий формированию положительного настроя на работу. Упоминания о компании, повышенный уровень персонализации и обращения создают ощущение причастности к организации.

Коммуникации вышли на первый план во многих сферах жизни и являются залогом не только личных, но и профессиональных успехов [6,62]. Построение сети эффективных коммуникаций является важной и одновременно трудной задачей для организаций, поэтому в ходе исследования была предпринята попытка изучить коммуникации с точки зрения более мелких составляющих процесса коммуникации, слов.

Анализ показал, что языковые средства внутрикорпоративной прессы формируют определенный положительный настрой, ощущение общей радости за достижения организации; создают благоприятный климат и активизирует чувство единения с организацией, вовлеченность в ее работу и события, происходящие в ней.

На сегодняшний день не все компании уделяют должное внимание коммуникациям, поэтому главное значение результатов описанного исследования – наглядно показать значимость каналов информирования в компаниях и способствовать их формированию в организациях. Полученные выводы доказывают, что при создании текста, адресованного сотрудникам, необходимо учитывать такие критерии, которые позволят выполнить не только функцию информирования, но и обеспечить благоприятную обратную связь. Разработка на основе полученных рекомендаций по формированию текстовых массивов и требований к их контенту может иметь практическое значение для создания благоприятного рабочего климата в организациях.

Литература

1. Почепцов Г.Г. "Теория коммуникации" [электронный ресурс] // Учебная литература. Режим доступа: http://www.nir.ru/socio/articles/poch.htm (дата обращения 10.10.13)

2. Несмеева А.: "Что такое внутренние коммуникации?" [электронный ресурс] // Статья. Режим доступа: http://www.inside-pr.ru/communication/article/74-2008-12-15-15-26-36.html (дата обращения 16.10.13)

3. Кара-Мурза С. Г. "Манипуляция сознанием" [электронный ресурс] // Учебная литература. Режим доступа: http://www.kara-murza.ru/books/manipul/manipul_content.htm (дата обращения 08.10.13)

4. Ожегов С.И., Шведова Н.Ю. Толковый словарь русского языка – 4-е изд., дополненное, -М.:Азбуковник, 1999-944 стр.

5. Голуб И.Б.: Стилистика русского языка: Учебное пособие. – Москва: Рольф; Айрис-пресс, 1997. – 448 с

6. Василик М.А.: Основы теории коммуникации: Учебник. – М.: Гардарики, 2003. – 615 с.:ил.

Фатыхова М.Х.
к.филол.н, асс. института массовых коммуникаций и социальных наук Казанского (Приволжского) федерального университета

КУЛЬТУРНО-ПРОСВЕТИТЕЛЬСКИЕ ПРОГРАММЫ ТЕЛЕВИДЕНИЯ В МЕДИАПРОСТРАНСТВЕ РЕГИОНА

В конце XX – начале XXI века приоритетным направлением деятельности телевизионных каналов в регионах Российской Федерации становится национальное вещание на родном языке, как один из факторов развития информационно-культурного пространства. Наглядным примером можно назвать создание спутникого канала «Татарстан - Новый век», «Татарстан-Планета» в нашей республике, а также Башкирское спутниковое телевидение в Башкортостане.

ТНВ вещает на двух государственных языках – татарском и русском и представляет зрителям канала полный спектр телепрограмм – от новостей, общественно-политических программ до телесериалов, игровых ток-шоу, прямых трансляций спортивных матчей и зрелищных мероприятий. Но главный стержень телеканала – это культурно-просветительские программы, которые и «помогают» выполнять основную миссию ТНВ.

Все культурно-просветительские программы ТНВ, имеют одну общую цель – формирование и сохранение культурных ценностей общества, и, во-вторых, свое конкретное тематическое направление. На телеканале ТНВ всего двенадцать программ, выполняющих культурно-просветительскую функцию. Жители различных, даже самых отдаленных регионов Росси имеют возможность встретиться на экране с политическими деятелями, выдающимися актерами, художниками; побывать на спектаклях театральных коллективов, в известных музеях; ознакомиться с жизнью своих соотечественников; а также насладиться поэзией выдающихся писателей; слушать свои любимые песни; смотреть сериалы и мультфильмы, переведённые студией дубляжа на татарский язык, лучшие образцы зарубежного и отечественного кинематографа и т.д.

Учитывая, то, что основной миссией ТНВ является приобщение всех татар к своей исторической родине, в первую очередь, нужно отметить те передачи, которые направлены на возрождение национального самосознания и национальной культуры. Это программы "Татарлар" («Татары»), «Халкым минем» («Мой народ»), «Мәдәният дөньясында» («В мире культуры»).

Исторически сложилось так, что представители татарской нации проживают и в Европе, и в Азии, и в Америке, и в Австралии. И где бы они ни проживали, они везде и всегда стараются сохранить свою уникальную культуру, передавать ее новому поколению.

Программа «Татарлар» – это еженедельная программа, знакомящая зрителей с событиями своего народа. Новости татарских диаспор, презентации новых книг, история жизни общественных, литературных, культурных деятелей, анализ национальной политики России, подробное освещение национальных праздников и мероприятий таких, как Сабантуй, фестивали татарской песни, чемпионаты по татарской борьбе «көрәш»- программа рассказывает обо всех культурно-политических событиях, происходящих в масштабах страны и мира, основной акцент делая на интересах татарского народа. Цель программы «Татарлар» - рассказать об их проблемах, показать зрителям канала «Татарстан - Новый Век» их жизнь, осветить проблемы, волнующие их, тем самым, проработав идею, что татары - единый народ с единым прошлым и богатой культурой. «Татарлар» - это главная программа о жизни нации». Есть отдельные выпуски с приглашением гостя в студию. Корреспонденты, которые являются и ведущими передачи почти каждый день знакомят телезрителей с обычными и необычными соотечественниками, живущими например в Турции, в Австралии.

А передача «Халкым минем...» рассказывает о том, как живется тем, кто родился и вырос вдалеке от своей исторической родины. Это очерки из татарской жизни. Кто они, выходцы из татарского народа, люди, сделавшие себя сами, нашедшие свое истинное призвание, настоящие личности - гордость нации? Ведущая программы Ляйсана Садретдинова знакомит телезрителя со своими татарскими героями, сохранившими традиции и культуру своего народа, несмотря на километры расстояния, отделяющие их от родины. В качестве героев в программах участвуют мыслящие, активные люди, которые собственным примером, судьбой, поступками, личностной позицией формируют на основе общечеловеческих ценностей новые ориентиры и возрождают лучшее в традициях национальной татарской культуры. Чаще всего автор, освещая героя, рассказывает его семье, об их традициях и т.д. К примеру, семья Замалетдиновых, проживающая в республике Чувашия в деревне Комсомол. В этой республике семь татарских деревень и семья Замалетдиновых собрала всю их историю, создала книгу про свой народ в Чувашии. Глава семьи Фарид выпускает свою газету «Нурлы Иман», где освещаются так же новости и события татарской жизни. Ни это ли пример для подражания? Когда человек делает все, чтобы сохранить традиции и дух своего народа.

Программа готовится при поддержке Всемирного Конгресса Татар трудом всего лишь одного журналиста. Язык программы доступен и понятен каждому, речь автора красивая, наполненная стихами, «крылатыми» высказываниями, словами, которые передают всю мелодичность татарского языка.

Обращает на себя внимание музыкальное и визуальное решение программы. Она имеет музыкальную заставку – татарскую мелодию, исполненную на курае. Кроме того, на протяжении всей программы фоном звучат татарские народные песни «Туган ил», «Туган тел», «Туган авыл» и др. Внимание к музыкальной стороне говорит о понимании автором того большого значения, которое музыка имеет в телепрограмме, усиливая воздействие и эмоциональность визуальных и вербальных средств. Народная песня для человека, живущего вдали от родины, приобретает особый, символический смысл.

«Мәдәният дөньясында» - это воскресная программа о культуре в жанре ток-шоу. В прямом эфире Гузель Сагитова ведет разговор на актуальные темы: развитие культуры в Татарстане, духовные ценности наших соотечественников, культурный потенциал республики в целом.

Гости студии - известные писатели, музыканты, деятели культуры и искусства, представители министерств и ведомств. Они – герои обсуждаемой темы или проблемы. Главной особенностью программы является ее интерактивность. Зрители, дозвонившись на прямой эфир, могут высказать свое мнение, сделать свои предложения по поводу обсуждаемой проблемы.

В одном из выпусков говорили о присуждении Государственной премии имени Габдуллы Тукая. В качестве гостей были приглашены деятели татарской культуры. Кто достоин этой премии? Так звучал главный вопрос. Было много обсуждений и зрители имели возможность звонить на студию и выражать свое мнение. Интерактивность программы, т. е. прямая связь со зрителем, делает ее более интересной и доступной. Звонки зрителей – это подтверждение того, что люди не безразличны к событиям, происходящим в мире культуры.

Передача «В мире культуры» - воскресный телеканал о культуре, которая готовится на русском языке. Она отличается оригинальностью и не является дубляжом татароязычной программы.

В 2012 году на телеканале открыли новый проект – «Аулак өй». Это развлекательно-культурная передача, рассказывающая о традициях разных народов. Истории народных игр, преданий, песен, танцев – все это освещает новая программа. Ансамбли, известные певцы, артисты демонстрируют их прямо на студии. Свое мнение по поводу исторических фактов высказывают специалисты, приглашенные на студию.

Вторыми по важности, на наш взгляд, на региональном телеканале являются программы, нацеленные на духовное развитие человека и сохранение им религиозных ценностей. Среди нас много верующих людей, верующих и верящих в Бога. И ТНВ, учитывая интересы своих зрителей, являющихся представителями разных национальностей и исповедующих разные религии, создаёт программы об исламе и христианстве.

Число мусульман на планете Земля растет с каждым годом. Растет и число вопросов об Исламе. Сегодня можно говорить о том, что религия, которую принес последний пророк, переживает второе рождение. Каждое пятничное утро имамы татарстанских мечетей ведут беседу о нравственности и морали в программе «Җомга вәгазе» («Пятничная проповедь»). Они отвечают на вопросы телезрителей относительно канонов Ислама и обычных жизненных ситуаций. Как не запутаться в этом сложном мире? Как не оступиться и сделать выбор, о котором вы не будете сожалеть? Имамы помогают телезрителям распутать их жизненные «клубки», правильно понять предписания ислама и верно по ним жить.

Подобную направленность имеет русскоязычная программа «Актуальный ислам», выходящая в эфир каждую, святую для мусульман, пятницу. Она помогает зрителям правильно воспринимать те или иные ситуации, которые случаются в нашей обыденной жизни. Председатель Совета улемов Духовного управления мусульман республики Татарстан Рустам Батыр рассказывает о месте Корана в нашем веке, о правильном понимании этой священной книги.

Откуда возник Ислам? Что он значит для многих людей? Познавательная, просветительская программа об истории и канонах Ислама «Нәсыйхәт» («Совет») дает ответы на эти вопросы.

История религий и религиозных направлений невероятно интересна. На сегодня известно множество мировых религий. И среди них первое место занимает христианство. Отсутствие передач, посвященных христианским ценностям, было бы большим недостатком для телеканала, работающего в культурно-просветительском направлении. На ТНВ такой передачей является «Путь». Это цикл православных передач о духовности и вере. Её ведущая Вера Гаранина – талантливый журналист, создатель программ об истории, культуре, цикла краеведческих проектов на ТНВ – рассказывает о пути к гармонии с собой и окружающим миром через духовное совершенствование, об особенностях и тонкостях православного христианства.

Ещё одна программа – это цикл «Реквизиты былой суеты» в основе которого лежит краеведческий материал и письменные хроники. Герои программы - известные люди своего времени, которые так или иначе были связаны с Казанью. Некоторые передачи посвящены рассказу о предметах - музейных раритетах, которые найдены в запасниках музеев или на чердаках старых домов. Вряд ли каждый может найти свободное время в своем забитом графике, чтобы посетить один из музеев города, с целью узнать что-то большее о своем историческом прошлом. Программа дает нам возможность, не отходя от экрана телевизора, побывать в музеях, на выставках, в исторически важных местах республики. В одном из выпусков автор программы Вера Гаранина ознакомила зрителей с творчеством и работами одного из известнейших русских художников -

мастеров реалистической пейзажной живописи И. И. Шишкина, творчество которого сыграло заметную роль в развитии культуры и искусства России.

Республика Татарстан на протяжении многих лет славится своими выдающимися писателями и поэтами, воспевшими в своих произведениях красоту природы своего края, передавшими состояние любви и человеческую страсть, чувства разлуки и одиночества, свои переживания и т.д. И ТНВ в своей сетке вещания не может не уделить место литературе. «Ач, шигърият, серләреңне...» («Открой, поэзия, свои секреты...») - это стихотворный цикл на телеканале, еженедельно дающий возможность насладиться творчеством татарских поэтов: как классиков, так и современников.

Книга для татарина – настоящая святыня. Не зря татарский народ считался в Российской империи просвещенной и начитанной нацией. Встретить, не умеющего читать татарина – в то время было большой редкостью. Через книги наш народ передавал свои традиции, знания, опыт новым поколениям. Сегодня татарская книга переживает не лучшие свои времена. Цель программы «Китап» («Книга») – популяризация национальной литературы. Ведущий проекта - народный поэт Татарстана Роберт Миннуллин - вместе со своими гостями ведет беседу о разных книгах: от произведений раннего средневековья до современных постмодернистских романов.

Где бы ни жили татары, они неразлучны с музыкой. Они не забывают родных мелодий, более того, живя в других странах, перенимая культуру других народов, обогащают родную музыкальную культуру. На ТНВ реализован целый спектр музыкальных программ, главной миссией которых является не столько показ современного певческого искусства, сколько развитие и сохранение лучших традиций. Это программы «Жырлыйк эле», ретро-концерт «Оныта алмыйм», «Музыкаль каймак», «Кэеф ничек?», где звучат не только современные хиты, но и песни старых лет в исполнении заслуженных артистов республики, песни народов мира.

Одному из направлений музыки посвящена целая программа под названием «Джазовый перекресток». В программе «Джазовый перекресток» телезрители узнают не только историю возникновения и развития джазовой культуры, но и могут виртуально посетить джазовые фестивали, узнать новые имена в мире джаза, послушать знакомые, полюбившиеся джазовые коллективы.

Развитию культуры способствуют также телефильмы, документальные фильмы из фондов телевидения. Одной из форм сохранения и приумножения культурных традиций в обществе является трансляция на ТНВ праздников, концертов (например, «Весенние выкрутасы», «Созвездие-Йолдызлык» и др.). К примеру, народный татарский праздник Сабантуй, который отмечается не только в Татарстане, но и в других регионах. Он несет в себе традиции народа, его духовный колорит.

В целом ряде регионов Российской Федерации прошли отборочные туры Международного конкурса молодых исполнителей «Татар моңы - 2013». Не менее важно то, что телеканал ТНВ начал показ цикла программ, из которых телезрители узнают, как проходил конкурс в Кирове, Оренбурге, Чувашской Республике, Екатеринбурге, Новосибирске и Республике Башкортостан. Несколько сотен молодых татар и даже представители других национальностей приняли участие в конкурсе татарской песни. Мы узнаем, как живут наши соотечественники в разных регионах страны, какие татарские песни они поют и музыку каких татарских исполнителей слушают.

На сегодняшний день развитие регионального спутникового телевидения является одним из лучших способов сохранения культурных ценностей каждого из народов. Важнейшей функцией её является функция по сохранению и передаче культурных ценностей обществу.

Сохранение и приумножение российской культуры может быть решено через стимулирование духовно-культурных процессов в каждом отдельном регионе.

Лукина Н.П.
доктор философских наук, профессор кафедры гуманитарных проблем информатики философского факультета Национального Исследовательского Томского государственного университета

НАУКА В ИНФОРМАЦИОННОМ ОБЩЕСТВЕ: СОСТОЯНИЕ И ПЕРСПЕКТИВЫ ФИЛОСОФСКОГО АНАЛИЗА

В предлагаемой статье предпринята попытка философской рефлексии относительно познавательной специфики информационного общества.

Номинация информационного общества указывает на принцип, вокруг которого организовано данное социальное пространство – это информация, знания и наука. Информационное общество возникает там, где главным становится управление не материальными объектами, а символами, идеями, образами, интеллектом, и где большинство работающих занято производством, переработкой, хранением и использованием информации, особенно ее высшей формы – знания [3]. Признание ведущей роли знания, науки, информации в становлении современного общества и формирование новой познавательной ситуации получают легитимность при условии контроля над этими процессами, который, в свою очередь, определяется тем, насколько полно они изучены. Задачей философии с момента ее возникновения было исследование феноменов знания, познания, а позднее – науки. В основных смысловых контекстах, заданных философией и отражающих целостное бытие науки, ее принято понимать как:

- особый тип человеческой деятельности;
- социальный институт, репрезентированный научным сообществом;
- эпистемический продукт (совокупность знаний).

Интегральная характеристика современной науки задается через понятия «познавательной модели», «когнитивного образца», «образа науки».

Экспликация образа науки информационного общества предполагает также содержательный анализ существенных преобразований и в самой философии и методологии науки, исследовательский интерес которых смещается от собственно логико-методологического анализа науки к ее социальным и культурным основаниям. Современные представления о науке формируются не на интеллектуальной периферии, а на магистральных направлениях общефилософского рассмотрения мира и его познания, в рамках многофункционального знания, возникающего на перекрестке проблемных полей социологии и истории науки, эпистемологии, теории познания, социальной философии, когнитологии и имеют ярко выраженный синтетический и подчеркнуто дополнительный характер. Становление нового формата философии науки оформляется в комплексную междисциплинарную программу, ассимилирующую различные сферы философского, метанаучного и социального исследования с опорой на широкий социокультурный контекст рассмотрения оснований, генезиса, параметров научного знания и выяснения роли и перспектив науки в обществе [7, 9].

В настоящее время западная цивилизация приобретает все более отчетливый информационно-технологический характер. Познавательная ситуация в науке последних лет отличается избыточным предметным, информационно-когнитивным разнообразием и растущей потребностью в знаниях. Прорыв в информационных технологиях повлек за собой изменение методов познания и способов научной коммуникации. Существенно поменялись представления о способах приобретения, хранения, преобразования и воспроизведения информации, обнаружилась взаимозависимость вербальных, визуальных, аудиальных, кинестетических способов кодирования и репрезентации знаний. Трансформировались аксиологические основания науки и научной деятельности. В числе наукоцентрированных ценностей техногенной цивилизации в современной литературе называют:

- связь преобразовательной деятельности человека с наукой и научной рациональностью;
- доминирование научно-технического взгляда на мир природы и общества;
- установку на инновации и утилизацию научного знания со стороны государства и транснациональных корпораций [2].

Постмодернистская философия формирует свои представления о современной науке, выделяя в качестве существенных, следующие характеристики:

- Научное знание квалифицируется как особый вид информации, упорядоченной и общественно значимой;
- Четкая демаркация научного и ненаучного знания отсутствует, поскольку научный дискурс в чистом виде не представлен;
- Ориентация науки на междисциплинарные синтезы с целью целостного видения объекта исследования;
- Отказ от представления о безусловной ценности научного знания;
- Получение научного знания и его изменения связаны с семиотическими процедурами означивания и смыслообразования;
- Парадоксальность развития науки, проявляется в отказе от кумулятивистского и причинно-следственного характера получения научного знания;

- Нарративный характер научного знания.

В качестве одной из характеристик постмодернистского образа науки в литературе отмечаются также новые способы визуализации научного знания в ходе компьютеризации общества. Знания кодируются в компьютерных базах данных, всевозможных алгоритмических и наглядных формах, в технологических терминах «ноу-хау» [10, с.108].

Образ современной науки окрашивается в консьюмеристские тона, когда знания квалифицируются как природный ресурс, подобный воздуху или воде. Маркетизация познавательной деятельности угрожает статусу знания в классическом понимании, способствует размыванию его ценностных границ, связанных с понятием академической свободы, политической экономией досуга, исследованием сущности вещей вне прикладного контекста, возможностью тратить интеллектуальные ресурсы по своему усмотрению. Понятие науки как производства знаний утрачивает свой метафорический характер, поскольку знание производится как вещь среди других вещей, оно становится товаром, в свои права вступает экономика науки. Превращение науки в производительную силу общества ослабляет, если не сводит на нет ее этическую размерность. Установка на утилизацию оказывается доведенной до предела при переходе от информационного общества к обществам знания, в процессе которого появляются следующие качественные тенденции в развитии науки:

- технологическое применение фундаментальных наук;
- перенос индустриального развития в незападные страны;
- использование Интернета в экономике;
- превращение всемирной паутины в новую социальную реальность;
- соединение специализированного знания с неявным, автохтонным, традиционным знанием [1].

Новые тенденции в науке, связанные с экспансией информационных технологий, менеджмента знаний, с пониманием знания как общественного блага, основанного на понятиях интеллектуального капитала, интеллектуальных прав собственности, представления знания как продукта заказной науки, актуализируют роль экспертного знания. Информационное общество квалифицируется как общество, в котором во всех сферах жизни начинают доминировать экспертные системы. В этой связи возникает проблема специфики экспертного знания, отличия деятельности ученого и эксперта, нормативной базы функционирования экспертного сообщества [5]. Экспертное знание относится к разделу специальных знаний в научно-технической, социальной, политической сферах деятельности и оказывает влияние на принятие компетентных решений. Сообщество экспертов обладает статусом «осведомленного меньшинства», имеющего собственный дискурс, апробированную методологию, профессиональный набор приемов и норм деятельности, критическая рефлексия в отношении которых ослаблена или исключена. В рамках существующих форм экспертного знания, его применение не затрагивает когнитивного содержания научных проблем. Экспертные стратегии относятся к инструментам информационного менеджмента, обеспечивающего доступность не столько знания, сколько информации. Экспертные сообщества технократичны по своей сущности: из привилегированного меньшинства создается слой менеджеров, призванных принимать решения за все научное сообщество, в том числе в плане выбора направления научно-технического развития. Между основными нормами деятельности экспертного и научного сообщества возникает разрыв, связанный с ориентацией науки на свободное и широкое обсуждение актуальных проблем и контролем над информацией со стороны экспертов. Усиление роли экспертного сообщества подрывает идеал автономного знания, согласно которому, ученые сами решают, когда и в каком виде знания могут применяться как технология или идеология.

Зафиксированные изменения требуют пересмотра философских оснований функционирования науки в информационном обществе. Как проблему это рассматривают известные социальные теоретики. Немецкий философ Ю. Хабермас в работе «Познание и интерес» говорит о необходимости вспомнить, что знание формируется во имя социально значимых, общих интересов, лежащих в основании способов постижения реальности. Эти интересы конституируют и направляют как знания, так и процесс познания. К таким интересам он относит, во-первых, когнитивный интерес в получении информации, которая расширяет власть нашего технического контроля. Затем фиксируется практический интерес, реализуемый в интерпретациях, которые дают возможность ориентироваться в реальности, оставаясь в рамках общих традиций. И, наконец, эмансипационный интерес, который освобождает знание от давления объективных сил и искаженной коммуникации. Ю. Хабермас обращает наше внимание на то, что соблюдение этих интересов традиционно возлагалось на эпистемологию как раздел философии, занятой изучением и критикой знания. На протяжении последних двух веков, констатирует Ю. Хабермас, эпистемология как критика знания ставится под вопрос. Эпистемология ограничивается интересом к методологии и игнорирует значимость познающего субъекта, рефлексирующего по поводу своей деятельности [11]. Нельзя не согласиться и с американским социальным теоретиком О. Тоффлером, который в известной работе «Третья волна» говорит о том, что информационные технологии возникли как средства обеспечения максимального качества, доступности, оптимальности, полноты информации. Однако постоянно увеличивающийся объем информации, предоставляемой человеку компьютерными технологиями, входит в противоречие и с уровнем образованности огромной части населения планеты, и с социальными возможностями контроля и экспертизы над использованием информации в асоциальных целях, и с психологическими возможностями и масштабами социальной адаптации, переработки и использования этой информации отдельной личностью. В противоречие входят также большие объемы информации, транслируемые с помощью электронных технологий и заметное снижение рефлексивности, критической избирательности, необходимых для присутствия в информационном пространстве.

Актуализированная проблематика требует обсуждения сложившегося положения дел с привлечением методологического и теоретического инструментария, предлагаемого такими новыми междисциплинарными направлениями как компьютерная эпистемология и когнитология.

Термин «компьютерная эпистемология» принадлежит А.И. Ракитову. «Компьютерная революция,– считает он, - двояким образом детерминирует создание новых методов и новой проблематики в сфере эпистемологических исследований. Она, во-первых, инициирует новый взгляд на вопрос о возможности рассмотрения знаний как вполне объективной сложной системы, поддающейся четкому научному и в пределе математическому представлению, и, во-вторых, заставляет задуматься над тем, каким образом описанные и выявленные структуры знания могут быть…представлены и реализованы техническими устройствами» [8, с.80].

Понятие технологической цивилизации тесно связано с накопленными и актуализированными профессиональными знаниями. Отчужденные от индивидуального творца, эти знания объединены сегодня понятием «индустрии знания», что подчеркивает их формализованный и безличностный характер. Математизация, а затем компьютеризация науки оказалась решающим фактором в процессе отчуждения знания от их первичного носителя – ученого. Машиноподобное бытие знания приводит не просто к стандартизации разнообразных знаний и процессов мысли, но и к утрате ряда из них, к снижению индивидуального начала, затруднениям в передаче определенных форм мышления, например, философских и гуманитарных.

Неотрефлексированность и, как следствие, отождествление понятий информации и знания ведет к неверной трактовке базовых ценностей информационного общества. Противоречивость, анонимность информации, циркулирующей по коммуникационным каналам, дезориентирует личность и общество в целом. Уплотнение информационных потоков ведет к невозможности воспринять и усвоить информацию, лишает ее актуальности и ценности. Таким образом, доступность информации не позволяет сделать вывод о более широком распространении знания.

Уточнение вопроса о формировании образа науки информационного общества необходимо в направлении разграничения таких понятий как знание, данные и информация. Эта проблематика актуализируется в процессе компьютеризации науки, и ее рассмотрение лежит в области когнитологии, где знание и информация являются главным предметом исследования. В настоящее время складывается комплекс когнитивных наук, объединяемых по их интересу к проблемам организации, представления, обработки и использования знаний. Когнитологию отличает междисциплинарный подход к представлению знания с точки зрения его содержания, интерпретативной деятельности субъекта познания, социокультурной обусловленности его поведения. Когнитология объединяет единой проблематикой и сходными методологическими принципами целый ряд дисциплин: эпистемологию и методологию науки, антропологию, лингвистику, психологию, теорию искусственного интеллекта, теорию информации, нейрофизиологию. Ведущей методологией когнитивных наук является информационный подход, рассматривающий человека и его взаимодействие с миром с точки зрения соответствующих информационных процессов приобретения, преобразования, представления, хранения и воспроизведения информации. В техническом аспекте информационный подход разработан в рамках информатики. В пределах информатики как дисциплины о переработке информации при помощи компьютера, информация определяется функционально и системно. Информационный подход имеет здесь свою специфику, поскольку его аппарат разработан в теориях передачи данных и алгорифмов как основы для передачи данных (Г. Найквист, Н. Винер, К. Шенон, А.Н. Колмогоров). Познание в рамках информационного подхода определяется, как способность человека приобретать и перерабатывать информацию, получаемую из окружающей среды с опорой на внутренние познавательные ресурсы (внимание, воображение, память, мышление, восприятие) и с целью адаптации к реальности.

С позиций когнитологии соотношение знания и информации можно выразить формулой: информация – это знание минус человек; информация – знаковая оболочка знания. Таким образом, знание есть личное достояние знающих, перенимающих его друг у друга как образцы познавательного действия. Этого нельзя сказать об информации, которая в противоположность знанию не является достоянием конкретной личности, она одинаково доступна всем, хотя возможности превратить ее в знание у каждого свои, опирающиеся на личный опыт и способности. Информационная модель знания (как записанная в компьютере, так и вербализованная в тексте) является лишь намеком на представленное

знание, по которому человек способен творчески воссоздать само знание [6, с.365].
Информационный подход рассматривается как методологическое средство, инструмент концептуального и категориального оформления когнитивных наук.

В когнитологии существует ряд концептуальных моделей, предлагаемых для интерпретации познавательных процессов. К их числу относятся исследования в области лингвистики, искусственного интеллекта, теории информации. Так лингвистика входит в ядро складывающегося комплекса когнитивных наук, объединяемых по их интересу к проблемам организации, представления, обработки и использования знания. Лингвистический аспект компьютеризации познавательной деятельности человека развернут в сторону определения информационной природы естественного языка, которая есть не столько форма выражения готовых мыслей, сколько способ содержательной организации и представления знаний.

Литература:

1. К обществам знания. Всемирный доклад ЮНЕСКО. – Изд-во ЮНЕСКО, Париж, 2005.
2. Колпаков В.А. Общество знания. Опыт философско-методологического анализа // Вопросы философии, 2008, № 4.
3. Лукина Н.П. Информационное общество: состояние и перспективы социально-философского исследования // Открытое и дистанционное образование, №1, 2003.
4. Лукина Н.П. Методологический потенциал информационного подхода в современном научном познании // Гуманитарная информатика: Сб. статей / Под ред. Г.В.Можаевой.- Томск: Изд-во Том. ун-та, 2012. – Вып. 6.
5. Лукина Н.П. Эпистемологический статус экспертного знания в когнитивном пространстве информационного общества // Гуманитарная информатика: Сб. статей / Под ред. Г.В.Можаевой.- Томск: Изд-во Том. ун-та, 2009.- Вып. 5.
6. Микешина Л.А. Философия науки. – М.:Прогресс-Традиция,
7. Порус В.Н. К вопросу о междисциплинарности философии науки // Эпистемология и философия науки. 2005, т. У
8. Ракитов А.И. Информация, наука, технология в глобальных исторических изменениях. – М., 1998.
9. Степин В.С. Философская антропология и философия науки. М., 1992.
10. Хлебникова О.В. Образ науки в постмодернизме // Эпистемология и философия науки. 2006, т. У11, № 1.
11. Habermas J. Erkentnis und Interesse – Frankfurt am Main, 1968.

Шабатура Л.Н.
доктор философских наук, профессор, заведующая кафедрой «Философии» ФГБОУВПО «Тюменский государственный нефтегазовый университет» shabatura@tsogu.ru

Тарасова О.В.
кандидат философских наук, доцент кафедры «Экономики, организации и управления производством» ФГБОУВПО «Тюменский государственный нефтегазовый университет» okvaltar@mail.ru

ФИЛОСОФИЯ НАУКИ И ТЕХНИКИ В СОВРЕМЕННОМ ИНФОРМАЦИОННОМ ОБЩЕСТВЕ

Человечество, вступив в новое тысячелетие, не только не не избавилось от существующих проблем, но и приобрело новые. Современный этап развития социума связан, прежде всего, с формированием, функционированием и развитием информационного общества. Всё более очевидным становится понимание зависимости общества, и каждой личности в отдельности, от информационной сферы, которая способна нести как положительные, так и негативные тенденции.

В эпоху рыночных отношений СМИ, Интернет, телевидение, в целом средства масс-медиа создают искусственную реальность, используемую и впитываемую потребительским обществом. Настоящая реальность всё больше удаляется, подменяется искусственной - симулякром «настоящей жизни». Сам процесс создания и функционирования информации в российских регионах зависит от множества условий: уровня профессионализма, техники, финансово-экономических возможностей, формы собственности, заказчика, целей и т.п. Зачастую, особенно в периферийных масс-медиа заказчиками выступает узкая группа местного властного и экономического бомонда, поэтому однообразные штампы, избитые модели и надоевшие всем клише не волнуют основную массу получателей информации. По данным социологического опроса, проводимого в Тюмени государственным нефтегазовым университетом, «более 89% населения не принимают электронного участия в диалоге с органами государственного управления, 58%- никогда не посещали их официальные сайты, 52% населения считают органы государственного управления информационно закрытыми, отстраненными от населения», хотя это признано достойным общего внимания [7,4]. Сам же процесс создания новостных телевизионных и радиопередач не содержит постановки проблем, нахождения путей их решения, а самое главное их недопущения, предупреждения и своевременного прогнозирования. Носители же таких способностей всё более отодвигаются в тень, как оппоненты, а скорее как оппозиционеры, способные навредить. Если социокультурные факты в российских регионах освещаются зачастую позитивно, в экономике также отражается в основном только положительная информация, приуроченная к юбилеям компаний, банков или открытию торговых комплексов, то «социальные проблемы присутствуют только фрагментарно» или отсутствуют вообще как несуществующие [1,101].Таким образом, информационное общество и его сущность пока ещё не проявились в поисках настоящей, объективной истины, создании настоящей техники, настоящей науки, в формировании настоящего высококультурного человека, соотносимого с будущим жизненным миром выживающей цивилизации.

Если мыслители Древней Греции и последующих исторических этапов обращались к рассмотрению теоретических и философских проблем информации, техники, человека, то современный мир нового тысячелетия и его представители как бы растворились во множестве проблем, мозаичности научных исследований. Технические знания всё глубже захватывают сознание исследователей, конструкторов, инженеров-отраслевиков, отодвигая на задний план гуманность, этику и экологию. И это не случайно, ведь страны, обладающие передовой техникой и технологией имеют возможность доминировать в мире и диктовать свои условия и правила другим. Определяющее воздействие техники и информации испытывают все сферы жизнедеятельности человека, а постановка острейших проблем их онтологической сущности, генезиса, феноменологических характеристик, влияния, возможностей и перспектив остаются только предметом Истории и философии науки и техники. Однако социальный статус техники заключается ещё и в том, что она создаётся не одним человеком, а является результатом коллективного творчества, особенно когда речь идёт о сложных конструкторских системах, требует огромных интенсивных и интеграционных процессов, которые могут быть опасными и разрушительными.

Ещё в начале столетия русский инженер и философ техники П.К. Энгельмейер писал: «Инженеры часто справедливо жалуются на то что другие сферы не хотят признать за ними то важное значение, которое по праву принадлежит инженеру... Но готовы ли сами инженеры для такой работы?... Инженеры по недостатку общего умственного развития, сами ничего не знают и знать не хотят о культурном значении своей профессии и считают за бесполезную трату времени рассуждения об этих вещах... Отсюда возникает задача перед самими инженерами: внутри собственной среды повысить умственное развитие и проникнуться на основании исторических и социологических данных всею важностью своей профессии в современном государстве» [5, 99; 6,113].

Актуальность этого высказывания доминирует и в наше время. Несмотря на вполне распространённые идеи философии науки и техники одной, из которых является идея социального проектирования или идея этики жизненного мира [4, 11].

В социальном проектировании объектом проектирования становится коллективная человеческая деятельность, поэтому оно должно неизбежно ориентироваться на социальную проблематику как определяющую. Социальное проектирование выходит за пределы традиционной схемы «наука-инженерия-производство» и замыкается на самые разнообразные виды социальной практики (например, обучение, обслуживание, поиск и использование информации и т.д.), где классическая инженерная установка перестаёт действовать, а иногда имеет и отрицательное значение. Всё это ведет к изменению самого содержания проектной деятельности, которое прорывает ставшие для него узкими рамки инженерной деятельности и становится самостоятельной сферой современной культуры [2, 371].

Социотехническая установка современного проектирования оказывает влияние на все сферы инженерной деятельности и всю техно сферу. Это выражается, прежде всего, в признании необходимости социальной оценки техники и технического знания, в осознании громадной степени социальной ответственности инженера – рядового носителя технического знания. Инженер должен прислушиваться не только к голосу учёных и технических специалистов, голосу собственной совести, но и к общественному мнению, особенно если результаты его работы могут повлиять на здоровье и образ жизни людей, нарушить равновесие природной среды и т.д.

Когда влияние инженерной деятельности становится глобальным, её решения перестают быть узкопрофессиональным делом, становятся предметом всеобщего обсуждения, а иногда и осуждения. И хотя научно-техническая разработка остаётся делом специалистов, принятие решений по такого рода проектам – прерогатива общества. Последствия использования новых технических знаний, внедрения новой техники и технологии может привести к необратимым негативным последствиям для всей человеческой цивилизации, её жизненного мира и земной биосферы. Перед лицом вполне реальной экологической катастрофы, могущей быть результатом технической и технологической деятельности человечества, необходимо переосмысление самого представления о научно-техническом и социально-экономическом прогрессе, актуализации этических норм жизненного мира.

Философское осмысление понятия и сущности культуры научной деятельности стало необходимым в связи с неоднозначными научными результатами: созданием оружия массового уничтожения, разработками в медицине, молекулярной биологии, генетике, информатике и т.д. С одной стороны наука является силой, способной решить проблемы, а с другой она не должна причинять вред ни природе, ни обществу, ни человеку, поскольку под культурой понимается, прежде всего, созидательная деятельность, с положительными социальными результатами [3,140].

Список используемой литературы:

1. Дюкин С.Г. Пермский социум на стыке тысячелетий через призму теле- и радионовостей. Вестник ЧелГУ, 2013, №13, с.98-105.
2. Стёпин В.С., Горохов В.Г., Розов М.А. Философия науки и техники. М.,1995.
3. Шабатура Л.Н., Набиуллина Ф.Р. Понятие и сущность культуры научной деятельности. Вестник ЧелГУ., 2012, №29.
4. Шабатура Л.Н. Этика жизненного мира. Материалы научно-практической конференции «Селивановские чтения», Тюмень, ТюмГНГУ, 2013.
5. Энгельмейер П.К. В защиту общих идей в технике. Вестник инженеров, 1915, №3.
6. Энгельмейер П.К. Задачи философии техники. Бюллетени политехнического общества, 1913, №2.
7. Сединкин М.А. Транспарентизация взаимоотношений органов государственного управления и населения в концепции электронного правительства. Автореферат. Тюмень, Тюм ГНГУ, 2013.

Михайлов Е.П., Михайлов А.П., Михайлова Н.П.

АЛГОРИТМ РАВНОВЕСИЯ МИРА КАК ФАКТОР ОПТИМИЗАЦИИ НАУЧНОЙ СИСТЕМЫ ДЛЯ ГАРМОНИИ ОБЩЕСТВА

Гегель Георг Вильгельм Фридрих (1770-1831) установил одну из причин накопления конфликтного потенциала по всему миру. Он говорил, что господствующий во Вселенной абсолютный разум находит в истории человечества средства конкретного и сознательного познания самого себя как вечной неисчерпаемой силы совершенствования, прогресса, возникновения нового. Тогда Гегеля никто не понял. Фундаментальные науки только развивались. Начинался процесс интеграции наук с математикой, который привёл к научно-техническому прогрессу. Социология осталась вне этой интеграции, математику она использует для «украшения», а математических методов исследования для интеграции не имеет.

Гегель утверждал, что настанет такой момент в истории, учёные конкретно и сознательно будут изучать законы абсолютного разума, чтобы применить их для выживания, совершенствования, прогресса. Но за два века эти законы не найдены, хотя такой момент уже наступил. Налицо и глобальная кризисная социальная напряжённость и сознание поиска научно-выверенных ответов на вызовы углубляющейся социальной дифференциации. Но человечество – это сложнейшая естественная система, проблемы развития которой невозможно решить на уровне академического диалога. Только вся мощь научной мысли всех веков поможет и найти решение и проверить его истинность. Какова эта мощь современной науки? Во-первых, это результат исследований мыслителей прошлого, во-вторых, это теория систем и системный подход с его основными принципами, главнейшим из которых являются принципы равновесия, эволюции, математизации, эмерджентности, целостности. В-третьих, это опыт процесса интеграции с фундаментальными науками: математикой и теоретической механикой. Эта накопленная веками система в социологии не применяется. Рассмотрим кратко возможность применения некоторых из них.

Первое – это результаты исследований мыслителей прошлого:

Жан Батист Ламарк (1744-1829гг.), французский учёный – естествоиспытатель, попытался создать стройную и целостную теорию эволюции живого мира. Он сформулировал гениальную идею: «Стремление к совершенству заложено изначально в живую материю творцом». А смысл её в том, что развитие материи имеет единственное направление – к совершенству, то есть к повышению качества, то есть развитие – это векторная категория.

Объединяя идеи Гегеля о господстве во Вселенной абсолютного разума и о единственном направлении развития материи к совершенству, заложенным творцом, можно сказать, что абсолютный разум ведёт развитие материи в единственном направлении – к совершенству, повышая качество. Понижение качества признака свидетельствует о регрессивном движении и отсутствии развития системы.

Пьер Симон Лаплас (1749-1827) – выдающийся французский математик, физик, астроном, наблюдая изоморфные (подобные) процессы, сделал вывод, «что весь мир развёртывается по одной формуле». Отсюда можно сделать вывод, что абсолютный разум – это формула, которая «управляет» миром и создаёт в человеке стремление к совершенству. Эта формула обладает неисчерпаемой силой, ведёт цивилизацию к прогрессу, заставляет находить прогрессивные системы ценностей. Заставляет людей вести борьбу за жизнью Таким образом, нельзя утверждать, что человек и общество есть саморегулирующиеся системы.

Гегель ввёл и другие названия: духовное и разумное начало, мировой разум или мировой дух. Это начало активно и деятельно. Оно лежит в основе всех явлений природы и общества.

Вольтер Франсуа Мари Аруэ (1694-1778гг.) говорил о вероятности высшего разума и архитектора Вселенной. Он считал, что движение природы происходит по вечным законам. Самой природе свойственны принципы действия.

Дэвид Юм (современник Вольтера): причины порядка во Вселенной имеют некоторую аналогию с разумом.

Джордано Бруно (1548-1600) – итальянский философ утверждал, что принцип жизни и духовная субстанция, которая находясь во всех без исключения вещах, составляет их движущее начало. Это мировая душа.

Огюст Конт (1798-1857) говорил, космический разум играет ведущую роль в установлении социальной гармонии и в связи с этим необходима пропаганда культа абстрактного высшего существа.

Задолго до Гегеля, Платон (428-348гг) до новой эры тоже говорил об абсолютном разуме, называя его мировой душой, и об абсолютной идее, отмечая их свойства: идеи вечны, занебесны, не возникают, не погибают, безотносительны, не зависят от пространства и времени.

Чарльз Дарвин при математической обработке эмпирических данных сделал интересное открытие, о котором изложено в учебнике биологии за 10-11 классы: он обнаружил, что развитие популяции происходит вслед за ростом среднего. Очевидно, среднее выражает качество системы. Если эту формулу записать буквами, то получим эту формулу в общем виде.

Проанализировав идеи мыслителей относительно упорядоченной организации Вселенной, можно сделать вывод, что развитие материи происходит упорядоченно по закону среднего арифметического, выполняющего роль вечного многофункционального двигателя, устанавливающего гармонию мира. Этот вывод согласуется с выводом Рене Декарта, утверждавшего, что вся Вселенная это огромная математическая машина, построенная на математических принципах. Для изучения этих принципов он ввёл декартову систему координат, когда ещё не было ни математики, ни механики, в начале XVII века.

Однако этого материала недостаточно для решения проблем современной глобализации, хотя очень важные результаты уже есть:

1. Человек и общество являются отчасти саморегулирующимися системами.
2. Среднее выполняет функцию алгоритма развития и только к прогрессу в направлении повышения качества положительных признаков, то есть совершенствования форм материи.
3. Среднее выполняет функцию вечного двигателя.
4. Исходя из многофункциональности алгоритма, необходимо стремиться определить эти функции.
5. Исходя из вывода Декарта, следует стремиться найти математические принципы огромной математической машины вселенной.
6. Нужно найти влияние алгоритма и этих принципов на человека и общество.

Поэтому нужно проанализировать возможности современного системного подхода, который практически никогда не применяется, не только в социологии.

Первый принцип – равновесие. Из теоретической механики известно, что по формуле среднего рассчитывается положение центра тяжести системы. Среднее есть дробь, где в числителе суммы моментов всех групп: отрицательный, средний положительный, а в знаменателе – сумма всех элементов. По этой формуле учитель подсчитывает среднюю успеваемость своего класса, называя её «качеством класса». Если привести формулу среднего к общему знаменателю, то получим уравнение равновесия механического рычага, вращающегося вокруг неподвижной опоры. Опору делает человек для устойчивости, получаются весы. В природе опорой является то, что удерживает нагрузку с двух сторон рычага. Это уравнение есть уравнение равновесия естественной системы.

Таким образом, алгоритм среднего есть алгоритм равновесия. Отсюда можно сделать вывод, что равновесие есть способ организации материи. В формуле среднего представлены процессы дифференциации, так как в числителе указаны три группы с разным уровнем качества признака, и интеграции, так как складываются моменты этих групп. Второй важный вывод следует из структуры алгоритма среднего: среднее изменяет процессы интеграции и дифференциации при изменении качества системы. Третий вывод: при изменении процессов интеграции и дифференциации меняется качество системы. Сразу же возникает вопрос: как меняется, по каким законам? Ответы получаем незамедлительно, если к формуле среднего применим математическое исследование с помощью дифференциального исчисления. В результате получаем большую развёртку простейших процессов, являющихся законами дифференциации и интеграции. По этим законам можно прочитать свойства материи. Поэтому эту систему простейших процессов можно назвать «Автоматизированной системой научных исследований системы простейших процессов». Это первая функция вечного двигателя (алгоритма равновесия), которая устанавливает возможность получать достоверную научную информацию для своей нормальной работы. На основе недостоверной информации в обществе алгоритм равновесия не может вести эволюционный гармонический процесс и переходит на второй путь гармонизации с уничтожением формы, которая не хочет развиваться и стремится вернуться к прошедшим циклам, понижая качество и элементов, и системы. Но прошедшие циклы не повторяются, падение качества обусловлено механизмами разрушения, главными из которых являются парадоксальными (при росте числа положительных факторов в старой системе ценностей происходит регрессивная трансформация элементов по законам прямой линии).

Применение АСНИ СПП для получения новой достоверной информации – это развитие абсолютной идеи Гегеля, которая есть компонента общего эволюционного процесса, называть её можно «общий эволюционный процесс». Он контролирует достоверность информации в обществе. Другая компонента – «общий эволюционный гармонический процесс».

Процесс совершенствования системы происходит при формировании положительного процесса, повышающего максимально качество системы до прогрессивной цели развития при росте числа положительных элементов (факторов). Но положительная функция ограничена равновесной асимптотой. Возможности стратегии исчерпаны, необходимо выбирать, точнее сказать, рассчитывать новую прогрессивную систему ценностей для нового цикла развития. При выборе цели должна учитываться мера как фундаментальная категория гармонического процесса, сохраняющая вид и выстраивающая гармонию системы. Для устранения равновесной асимптоты необходимо применение парадоксальных графиков с прогрессивной трансформацией при росте числа отрицательных факторов. Мера – основной инструмент гармонизации, обеспечивающий свободу человеку. Свобода это возможность реализовать творческие способности каждого человека. Современный человек имеет генетические предпосылки для формирования богатой эмерджентной сферы, но третья структура в его организме, учитывающая алгоритм равновесия (РИЭСЧ), испытывает сильнейшее эволюционное воздействие. РИЭСЧ – это равновесно-информационная эволюционная система человека, включающая мозг, спирали ДНК, не имеющая защитных сохраняющих реакций на недостоверную информацию, на эволюционное воздействие. При регрессивном движении системы с человеком происходит регрессивная трансформация вплоть до разрушения целостности. Принцип целостности регулируется мерой. Соблюдение принципа целостности должно быть в основе доминирующей стратегии преодоления назревших социальных проблем.

Очередко Ю.А., Бычкова А.А., Алыков Н.М.
Астраханский государственный университет,
414000, г. Астрахань, пл. Шаумяна, 1
E-mail: Jocheredko@yandex.ru

МОДЕЛИРОВАНИЕ ПРОЦЕССОВ ВЗАИМОДЕЙСТВИЯ ФЕНОЛА СО СТРУКТУРНЫМИ ЭЛЕМЕНТАМИ КЛЕТОЧНОЙ МЕМБРАНЫ

В приоритетных списках загрязняющих веществ фенолы стоят на одном из первых мест, что объясняется большим объемом их мирового производства, а также высокой токсичностью. В ряде случаев для цели их детоксикации требуется знание механизма воздействия фенолов на различные биологические структуры, в том числе и на биологические мембраны. Для этого можно использовать математическое моделирование, которое позволяет прогнозировать свойства изучаемого объекта, не подвергая опасности кого бы то ни было.

Математическое моделирование заключается в том, что рассчитываются энергии взаимодействия молекул фенола со структурными элементами отдельных компонентов клеточных мембран. В тех случаях, когда энергия взаимодействия на отдельных участках молекул имеет глубокий минимум, представляется возможным характеризовать этот участок как мишень, на которую воздействует тот или иной токсикант. В виде графов это представляется как набор физико-химических параметров, в которых мишени обозначаются стрелкам. Подобное представление позволяет с помощью расчетов методом молекулярных орбиталей безошибочно определить реакционные центры, которые будут атакованы фенолами.

С целью выяснения механизма сорбционного концентрирования токсиканта на поверхность биологических мембран были проведены расчеты моделей адсорбционных комплексов (АК) методами квантовой химии. Квантово-химические расчеты для адсорбционных комплексов проводились с использованием кластерного подхода методом РМ3 в программном комплексе МОРАС в рамках приближения Хартри-Фока, с полной оптимизацией геометрии молекул. Начальная геометрия молекул сорбата и сорбента выбиралась по справочным данным, заложенным в систему МОРАС.

Мембрана представляет собой громоздкую конструкцию для реализации её на компьютере, состоящую из многих тысяч атомов и молекул фрактального типа. Для её реализации необходимо уменьшить размеры рассчитываемых объектов, выделить главные характерные свойства системы. Поэтому мембрану, для упрощения расчетов, рассматривали как совокупность мембранных компонентов: белков, липидов, фосфолипидов и углеводов.

В качестве белкового компонента клеточной мембраны был выбран трипептид произвольной формы – цистеиналанинсерин, в качестве одной из моделей поверхности липидов рассматривался триацилглицерид, в качестве модели поверхности сложного класса липидов был выбран фосфолипид, а из всего многообразия углеводов оптимизировался дисахарид трегалоза.

Для вычисления энергии был использован полуэмпирический метод PM3. Оценкой энергии является теплота образования ΔH^0_f *(Heat of Formation)*, которую обычно сравнивают со справочными или экспериментальными данными. Вычисляемая величина представляет собой теплоту образования соединения из составляющих его элементов в состоянии идеального газа при температуре 298 К. Она вычисляется как разность между суммой экспериментальных значений теплот образования составляющих молекулу изолированных атомов и энергией атомизации E_{atom}, вычисляемой методом Хартри-Фока:

$$\Delta H^0_f = E_{atom} - \Delta H^0_{isol} \qquad (1)$$
$$E_{atom} = E_{el} + E_{rep} + E_{isol} \qquad (2)$$

где E_{el} (*Electronic Energy*)- потенциальная энергия электронов в молекуле, вычисляемая методом Хартри-Фока; E_{rep} (*Core-Core Repulsion*) - энергия электростатического взаимодействия ядер; E_{isol} - энергии изолированных атомов, рассчитанные полуэмпирическим методом в выбранной параметризации.

Подставив (2) в уравнение (1):
$$\Delta H^0_f = E_{el} + E_{rep} + E_{isol} - \Delta H^0_{isol} \qquad (3)$$
Т.к. $E_{isol} = \Delta H^0_{isol}$, то $\Delta H^0_f = E_{el} + E_{rep}$ \qquad (4)

В результате проведенных расчетов, произошли преобразования пространственной геометрии молекул. На основании полученной структуры были составлены z-матрицы.

На рис. 1 представлены оптимизированные структуры фенола и компонентов клеточной мембраны.

Оптимизированная структура фенола

Оптимизированная структура трипептида

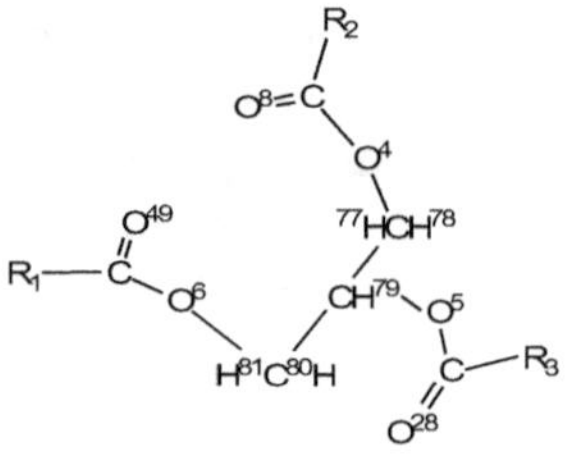

Оптимизированная структура триацилглицерида

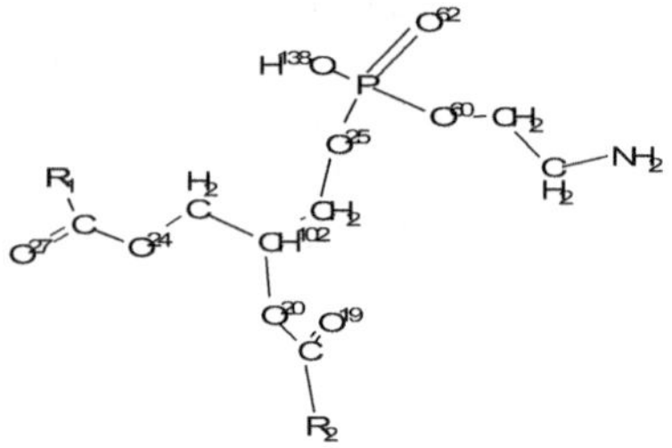

Оптимизированная структура кефалина

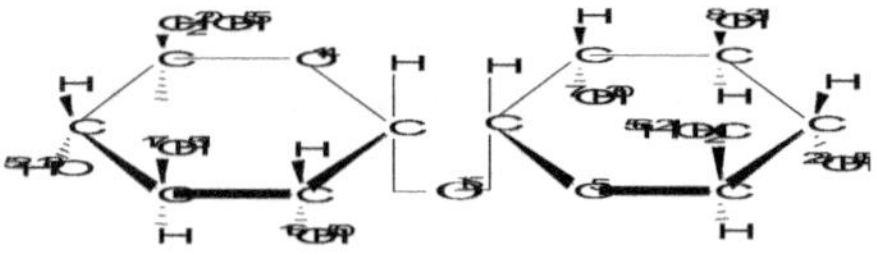

Оптимизированная структура трегалозы

Рис. 1. Оптимизированные структуры фенола и компонентов клеточной мембраны

В табл.1 приведены полученные значения потенциальной энергии электронов в молекуле и энергии электростатического взаимодействия ядер, вычисленные методом Хартри-Фока.

Таблица 1. Значения потенциальной энергии электронов и энергии электростатического взаимодействия ядер молекул фенола и компонентов клеточных мембран

Молекула	Eel, эВ	Eгер, эВ
фенол	-4346,0034	3249,3344
цистеиналанинсерин	-22313.1946	18841.8266
триацилглицерид	-126592.2004	116400.5890
кефалин	-96314.1731	87579.6830
трегалоза	-36874.8431	31882.3197

Для выявления активных центров необходимо было смоделировать взаимодействие двух систем: молекулы фенола и молекулы компонента мембраны. Для этого оптимизированные модели молекул необходимо связать в одной программе в общую систему совокупностей и связей и применить к полученной общей системе квантово-химический вычислительный процесс.

Было составлено и исследовано множество различных, получаемых при моделировании структур, среди которых были выбраны те, геометрические и энергетические характеристики которых соответствовали следующим критериям:

- Длина связи должна лежать в пределах межмолекулярного взаимодействия;
- Энергия адсорбции должна быть меньше нуля.

Энергия адсорбции рассчитывалась как:
$$\Delta H^0_f(обр) = E_{el}(обр) + E_{rep}(обр) \quad (5)$$

где $E_{el}(обр)$ и $E_{rep}(обр)$ рассчитывали как разность соответствующих энергий адсорбционных комплексов и энергий фенола и компонента мембраны, т.е.

$$E_{el}(обр) = E_{el}(АК) - E_{el}(Ф) - E_{el}(К) \quad (6)$$

$$E_{rep}(обр) = E_{rep}(АК) - E_{rep}(Ф) - E_{rep}(К) \quad (7)$$

Подставляя уравнения (6) и (7) в уравнение (5), получаем

$$\Delta H^0_f(обр) = E_{el}(АК) - E_{el}(Ф) - E_{el}(К) + E_{rep}(АК) - E_{rep}(Ф) - E_{rep}(К) \quad (8)$$

Т. к. полуэмпирический метод РМ3 рассчитывает потенциальную энергию электронов E_{el} и энергию электростатического взаимодействия ядер E_{rep} в эВ, а теплоту образования ΔH^0_f принято обозначать в кДж/моль (1 эВ = 1,602·10^{-19} Дж или 96,485 кДж/моль), то уравнение (8) можно преобразовать:

$$\Delta H^0_f(обр) = 96,485 \cdot [E_{el}(АК) - E_{el}(Ф) - E_{el}(К) + E_{rep}(АК) - E_{rep}(Ф) - E_{rep}(К)] \quad (9)$$

Данная формула (9) позволяет в один этап рассчитать энергию взаимодействия фенолов с элементами клеточных мембран, используя значения потенциальной энергии электронов и энергии взаимодействия ядер, получаемые при расчетах полуэмпирическим методом РМ3 в программном комплексе МОРАС.

В результате моделирования были получены наиболее вероятные оптимизированные структуры адсорбционных комплексов взаимодействия фенола с компонентами клеточной мембраны, геометрические и энергетические характеристики которых представлены в табл. 2.

Химические науки

Таблица 2. Значения длин связей и энергии в адсорбционных комплексах взаимодействия фенол – компонент мембраны по результатам РМ3-расчета в программном комплексе МОРАС

АК	Атомы	Длина связи, Å	E_{el}, эВ	E_{rep}, эВ	ΔH^0_f, кДж/моль
\multicolumn{6}{c}{Адсорбционные комплексы в системе фенол - трипептид}
1	$H^1...O^4$	1,821	-37456,734	32888,287	--25,28
2	$H^1...O^{15}$	1,816	-35934,823	31366,534	-24,02
3	$O^1...H^7$	1,852	-36448,236	31880,002	-18,72
4	$O^1...H^8$	1,867	-36355,769	31787,482	-20,65
5	$O^1...H^{10}$	1,812	-34236,639	23668,454	-13,99
6	$O^1...H^{12}$	1,849	-37254,863	32686,582	-23,25
7	$O^1...H^{13}$	1,838	-37242,370	32674,117	-20,55
\multicolumn{6}{c}{Адсорбционные комплексы в системе фенол - липид}
1	$H^1...O^{28}$	1,824	-151325,334	140037,003	-4,44
2	$O^1...H^{77}$	1,802	-152003,722	140714,243	-18,72
\multicolumn{6}{c}{Адсорбционные комплексы в системе фенол - кефалин}
1	$H^1...O^{19}$	1,802	-117456,443	107625,116	-16,21
2	$H^1...O^{62}$	1,863	-122345,223	112513,984	-7,72
\multicolumn{6}{c}{Адсорбционные комплексы в системе фенол - трегалоза}
1	$H^1...O^7$	1,854	-54221,654	48132,138	-31,26
2	$H^1...O^8$	1,859	-52957,364	46868,014	-15,24
3	$H^1...O^{16}$	1,833	-53648,618	47559,123	-29,23
4	$H^1...O^{17}$	1,836	-52470,682	46381,141	-33,67
5	$H^1...O^{18}$	1,905	-55968,328	49878,984	-14,66
6	$H^1...O^{20}$	1,837	-53359,681	47270,140	-33,67
7	$H^1...O^{21}$	1,826	-52996,349	46907,003	-14,86
8	$H^1...O^{23}$	1,828	-53064,321	46974,981	-14,28
9	$O^1...H^{31}$	1,847	-54986,342	48879,998	-14,66
10	$O^1...H^{56}$	1,852	-55243,643	49154,132	-30,78

По результатам проведенных расчетов и выявленным активным центрам были составлены математические модели в виде молекулярных графов для фенола и компонентов мембраны, которые представлены на рис.2. Активные центры отмечены стрелками на полученных молекулярных графах: ⤺ – нуклеофильные, ⤴ – электрофильные.

Молекулярный граф фенола

Молекулярный граф трипептида

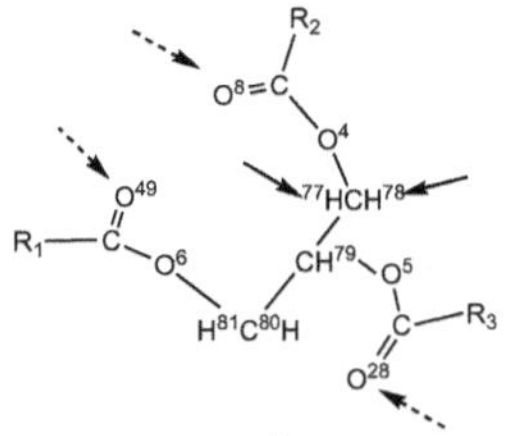

Молекулярный граф липида

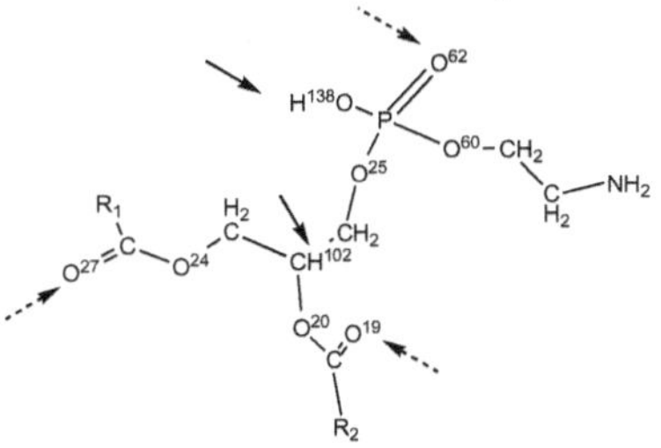

Молекулярный граф фосфолипида

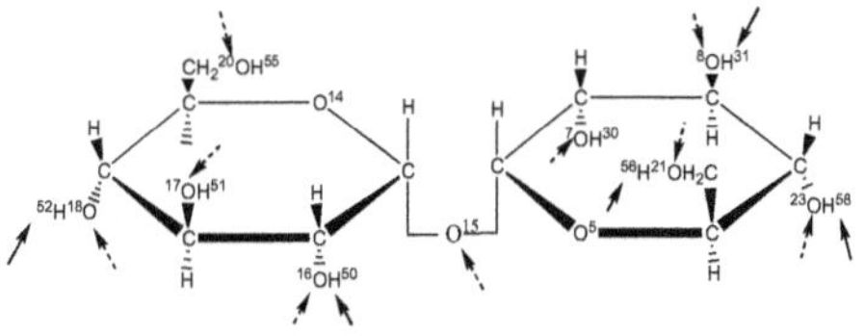

Молекулярный граф углевода

Рис. 2. Молекулярные графы фенола и компонентов клеточной мембраны

По полученным данным можно судить, с каким компонентом биологической мембраны фенол образует адсорбционные комплексы в первую очередь.

Список литературы

Алыкова Т. В., Пащенко К. П. Расчеты моделей адсорбционных комплексов молекул ароматических соединений с активными центрами поверхности кремнезема и алюмосиликатов // Изв. ВУЗов. Химия и химическая технология. – 2004. – Т. 47. – Вып. 2. – С. 114-118.

Графов теория. // Химическая энциклопедия / главный редактор И. Л. Кнунянц. - Т.1. - М.: "Советская энциклопедия", 1988. - С. 610-613.

Очередко Ю.А., Алыков Н.М. Моделирование процессов взаимодействия диоксинов со структурными элементами клеточной мембраны // Прикаспийский журнал: управление и высокие технологии. – 2011. - №1 (13). – С. 28-35.

Влезкова В.И.
ассистент кафедры «Мировая экономика» Самарского государственного экономического университета

ОЦЕНКА И УЧЕТ КРЕДИТНЫХ РИСКОВ КАК ФАКТОР РОСТА КОНКУРЕНТОСПОСОБНОСТИ РОССИЙСКИХ КОММЕРЧЕСКИХ БАНКОВ

В современных условиях проблема оценки кредитных рисков в российских банках приобрела особую актуальность. Это стало особенно очевидно в период финансовой нестабильности, что продемонстрировал рост просроченной задолженности по кредитам банков в кризисный период 2008—2009 гг. Следовательно, классические системы оценки кредитных рисков корпоративных заемщиков, основанные на присвоении класса кредитоспособности, оказались неэффективными.

Таким образом, мы подошли к наиболее корректной методике оценки кредитного риска, основанной на оценки вероятности дефолта, напрямую зависящую от рейтинга корпоративного заемщика. Данная методика была предложена Базельским комитетом по банковскому надзору.

Базель II рекомендует использовать в практической деятельности для оценки кредитного риска два подхода:

- стандартный подход (Standardized Approach-SA)
- подход на основе внутренних рейтингов (Internal Rating-Based Approuch – IRB).

Первый подход основан на классификации кредитных рисков с помощью кредитных рейтингов, присваиваемых рейтинговыми агентствами. Лидерами в данной сфере являются следующие аналитические агентства: «Standart and Poor's», «Moody's Investors Service» и «FitchRatings».

Основным недостатком этого подхода является отсутствие возможности самого банка определять важность оцениваемых факторов. Кроме того методики оценки компаний многих ведущих рейтинговых агентств являются относительно «закрытыми». Еще одной проблемой, возникающей при использовании стандартного подхода, является присвоение одному и тому же предприятию независимыми рейтинговыми агентствами разных рейтинговых значений. В связи с этим кредитное учреждение сталкивается со сложностью выбора наиболее адекватной оценки предполагаемого заемщика.

В современных российских условиях, когда большую часть кредитного портфеля банков составляют заемщики, не имеющие рейтингов международных агентств, построить гибкую систему оценки кредитного риска с помощью стандартного подхода достаточно затруднительно. Именно поэтому для российской банковской системы наиболее актуальными становятся модели оценки кредитного риска на основе внутренних (составляемых самостоятельно) рейтингов банков) - ПВР. Согласно этому подходу банки, получившие разрешение надзорного органа на применение подхода IRB, могут самостоятельно устанавливать рейтинги заемщикам, исходя из оценок факторов риска. К таким факторам относятся:

- вероятность дефолта (Probability of Default – PD);
- потери при дефолте (Loss Given Default – LGD);
- непогашенные требования при дефолте (Exposure At Default – EAD);
- фактический остаточный срок погашения (Effective Maturity – M).

PD – вероятность того, что в обозримом будущем заемщик не исполнит своих финансовых обязательств и наступит дефолт. Под дефолтом в соответствии с Базелем II понимается невозврат или просрочка основной суммы долга или процентов. В настоящее время в нормативных документах Банка России отсутствует четкое определение понятия «дефолт» по кредитному продукту, и данный пробел в законодательстве требует необходимой проработки, так как у банков нет четкого ориентира при определении данного события в своих документах.

Проблема состоит в том, что определение дефолта различается в зависимости от вида кредитов и их срочности. Вместо понятия дефолта используются следующие понятия, определенные в Положении Банка России:

- просроченная ссуда;
- качество обслуживания долга;
- обесцененная ссуда;
- реструктурированная ссуда.

В экономической литературе многие авторы под дефолтом понимают «случаи просрочки платежей по кредиту, случаи полного или частичного невозврата кредита, случаи возврата кредита в обесцененном виде» [1,56].

Положение Базель II не содержит единой универсальной модели оценки кредитного риска. Данный документ описывает методологию построения эффективной системы управления кредитными рисками, позволяющую достоверно оценивать заемщиков и заключаемые кредитные сделки, проводить разграничение рисков, давать их точное количественное выражение.

EAD– сумма, подверженная дефолту, которая количественно характеризует потенциальный риск. При расчете EAD банки учитывают не только средства, равные сумме непогашенной задолженности, но и средства, которые могут быть предоставлены (например, в рамках открытых, но неиспользованных кредитных линий) на момент возможного события дефолта (годичная перспектива с учетом специфики расчета PD).

При расчете величины EAD размер сформированных резервов не учитывается, то есть соответствующая величина требования не уменьшается на величину сформированных резервов.

LGD –размер потерь при дефолте по конкретному заемщику, отражающий уровень безвозмездных потерь с учетом их частичного возмещения, например путем реализации залога, исполнения гарантий и другое. Так если уровень возмещения равен 30% от общей суммы финансовых обязательств, то потери в случае дефолта составят 70% от величины подверженности кредитному риску. Уровень возмещения может колебаться в широких пределах по различным категориям корпоративных заемщиков и видам кредитных продуктов.

Показатель M –количественно характеризует оставшийся период действия потенциального риска. Увеличение кредитных рисков находится в прямой зависимости от длительности предоставления кредитных ресурсов. Фактический остаточный срок погашения не всегда совпадает со сроком кредитного договора. Он может быть, как и короче, так и иметь более длительный срок.

В основе подхода на основе внутренних рейтингов (IRB) лежит расчет ожидаемых потерь EL (Expected Losses) и непредвиденных потерь UL(Unexpected Losses).

Для оценки кредитных рисков Базель II предлагает использовать два варианта подхода ПВР:

- БПВР– базовый подход на основе внутренних рейтингов;
- ППВР– продвинутый подход на основе внутренних рейтингов.

При первом подходе банки самостоятельно оценивают только вероятность дефолта (PD) для каждого корпоративного заемщика банка и применяют значения других показателей, установленные регулирующим органом.

В рамках данной оценки банк самостоятельно определяет шкалу внутренних кредитных рейтингов, согласно которой заемщику в соответствии с уровнем его кредитоспособности присваивается определенный кредитный рейтинг и вероятность дефолта, соответствующая полученному значению рейтинга. После того, как банк определил шкалу внутренних рейтингов могут быть использованы три метода оценки вероятности дефолта: статистический, соотношения с внешними кредитными рейтингами, эконометрический.

Статистический метод используется при наличии достаточно накопленной информации по дефолтам. Вероятность дефолта каждого кредитного рейтинга определяется как арифметическая средняя количества дефолтов в группе заемщиков, отнесенных к данному кредитному рейтингу.

Второй метод предполагает соотнесение внутреннего кредитного рейтинга с некоторым внешним кредитным рейтингом, результатом которого является соответствующая вероятность дефолта.

Третий метод является наиболее сложным и предполагает определение вероятности дефолта на основе эконометрических методов. При использовании данного метода банк должен определить набор переменных, которые будут задействованы в модели. Такими переменными обычно являются финансовые показатели заемщика, полученные на основании финансовой отчетности. Для корпоративных заемщиков в качестве данных переменных выступают показатели ликвидности, оборачиваемости, рентабельности, финансовой устойчивости, платежеспособности и другие.

При продвинутом подходе ПВР значения всех компонентов рисков (PD, LGD, EAD и M) оцениваются банками самостоятельно.

Ключевым свойством модели ППВР является качество рисковых параметров, что включает в себя: их надежность, полноту, достоверность, доступность (своевременность получения), однородность, согласованность информации, получаемой из различных источников, а также «уникальность» (индивидуальная специфика, учитывающая качество конкретного контрагента банка, их типов)[1].

Учитывая возможности оценки кредитных рисков на основе модели ППВР, основной проблемой при ее использовании в российских банках является недостаточность у наших кредитных учреждений исторического массива статистических данных по многим характеристикам сделок с корпоративными заемщиками, который необходим для верификации и калибровки разработанных математических моделей рисковых параметров. Тем не менее, данная проблема не должна останавливать российские банки от разработки и внедрения собственных моделей ППВР, так как на начальных этапах возможно использование накопленных собственных внутренних данных, дополнительно использовать внешние данные, представленные в открытых источниках и применять экспертные суждения. Данный шаг станет первоначальным на этапе развития собственной модели ППВР и позволит понять, что дополнительно необходимо для развития и усовершенствования разрабатываемой модели.

В Европе стандарты Базель II стали внедряться еще 7 лет назад. В России на текущий момент происходит адаптации Базеля II к банковской системе России. В начале февраля 2011 г. ЦБ РФ опубликовал консультативный документ о перспективах применения российскими банками продвинутого IRB подхода. Так в разработке рекомендаций Банка

---

[1] Аналитический документ о степени соответствия внутрибанковских подходов к управлению кредитным риском банков – участников проекта «Банковское регулирование и надзор (Базель II)» Программы сотрудничества Евросистемы с Банком России минимальным требованиям IRB-подхода Базеля II // http://www.cbr.ru/today/ms/bn/GAP.pdf

России по внедрению Базель II приняли участие 8 пилотных банков (ВТБ, Сбербанк, Газпромбанк, УРАЛСИБ, Зенит, Юникредит и другие).

В конце декабря 2012 года банковскому сообществу было представлено рекомендательное письмо Банка России от 29.12.2012 № 192-Т^2 по применению продвинутого подхода IRB на российском рынке с проекцией окончательного внедрения Базеля II к 2013–2015 годам среди «пилотных» банков, давших согласие на внедрение продвинутых подходов. Причины необходимости внедрения соглашения Базель II в российскую банковскую систему и использования продвинутого подхода для целей оценки кредитного риска состоят в следующем:

- Центральный Банк Российской Федерации с 1 января 2014г. планирует внедрить стандарты Базель II для всех российских банков;
- имеющиеся оценки кредитных рисков коммерческих банков (не вошедших в «пилотную группу») не позволяют оценивать вероятность дефолта и рассчитывать достаточность капитала с учетом рекомендаций Базель II;
- необходимость создания и накопления массива статистических данных о дефолтах корпоративных заемщиков;
- переход на единые стандарты позволит перестроить информационные системы для обеспечения функций внутренней отчетности и анализа.

Переходу российских коммерческих банков на требования Базель II в части построения собственных моделей ППВР помимо проблемы отсутствия значительного массива статистических данных препятствует ряд других:

1. Расходы на внедрение. По разным оценкам, затраты банков на внедрение нового метода оценки рисков могут составлять от $10-20 млн и даже $50 млн и $100 млн для крупных игроков, причем большую их часть, до 60%, составляют затраты на IT^3.

2. Кадровые проблемы. Внедрение проекта требует отвлечения большого количества сотрудников, в том числе обладающих соответствующим профессиональным опытом (IT – специалисты; кредитные специалисты, подготовленные риск-менеджеры; специалисты эксперты-андеррайтеры).

3. Проблемы автоматизации и создания единой базы данных. Исторически сложилось, что в банках используется большое количество разнородных систем, автоматизирующих разные участки бизнеса банка. В целом, отсутствие единого «информационного хранилища» приводит к наличию одного и того же корпоративного заемщика с различными

---

^{2} Письмо Банка России от 29.12.2012 № 192-Т «О Методических рекомендациях по реализации подхода к расчету кредитного риска на основе внутренних рейтингов банков» //Правовая система «Консультант Плюс»
^{3} Что нового «Базель 2» пророчит российским банкам // http://www.riskovik.com/articles/bankovskie-riski/full/ 124/

характеристиками в различных системах.

Переход банка на модель ППВР должен быть тщательно спланирован с учетом долгосрочной перспективой применения, которая позволит кредитному учреждению:

- получить возможность снизить требований к капиталу и получения большей доходности на капитал за счет более корректной оценки риска, учитывающей специфику деятельности конкретной организации, ее портфелей и продуктов;

- качественно улучшить систему управления рисками в ходе внедрения модели, в том числе систему управления данными, информационные системы, применимые модели, внутренние процессы и систему корпоративного управления, систему лимитов, оценки эффективности деятельности с учетом риска;

- стимулировать развитие индивидуального подхода к каждому клиенту, что может выражаться в индивидуальном ценообразовании кредитных продуктов и более гибких политиках принятия кредитного решения;

- экономить на убытках, связанных с кредитным риском – уменьшение потенциальных потерь путем более тщательного разделения «плохих» и «хороших» заемщиков, тем самым формируя более качественный кредитный портфель;

- улучшить имидж кредитного учреждения в лице аудита и внешних оценщиков, что позволит расширить доступ на международные риски и привлекать средства на внешних рынках;

- удовлетворять требования надзорного органа в обеспечении нормативов управления рисками.

Эффект от продвинутого подхода к оценке кредитного риска должен быть положительным, однако надеяться на то, что это решит все проблемы отрасли одномоментно, не стоит. Новые стандарты сделают банковскую систему более стабильной, позволят перейти к международной системе учета капитала и рисков. В конечном счете, это будет способствовать повышению кредитных рейтингов российских финансовых организаций.

Литература

1. Готовчиков И.Ф. Методы прогнозирования дефолтов клиентов в условиях массового кредитования // Банковское кредитование. – 2006. - №4. – С. 54-57.

2. Письмо Банка России от 29.12.2012 № 192-Т «О Методических рекомендациях по реализации подхода к расчету кредитного риска на основе внутренних рейтингов банков» // Правовая система «Консультант Плюс»

3. Стежкин А.А., Малых Н.О. О подходах к оценке рыночного риска на основе Базеля III // Деньги и кредит. – 2013. - № 5. – С. 21-24.

Лабунова Е.Д.
магистр «Педагогическое образование»
по программе «Экономическое образование» СКФУ, г. Ставрополь
E-mail: 151288labunova@mail.ru

СОВРЕМЕННЫЕ ТЕНДЕНЦИИ РЫНКА ИНТЕЛЛЕКТУАЛЬНОЙ СОБСТВЕННОСТИ И ПЕРСПЕКТИВЫ РАЗВИТИЯ РОССИИ

Формирование рынка интеллектуальной собственности является, на сегодняшний день, одним из главных направлений развития российской рыночной экономики. В то время когда во всем мире идет активная торговля результатами интеллектуальной деятельности, а продукция многих компаний отличается лишь товарными знаками, в России этот сегмент рынка только начинает развиваться. Во многих отечественных компаниях до сих пор не уделяется должного внимания работе в области интеллектуальной собственности, а, как показывает опыт наиболее динамично развивающихся фирм, обладание и грамотное управление сбалансированным пакетом объектов интеллектуальной собственности как раз и дает преимущество на рынке, ограничивая возможности конкурентов и, в конечном счете обеспечивая возможность компаниям получать сверхприбыли. Это связано, в первую очередь, с открывающейся возможностью при помощи неденежного имущества увеличивать уставный капитал предприятий и фирм, интегрироваться с российскими и зарубежными партнерами путем создания совместных предприятий, продажи лицензий, уступки прав или вклада в уставный капитал, получать доход, не занимаясь напрямую производством (лицензионная торговля), ограничивать возможности конкурентов и др.

По существу, рынок интеллектуальной собственности - это рынок результатов интеллектуальной деятельности или чаще всего рынок технологического сырья, а по форме эти сделки на этом рынке оформляются как передача исключительных прав на объекты интеллектуальной собственности и как передача объектов правовой охраны в виде служебной и коммерческой тайны (ноу-хау).

Однако нельзя забывать, что форма всегда имеет относительную самостоятельность по отношению к содержанию. Потому, когда права приобретаются, то анализируется потребительские качества непосредственно объектов правовой охраны: объем предлагаемых прав, их обремененность правами других лиц, сложность и ресурсоемкость обхода или независимого приобретения имеющихся прав, и пр... Этот анализ не только дополняет анализ свойств основного товара - результата интеллектуальной деятельности, но и существенно влияет на его стоимость.

Безусловно, главное потребительское качество интеллектуальной собственности - способность приносить дополнительную прибыль благодаря новым знаниям о том, как более эффективно удовлетворить запросы потребителя. Только новые технологические, художественно-конструкторские решения, новое программное обеспечение позволяют выпустить успешный товар. Дело это очень рискованное. Статистика утверждает, что в среднем не более 10-15% результатов прикладных исследований воплощаются в товар, приносящий коммерческий успех.

Как правило, наибольший интерес на рынке вызывают результаты интеллектуальной деятельности в виде технологий, включающих изобретения, промышленные образцы, товарные знаки, программы для ЭВМ, ноу-хау, то есть различные объекты правовой охраны, существенно повышающие коммерческую ценность товара. Технологии, с вою очередь стараются продавать в совокупности с консультационными и инжиниринговыми услугами, оборудованием, системой сбыта и сервисного обслуживания продукции, выпускаемой по продаваемой технологии.

Развитие отношений интеллектуальной собственности в российской экономике напрямую связано с процессом реформирования и приведением в соответствие производственных отношений уровню производительных сил, тенденциям развития общемировой экономической системы. Качественное изменение современной экономической системы заключается в том, что происходит переход от индустриальной экономики к информационной, главной движущей силой которой является производство и потребление не материальных ценностей, а различных информационных благ. Информационная технология широко распространяется в материальном и нематериальном производстве. Происходит новый процесс разделения труда, когда наука и информационная технология становятся не столько новыми, сколько всеобщими средствами производства.Развитие России по-новому расставляет акценты в соотношении рационального и субъективистского в подходов к интеллектуальной собственности. Все более открыто и настойчиво звучит мнение о том, что в определении интеллектуальной собственности должен иметь место стоимостной, оценочный фактор.

Современное развитие характеризуется повышением роли результатов интеллектуальной деятельности в жизни человечества, - как в духовном, так и в материальном производстве. Сегодня правомерно говорить о рынке интеллектуальных продуктов. И это влечет за собой определенные юридические последствия. Разносторонняя и разумная правовая регламентация в этой сфере имеет существенное значение для всех субъектов.

Вопрос об оценке прав интеллектуальной собственности имеет немаловажное значение в современный период. Вместе с тем, фрагментарность нормативно-правовых предписаний по данной проблеме правового регулирования нередко приводит к существенным нарушениям интересов участвующих в гражданском обороте организаций и лиц.

Сегодня в России проблема развития рынка интеллектуальной собственности стоит остро как с правовой, так и с экономической точки зрения. Правовая сторона проблемы эффективно решается, о чем свидетельствует законопроект, изменяющий статью 151 УПК РФ и другая колоссальная работа по созданию пакета законов, учитывающих требования ТРИПС.

С позиции экономического стимулирования развития рынка интеллектуальной собственности необходимы четко-сформулированная государственная и местная политика на макро и мезо уровнях, способствующая не только созданию интеллектуальной собственности, но и внедрению новых технологий в производство, так как сейчас в стране только 35% выданных россиянам патентов на изобретения востребованы. Также существует необходимость развития страхования интеллектуальной собственности, особенно риска, понесенного патентообладателями от несанкционированного использования их интеллектуальной собственности.

В отношении такого сегмента рынка, как страхование интеллектуальной собственности, надо признать, что этот вид страхования в России на сегодняшний день практически отсутствует, тогда как на Западе данный вид услуг достаточно хорошо развит. В нашей стране сегодня страхуются только некоторые виды рисков в области интеллектуальной собственности, никак не связанные с суммами ущерба, понесенного патентообладателями от несанкционированного использования их интеллектуальной собственности. По мнению ряда страховщиков, нет единых, дающих достоверный результат, методик оценки интеллектуальной собственности, а, следовательно, не может быть определена ни страховая сумма, ни страховая премия по этому объекту страхования.

На микроуровне необходимо провести инвентаризацию и сертификацию объектов интеллектуальной собственности. В процессе инвентаризации происходит выделение объектов интеллектуальной собственности, их идентификация, юридическое оформление, принимается решение о целесообразности постановки их на баланс предприятия, оценивается экономический, фактический и стратегический потенциал интеллектуальной собственности. Цель сертификации интеллектуальной собственности - обеспечение высокой конкурентоспособной продукции за счет юридически чистой интеллектуальной собственности, используемой в хозяйственной деятельности предприятия, и установление фактической принадлежности коммерчески ценных средств.

Россия также серьезно отстает по целому ряду направлений: в отношении баз данных, не охраняются базы данных как самостоятельное право, а только через авторское право, этого сейчас недостаточно, нужно еще разработать охрану баз данных, как самостоятельных объектов. Во-вторых, нужно очень внимательно проанализировать наше законодательство в отношении промышленных образцов и полезных моделей, особенно это касается легкой промышленности, где изменения происходят буквально в течение полугода-года. Ситуация, когда более полутора лет уходит на регистрацию прав, недопустима. Возможно, целесообразно использовать опыт Евросоюза, где зарегистрированные полезные модели охраняются и от копирования и от имитации одновременно, а если вы не зарегистрировались, то вам охрана предоставляется на срок до трех лет от копирования без каких- либо изменений и улучшений вашей продукции. Это призвано обеспечить гибкое функционирование предприятий легкой промышленности. Нужно также более гибко относиться к правовым способам использования инноваций.

Вопросы, возникающие в настоящее время у организаций-владельцев интеллектуальной собственности, напрямую связаны с еще недостаточной развитостью рынка интеллектуальной собственности в России. По существу, предприятия и организации только начинают понимать, что, помимо использования традиционных финансовых ресурсов, существует и такой экономический инструмент, как право на интеллектуальную собственность, с помощью которого можно не только увеличить прибыль предприятия, но и оградить себя от конкурентов, индивидуализировать продукцию своего предприятия, для того, чтобы сделать ее более привлекательной на рынке, и т.д.

В целом можно сказать, что российский рынок интеллектуальной собственности находится в стадии становления, но уже видны положительные тенденции развития по всем направлениям.

Литература

1. Бобрышев В.А. Права государства на объекты интеллектуальной собственности // Юрист, 2008, №2.
2. Еременко В.И. Соотношение понятий "интеллектуальная собственность" и "исключительное право" в Гражданском кодексе Российской Федерации // Законодательство и экономика, 2008, №10.
3. Новосельцев О.В. Системный анализ кодификации интеллектуальной собственности // История государства и права, 2008, №3.

Иванова Е.С.
Федеральное государственное бюджетное образовательное учреждение высшего профессионального образования «Сыктывкарский государственный университет»,
Студентка магистерской программы направления подготовки 010200 «Математика и компьютерные науки»

ОЦЕНКА ОЖИДАЕМОГО ЭФФЕКТА ПРОЕКТА С УЧЕТОМ КОЛИЧЕСТВЕННЫХ ХАРАКТЕРИСТИК НЕОПРЕДЕЛЕННОСТИ

Понятие неопределенности применительно к экономической системе характеризует ситуацию, в которой полностью или частично отсутствует достоверная информация о возможных состояниях внутренней и внешней среды. Например, В.В. Черкасов (1999) рассматривает неопределенность как неполное или неточное представление о значениях различных параметров в будущем, порождаемое различными причинами и, прежде всего, неполнотой или неточностью информации об условиях реализации решения, в том числе затратах и результатах.

В целях оценки устойчивости и эффективности инвестиционного проекта в условиях неопределенности рекомендуется использовать следующие методы (каждый следующий метод является более точным, хотя и более трудоемким, и поэтому применение каждого из них делает ненужным применение предыдущих):
1) укрупненную оценку устойчивости;
2) расчет уровней безубыточности;
3) метод вариации параметров;
4) <u>оценку ожидаемого эффекта с учетом количественных характеристик неопределенности.</u>

Все методы, кроме первого, предусматривают разработку сценариев реализации проекта в наиболее вероятных или наиболее опасных для каких-либо участников условиях и оценку финансовых последствий осуществления таких сценариев. Это дает возможность при необходимости предусмотреть в проекте меры по предотвращению или перераспределению возникающих потерь.

При наличии более детальной информации о различных сценариях реализации проекта, вероятностях их осуществления и о значениях основных технико-экономических показателей проекта при каждом из сценариев для оценки эффективности может быть использован более точный метод. Он позволяет непосредственно рассчитать обобщающий показатель эффективности проекта – ожидаемый интегральный эффект (ожидаемый ЧДД). Оценка ожидаемой эффективности проекта с учетом неопределенности производится при наличии более детальной информации о различных сценариях реализации проекта, вероятностях их осуществления и о значениях основных технико-экономических показателей проекта при каждом из сценариев. Такая оценка может производится как с учетом, так и без учета схемы финансирования проекта.

Расчеты производятся в следующем порядке:

- описывается все множество возможных сценариев реализации проекта (либо в форме перечисления, либо в виде системы ограничений на значения основных технических, экономических и тому подобных параметров проекта);

- по каждому сценарию исследуют, как будет действовать в соответствующих условиях организационно-экономический механизм реализации проекта, как при этом изменяется денежные потоки участников;

- для каждого сценария по каждому шагу расчетного периода определяются (рассчитываются либо задаются аналитическими выражениями) притоки и оттоки реальных денег и обобщающие показатели эффективности. По сценариям, предусматривающим «нештатные» ситуации (аварии, стихийные бедствия, резкие изменения рыночной конъюнктуры и т.п.), учитываются возникающие при этом дополнительные затраты. При определении ЧДД по каждому сценарию норма дисконта принимается безрисковой;

- проверяется финансовая реализуемость проекта. Нарушение условий реализуемости рассматривается как необходимое условие прекращения проекта (при этом учитываются потери и доходы участников, связанные с ликвидацией предприятия по причине его финансовой несостоятельности);

- исходная информация о факторах неопределенности представляется в форме вероятностей отдельных сценариев или интервалов изменения этих вероятностей. Тем самым определяется некоторый класс допустимых (согласованных с имеющейся информацией) вероятностных распределений показателей эффективности проекта;

- оценивается риск нереализуемости проекта – суммарная вероятность сценариев, при которых нарушаются условия финансовой реализуемости проекта;

- оценивается риск неэффективности проекта – суммарная вероятность сценариев, при которых интегральный эффект (ЧДД) становится отрицательным;

- оценивается средний ущерб от реализации проекта в случае его неэффективности;

- на основе показателей отдельных сценариев определяются обобщающие показатели эффективности проекта с учетом факторов неопределенности – показатели ожидаемой эффективности. Основными такими показателями, используемыми для сравнения различных проектов (вариантов проекта) и выбора лучшего из них, являются показатели ожидаемого интегрального эффекта (ЧДД) $Э_{ож}$ (народнохозяйственного – для народного хозяйства или региона, коммерческого – для отдельного участника). Эти же показатели используются для обоснования рациональных размеров и форм резервирования и страхования.

Методы определения показателей ожидаемого эффекта зависят от имеющейся информации о неопределенных условиях реализации проекта.

1. Вероятностная неопределенность

При вероятностной неопределенности по каждому сценарию считается известной (заданной) вероятность его реализации. Вероятностное описание условий реализации проекта оправданно и применимо, когда эффективность проекта обусловлена прежде всего неопределенностью природно-климатических условий (погода, характеристики грунта или запасов полезных ископаемых, возможность землетрясений или наводнений и т.п.) или процессов эксплуатации и износа основных средств (снижение прочности конструкций зданий и сооружений, отказы оборудования и т.п.). С определенной долей условности колебания дефлированных цен на производимую продукцию и потребляемые ресурсы могут описываться также в вероятностных терминах.

В случае когда имеется конечное количество сценариев и вероятности их заданы, ожидаемый интегральный эффект проект рассчитывается по формуле математического ожидания:

$$Э_{ож} = \sum_k Э_k p_k,$$

где $Э_{ож}$ – ожидаемый интегральный эффект проекта;

$Э_k$ – интегральный эффект (ЧДД) при k-ом сценарии;

p_k – вероятность реализации этого сценария.

При этом риск неэффективности проекта ($Р_э$) и средний ущерб от реализации проекта в случае его неэффективности ($У_э$) определяются по формулам:

$$Р_э = \sum_k p_k \quad ; \quad У_э = \frac{\sum_k |Э_k| p_k}{Р_э},$$

где суммирование ведется только по тем сценариям (k), для которых интегральные эффекты (ЧДД) $Э_k$ отрицательны.

Интегральные эффекты сценариев $Э_k$ и ожидаемый эффект $Э_{ож}$ зависят от значения нормы дисконта (Е). премия (g) за риск неполучения доходов, предусмотренных основным сценарием проекта, определяется из условия равенства между ожидаемым эффектом проекта $Э_{ож}(Е)$, рассчитанным при безрисковой норме дисконта Е, и эффектом основного сценария Э$_{ОС}$(E+g), рассчитанным при номе дисконта E+g, включающей поправку на риск:

$$Э_{ож}(E) = Э_{ОС}(E+g).$$

В этом случае средние потери от неполучения предусмотренных основным сценарием доходов при неблагоприятных сценариях покрываются средним выигрышем от получения более высоких доходов при благоприятных сценариях.

2. Интервальная неопределенность

В случае когда какая-либо информация о вероятностях сценариев отсутствует (известно только, что они положительны и в сумме составляют 1), расчет ожидаемого интегрального эффекта производится по формуле:

$$Э_{ож} = \lambda \times Э_{max} + (1 - \lambda) \times Э_{min},$$

где Э$_{max}$ и Э$_{min}$ – наибольший и наименьший интегральный эффект (ЧДД) по рассмотренным сценариям;

λ – специальный норматив для учета неопределенности эффекта, отражающий систему предпочтений соответствующего хозяйствующего субъекта в условиях неопределенности. При определении ожидаемого интегрального народнохозяйственного экономического эффекта рекомендуется принимать на уровне 0,3.

В общем случае, при наличии дополнительных ограничений на вероятности отдельных сценариев (p$_m$), расчет ожидаемого интегрального эффекта рекомендуется производить по формуле:

$$Э_{ож} = \lambda \times \max_{p_1, p_2, \ldots} \left\{ \sum_k Э_k p_k \right\} + (1 - \lambda) \times \min_{p_1, p_2, \ldots} \left\{ \sum_k Э_k p_k \right\},$$

где Э$_k$ – интегральный эффект (ЧДД) при k-м сценарии, а максимум и минимум рассчитываются во всем допустимым (согласованным с имеющейся информацией) сочетаниям вероятностей отдельных сценариев.

Литература

Коссов В.В., Лившиц В.Н., Шахназаров А.Г. Методические рекомендации по оценке эффективности инвестиционных проектов (вторая редакция). Москва. Издательство «Экономика», с.74-76, 2000.

Черкасов В.В. Проблемы риска в управленческой деятельности. Монография. М., "Рефл-бук", К.,"Ваклер", 288 с., 1999.

Куликов С.В. - доцент, к.э.н., Новосибирский государственный университет экономики и управления
Тихонов Р.С. - магистрант, Новосибирский государственный университет экономики и управления

ИСПОЛЬЗОВАНИЕ МЕЖДУНАРОДНЫХ СТАНДАРТОВ ФИНАНСОВОЙ ОТЧЁТНОСТИ ПРИ ОЦЕНКЕ СТОИМОСТИ ПРЕДПРИЯТИЙ

Стоимость предприятий является одним из важнейших показателей в рыночной экономике. Интерес к этому показателю проявляется, прежде всего, при инвестировании, кредитовании или страховании. Оценка стоимости предприятия сложный и трудоёмкий процесс, заключающийся в установлении стоимости предприятия как действующего в расчёте на получение прибыли. Западные специалисты в области финансов, среди которых Р. Брейли и С. Майерс [1,9], Т. Коупленд [2,11], Дж. Фишмен [4,1], отмечают, что максимизация богатства собственников достигается, в том числе через повышение стоимости предприятия.

Со вступлением России в ВТО должен усилиться поток инвестиций. Но какой инвестор будет вкладывать капитал в предприятие, не удостоверившись в том, что взамен он получит прибыль или иной полезный эффект. Поэтому оценка стоимости предприятий является одной из актуальных тем современной отечественной экономики. В частности измерение этого показателя позволяет дать ответы на следующие вопросы:
- определение эффективности работы предприятия – отвечает ли менеджмент интересам собственников;
- принятие инвестиционного решения – обоснована ли покупка или продажа акций или доли участия того или иного предприятия;
- реорганизация предприятия – целесообразна ли интеграция с конкретным предприятием.

Однако определение стоимости предприятий в России затруднено проблемой, связанной с информационным обеспечением. В качестве информационной базы о финансовом положении, результатах деятельности и денежных потоках предприятия могут выступать международные стандарты финансовой отчётности. Применение международных стандартов финансовой отчётности должно сделать работу российских предприятий более открытой и прозрачной, а также повысить их инвестиционную привлекательность, что непосредственно связано с их стоимостью.

В целях доказательства нашей позиции рассчитаем предварительную стоимость одного крупного предприятия методом дисконтирования денежных потоков [6]. Определим денежный поток предприятия на весь инвестированный капитал согласно данным российских стандартов бухгалтерской отчётности и международных стандартов финансовой отчётности, сравнив полученные результаты в таблице 1.

Таблица 1. Денежный поток по РСБУ и МСФО за 2012 г., (млн руб.)

Показатель	РСБУ		МСФО	
EBIT	47316		59611	
Налог на прибыль	8502		8592	
Амортизация	41312		54696	
Чистый оборотный капитал	2012 г.	2011 г.	2012 г.	2011 г.
	-40040	-68159	-75487	-76563
Изменение чистого оборотного капитала	28119		1076	
Капитальные вложения	2012 г.	2011 г.	2012 г.	2011 г.
	48348	28141	91181	83231
Изменение капитальных вложений	20207		7950	
Денежный поток на весь инвестированный капитал	31800		96689	

Из таблицы 1 следует, что денежный поток, рассчитанный по российским стандартам бухгалтерской отчётности, существенно отличается от денежного потока, рассчитанного по международным стандартам финансовой отчётности. Точнее говоря, денежный поток по РСБУ сильно занижен, по сравнению с денежным потоком, рассчитанным по МСФО. Это может объясняться не только разной методикой составления отчётности, но и наличия закрытости отечественной бухгалтерской (финансовой) отчетности. Мы не в состоянии определить источники образования конкретных видов активов, как практически невозможно увидеть реальное движение денежных средств.

При оценке методом дисконтирования денежных потоков происходит разделение на два периода: прогнозный и постпрогнозный. Традиционно, прогнозный период, в странах с переходным типом экономики, рекомендован к установлению в рамках трёх лет. Предположим, что прогнозные темпы роста предприятия на следующие три года планируются 2,5%, а в постпрогнозный период их величина составит 1,5%. Представленные в таблице 1 значения денежных потоков скорректируем на прогнозные темпы роста. Полученные результаты разместим в таблице 2.

Таблица 2. Денежные потоки 2013 – 2015 гг., (млн руб.)

Год	РСБУ	МСФО
2013	32596	99106
2014	33410	101584
2015	34245	104124

На основе имеющейся информации о величине денежных потоков в прогнозируемом периоде, можно рассчитать текущую рыночную стоимость предприятия по формуле (1):

$$PV = \sum_{i=1}^{n} \frac{CF_n}{(1+WACC)^n} + \frac{CF_{lt}*(1+g)}{(WACC-g)}, \qquad (1)$$

где WACC – средневзвешенные затраты на капитал (ставка взята из открытых источников и определена в 12,4%);

$\sum_{i=1}^{n} \frac{CF_n}{(1+WACC)^n}$ – текущая стоимость денежных потоков за прогнозируемый период (n = 3 года);

CF_n – денежный поток предприятия, генерируемый в периоде n;
CF_{lt} – величина денежного потока в последнем прогнозном периоде;
g – планируемый темп роста стоимости предприятия в постпрогнозном периоде.

PV (РСБУ) = 398447,6 (млн руб.)
PV (МСФО) = 1211499 (млн руб.)

Из полученных расчётов можно сделать вывод, что предприятия, на которых учёт ведётся только по РСБУ, занижают свою стоимость. Поэтому предприятия, стремящиеся к прозрачности и повышению инвестиционной привлекательности должны вести параллельный учёт по МСФО. Применение метода дисконтирования денежных потоков к оценке стоимости предприятия имеет свои достоинства и недостатки. Одно из главных достоинств этого метода заключается в том, что он отражает ожидание инвестора в получении прибыли. Недостаток же этого метода заключается в сложности прогнозирования и от этого условности будущих денежных потоков.

Список использованных источников

1 Брейли Р., Майерс С. Принципы корпоративных финансов / Пер. с англ. Н. Барышниковой. – М.: ЗАО «Олимп-Бизнес», 2008. – 1008 с.: ил.
2 Коупленд Т., Коллер Т., Муррин Дж. Стоимость компаний: оценка и управление. 3-е изд., перераб. и доп. / Пер. с англ. – М.: ЗАО «Олимп-Бизнес», 2000. – 576 с.: ил.
3 Оценка бизнеса: Учебник / Под ред. А.Г. Грязновой, М.А. Федотовой. – 2-е изд., перераб. и доп. – М.: Финансы и статистика, 2009. – 736 с.: ил.
4 Фишмен Дж., Пратт Ш., Гриффит К., Уилсон К. Руководство по оценке стоимости бизнеса / Пер. с англ. Л.И. Лопатников. – М.: ЗАО «Квинто-консалтинг», 2000. – 368 с.
5 Экономический анализ слияний/поглощений: научное издание / Д.А. Ендовицкий, В.Е. Соболева. – М.: КНОРУС, 2010. – 448с.
6 ОАО «Ростелеком» [Электронный ресурс] URL: http://www.rostelecom.ru/

Ташлыкова Т.А.
инженер ИЗК СО РАН, г. Иркутск, РФ; tta1964@mail.ru
Лукьянова Е.А.
доцент НИ Ир ГТУ, г. Иркутск, Россия
Петров А.Л.
студент 2-го курса магистратуры ф-та международных отношений
МГИМО, г. Москва, Россия

ПРИРОДНО-РЕСУРСНЫЙ ПОТЕНЦИАЛ УСТЬ-ИЛИМСКОГО РАЙОНА В ИННОВАЦИОННОМ РАЗВИТИИ ИРКУТСКОЙ ОБЛАСТИ

Современный этап индустриального развития России и будущее ее процветание может успешно осуществляться при условии активного нововведения инновационных технологий в экономику каждого из ее субъектов. Экономика отдельно взятого региона строится на его природно-ресурсном потенциале. Внедрение высокотехнологичного производства в доминирующие отрасли экономики каждого из регионов страны повышает общий их статус и в государственном масштабе.

Сложившаяся в настоящее время экономическая ситуация в стране предлагает делать акцент на использование имеющихся сырьевых ресурсов регионов с модернизацией их производства и инновационными вложениями в доминирующие отрасли. Особенность устойчивого социально-экономического развития РФ состоит в том, что только при успешном развитии местной сырьевой базы, регионы могут получить собственный инвестиционный потенциал для инновационного обновления производственной деятельности.

В данной статье предлагается рассмотреть на примере конкретного муниципального образования – Усть-Илимского района, являющегося одним из обеспеченных природными ресурсами территории в Иркутской области. Расположен данный муниципалитет в северо-западной ее окраинной части на границе с Красноярским краем и Эвенкийским автономным округом. Современная площадь муниципального образования «Усть-Илимский район» составляет 36,6 тыс. км^2 или 4,8% территории Иркутской области численностью 21,4 тыс. чел (на 01.01.2010 г.).

Усть-Илимский район удален от главных сибирских транзитных железнодорожных и автомагистралей и имеет выход на областной центр и другие города области через построенные только в 60-70–х гг. прошлого столетия автомобильную трассу Усть-Илимск–Братск и железнодорожную ветку Хребтовая–Усть-Илимск железнодорожной линии Тайшет–Братск–Лена. Удаленность до областного центра (г. Иркутска) составляет по железной дороге 1459 км, по автодороге – 876 км., воздушным путем – 730 км [2,7].

Как самостоятельное образование Усть-Илимский район выделился 15 февраля 1968 г. До этого времени территория характеризовалась медленным ростом ресурсопользования [2,123]. Ситуация изменилась после проведения Ленской железной дороги в 1951 г., с вводом в действие которой началось заселение территории и широкое освоение ее природных ресурсов, явив новый индустриальный этап в развитии природопользования района, объемы которого нарастают и сегодня.

В настоящее время природно-ресурсный потенциал Усть-Илимского района оценивается как высокий, где минерально-сырьевые ресурсы составляют основу ресурсной базы современной экономики не только района, но и Иркутской области. Они в основном представлены невозобновляемыми исчерпаемыми ресурсами; одними из главных составляющих являются уголь и железные руды. В пределах района расположен Ангаро–Катский железорудный район с содержанием Fe в рудах 15-60%. По состоянию на конец 90-х гг. XX в. прогнозный ресурс Ангаро-Катского района оценивается 4,15 млрд. т [1; 3,26].

Разведанные в районе топливно-энергетические ресурсы (каменные и бурые угли), эксплуатируются пока для местных нужд (для дальнейшего развития Братско–Усть-Илимского ТПК, а также – возможности формирования и других северных новых промышленных узлов).

Современная оценка геологических условий Усть-Илимского района позволяют рассчитывать на наличие месторождений различных естественных строительных материалов, цеолитов, ювелирных и поделочных камней [1]. По состоянию на вторую половину 90-х гг. среди месторождений естественных строительных материалов есть месторождения долерита, глин, пригодных для производства керамзита, и туфа, пригодного для производства бутового камня. Геологическое строение территории района свидетельствует, что при необходимости здесь могут быть выявлены и разведаны запасы практически всех необходимых видов естественных строительных материалов.

Основными богатствами Усть-Илимского района выступают гидроэнергоресурсы р. Ангары и лесосырьевые ресурсы, которые и определяют в настоящее время профилирующие отрасли не только развития данного района, но и области.

Наиболее весомую и значимую роль в общем природно-ресурсном потенциале района играют возобновляемые гидроэнергетические ресурсы, потенциальные запасы которых оцениваются в 22,2 млрд. кВт/час, получение которых оказалось возможным после строительства и ввода в эксплуатацию Усть-Илимского гидроузла и наполнения при нем напорного глубоководного водохранилища. Однако эксплуатация ГЭС в течение трех десятков лет потребовала модернизации системы возбуждения гидрогенератора станции, что и было произведено несколько лет назад.

С вводом в эксплуатацию Богучанского гидроузла (IV ступени Ангарского каскада ГЭС) будут дополнительно задействованы гидроэнергоресурсы Нижней Ангары, которые в пределах данного муниципального образования предварительно оцениваются в 6,4 млрд. кВт/час.

Лесосырьевые ресурсы на территории Усть-Илимского района весьма значительны и представлены густой таежной растительностью. По удельному весу площадей, занятых лесом (88%), Усть-Илимский район занимает одно из первых мест в области; и здесь этот показатель в два раза выше, чем в стране [3,52]. Общий запас древесины района составляет 0,65 млрд м^3 (8% древесных ресурсов области). Неосвоенная зона тайги позволила в 1975 г. начать строительство гиганта лесной индустрии – Усть-Илимского ЛПК, объявленного стройкой СЭВ, где на тот момент времени были использованы самые современные процессы механической и химической обработки древесины.

В основу современной комплексной переработки древесины Усть-Илимского ЛПК положены новые принципы организации производства в крупных масштабах, которые позволяют добиваться высокой производительности труда и роста эффективности всего предприятия на фоне снижения негативного воздействия на окружающую среду. В 2013 г. в Иркутской области вводится в действие интегрированный комплекс по переработке хвойного лесосырья и глубокой переработки древесины [4; 5,5].

Таким образом, имеющиеся природные ресурсы Усть-Илимского района представляют собой основу для современного развития экономики и социальной сферы данного муниципального образования. Однако модернизация существующего производства позволяет внедрять в ведущие отрасли новые инновационные проекты и технологии с наращиванием объемов инвестиций, тем самым позволяя вывести их на современный европейский уровень по организации и выпуску продукции, тем самым и повышая общий статус Иркутской области в развитии отдельных отраслей производства.

Литература

1. Атлас. Иркутская область. Экологические условия развития. – Москва–Иркутск, 2004. – 90 с.
2. Магомедов М.М. Природа Усть-Илимского района. – Иркутск–Усть-Илимск: Изд-во ИГ СО РАН, 2003. – 144 с.
3. Магомедов М.М. Природные ресурсы Усть-Илимского района. – Иркутск–Усть-Илимск: Изд-во ИГ СО РАН, 2005. – 220 с.
4. Улыбина Ю. Регион с мощной экономикой // Областная газета. №73 (1094), 8 июля 2013.
5. Усов О. Послание-перезагрузка // Иркутская область. Сибирь. №9, 2013. – С. 4-7.

Михайлова М.В., Ваулина К.В., Белькова Е.А., Деркачева М.С.
студенты ПГУТИ

ТИПОВАЯ БИЗНЕС-МОДЕЛЬ ЦЕНТРА ЭЛЕКТРОННОГО БИЗНЕСА В ВУЗЕ-УЧАСТНИКЕ ПРОЕКТА ECOMMIS

Бурное развитие электронного бизнеса в последние годы определяется не столько успехами автоматизации коммуникационных процессов, сколько успешной реализацией электронных технологий в бизнесе, создавшей необходимую базу для роста общей динамики рыночных процессов.[1,46] В связи с этим появляется необходимость в создании профессионально-ориентированного бюро (EB-Office), которое создается в университетах-участниках проекта из стран-партнеров ECOMMIS «Двухуровневые программы обучения электронной коммерции для развития информационного общества в России, Украине и Израиле». Проект ECOMMIS направлен на совершенствование преподавания дисциплин в сфере технологий электронной коммерции на базе европейских ВУЗов-участников проекта.

В данной статье авторами рассматривается типовая бизнес-модель данного центра, с использованием нотации IDEF0.

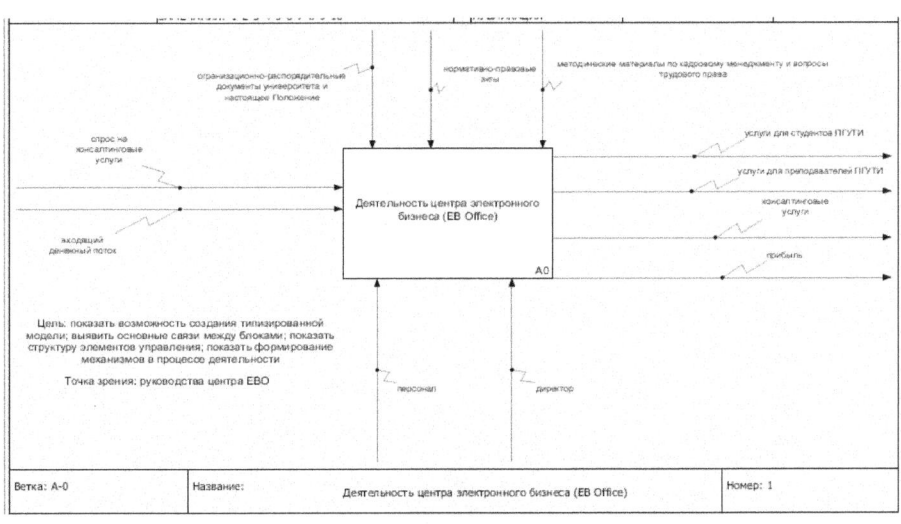

Рис. 1 – Деятельность центра электронного бизнеса (контекстная диаграмма)

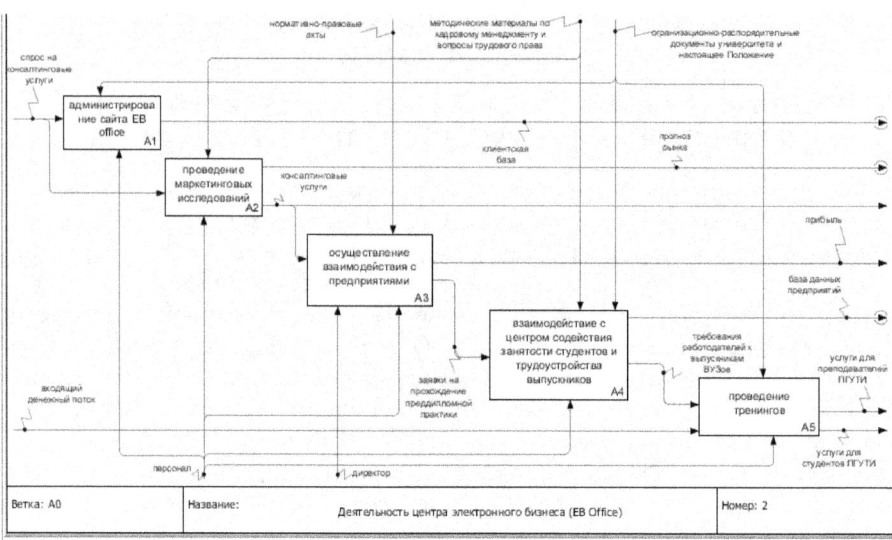

Рис. 2 – Деятельность центра электронного бизнеса

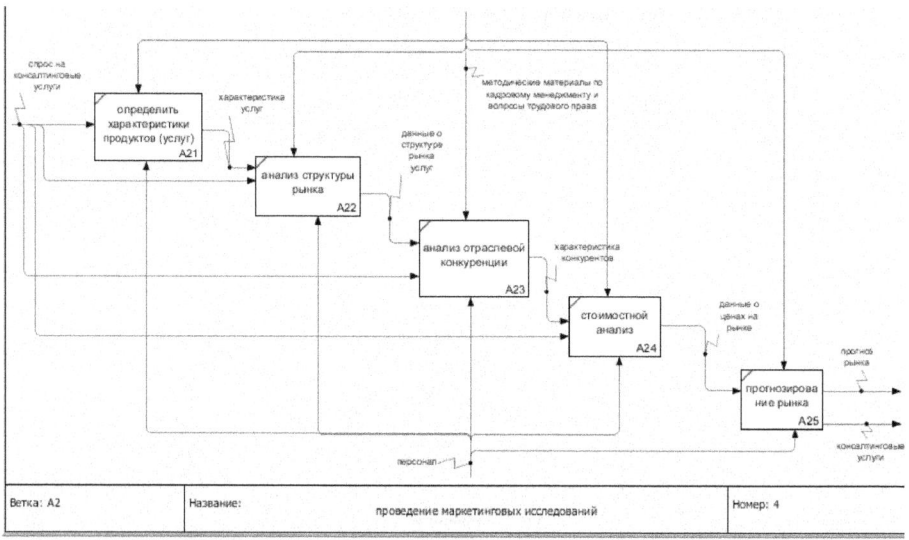

Рис. 3 – Проведение маркетинговых исследований

Экономические науки

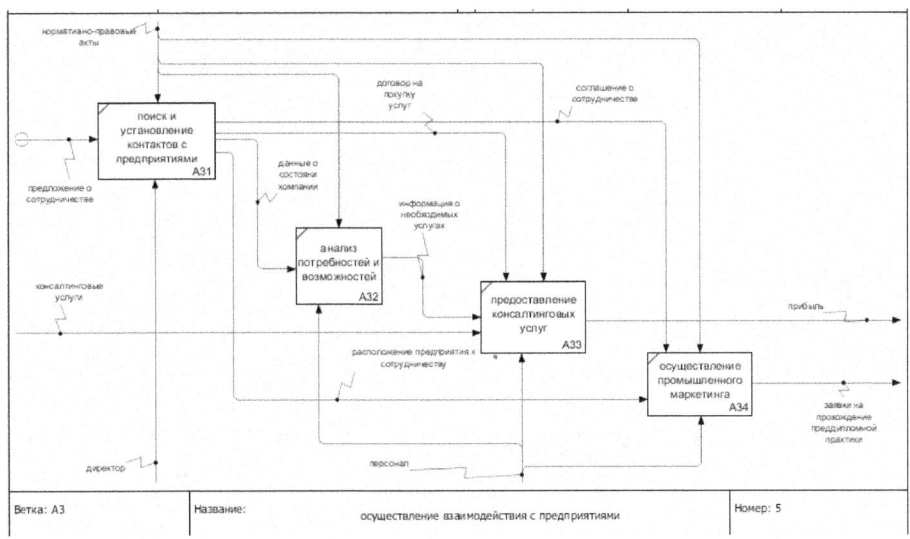

Рис. 4 – Осуществление взаимодействия с предприятиями

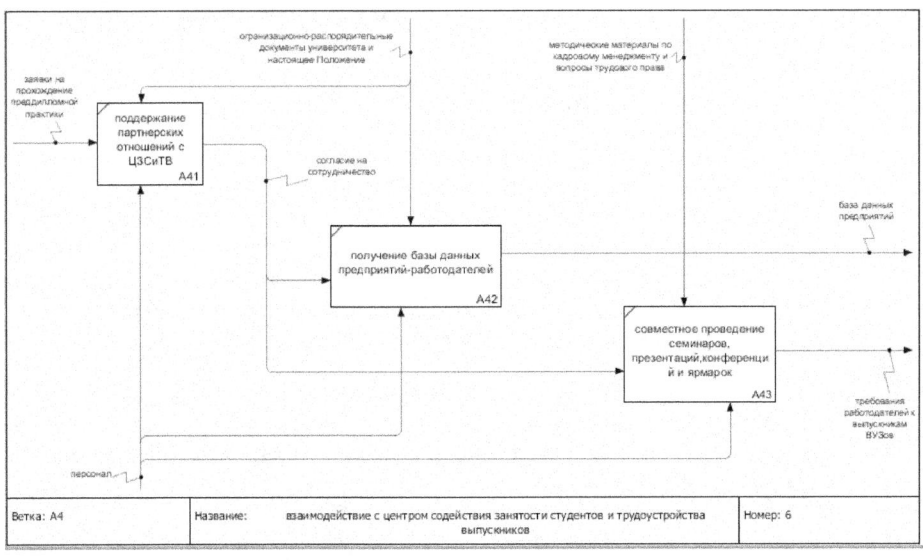

Рис. 5 – Взаимодействие с центром содействия занятости студентов и трудоустройства выпускников

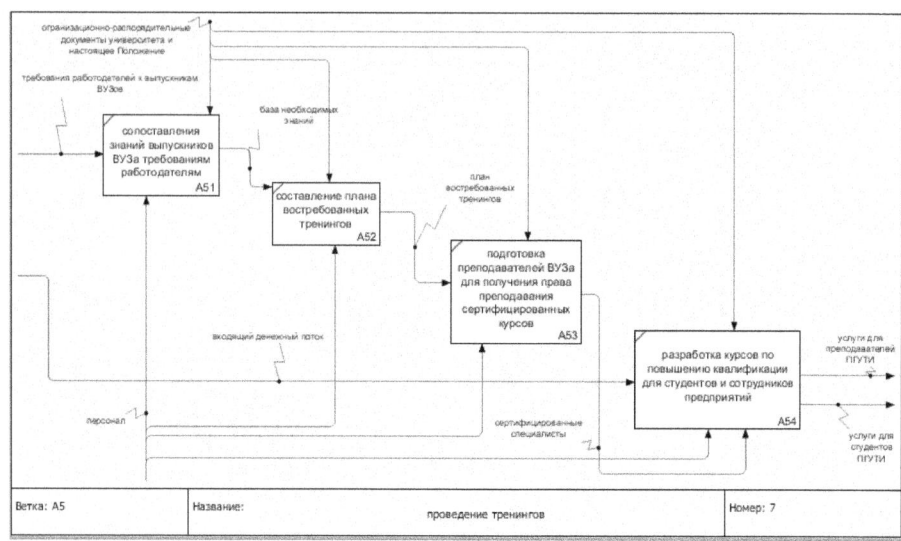

Рис. 6 – проведение тренингов

Бизнес модель EB-Office описывает структуру и взаимодействие данного центра с различными субъектами (университет, внешние предприятия и организации) в информационной сфере.

Деятельность EB-Office включает в себя:

1. предоставление готовых услуг в виде тренингов, используемые в дальнейшем студентами для получения навыков работы в прикладных информационных системах экономики преподавателями и сотрудниками организаций для повышения квалификации. Данные курсы проводятся на базе EB-Officeвысококвалифицированными сотрудниками предприятий и предоставляют возможность обучения таким программам, как 1С, SAP, ORACLE, MICROSOFT.[3,3]

2. организацию выездных экскурсий со студентами университета для наглядного представления процесса работы предприятия, что поможет им в выборе преддипломной практики и дальнейшего трудоустройства.

3. предоставление услуг внешним организациям:

– Продвижение компании в интернете

– Реинжиниринг бизнес-процессов

- Инвестиционное проектирование и бизнес планирование для предприятий, претендующих на венчурное инвестирование кредитования

- Оказать другие консалтинговые услуги в сферах ERP-, CRM-, SCM-систем [3,4]

4. маркетинг рынка образовательных услуг, изучение требований работодателей; анализ потребностей предприятий и организаций региона в специалистах направлений подготовки бизнес-информатика, управление инновациями; изучение соответствия знаний выпускников ВУЗа требованиям работодателей;

5. организация периодического проведения в ВУЗе ревизии действующих учебных курсов с целью замены/ модернизации устаревших дисциплин и разработки новых;

6. изучение потребности предприятий, использующих современные информационные технологии в бизнесе и управлении, в услугах по повышению квалификации профессиональных кадров;[3,5]

7. анализ сложившихся в регионе механизмов партнерства «образовательное учреждение-регион», в том числе и для университета;

8. поиск заинтересованных организаций и спонсоров;

9. проведение работы со студентами университета в целях повышения их конкурентоспособности на рынке труда посредством информирования о тенденциях спроса на специалистов, организации профильных научных исследований;

10. осуществление постоянного взаимодействия с предприятиями и организациями региона, региональными и местными администрациями;

11. взаимодействие со структурами учреждений профессионального образования данного региона;

12. ведение информационной и рекламной деятельности;

13. взаимодействие со студенческими и молодежными организациями;

14. услуги, базирующиеся на глубоком освоении материалов создаваемых в рамках проекта ECOMMIS дисциплин.

ElectronicBusinessOffice выйдет на самоокупаемость после того, как он станет инструментом взаимодействия ВУЗов с рынком труда и рынком образовательных услуг.

Центр электронного бизнеса (EB-Office) сможет получать прибыль при содействии с контрагентами:

- организация курсов повышения квалификации студентов, преподавателей, выпускников, аспирантов;
- организация тренингов, несущих большую значимость для студентов;
- маркетинговые исследования и конкурентную разведку в интернете;
- консультационное управление активами на финансовом рынке через Интернет;
- организация выездных экскурсий на предприятия;
- повышение узнаваемости центра через интернет;
- прогнозирование потребностей предприятий.

Создание электронного бизнес центра на базе университетов вызвано быстрым развитием информационных технологий в высокоиндустриальных странах. В настоящее время данное направление достаточно актуально. Это связано с повышением уровня технологичности стран в информационной сфере.[2,98]

Все чаще требуются высококвалифицированные специалисты и преподаватели в сфере информационных технологий. EB-Office помогает осуществить организацию тренингов для повышения квалификации, тем самым дает возможность специалистам быть востребованными на рынке труда.

Данная бизнес-модель выявляет взаимосвязь между структурными подразделениями EB-Office, показывает формирование механизмов в процессе деятельности и структуру элементов управления.

Можно сделать вывод, что создание данного электронного бизнес-офиса поможет вывести ВУЗы на более высокий уровень информационного развития, предоставит новейшие консалтинговые услуги, выпустит подготовленных высококвалифицированных специалистов и предоставит возможность контакта между учебными заведениями других стран.

Список используемой литературы

1 Юрасов А.В. Электронная коммерция: Учеб. пособие. – М.: Дело, 2003. – С.46

2 Хасаншин И.А. Системы поддержки принятия решений в управлении региональным электронным правительством. – М.: Горячая линия-Телеком, 2012. – С.98

3 Юрасов А.В. Положение о центре электронного бизнеса, 2012. – С. 3-5.

Губарь Л.Н.
Федеральное государственное бюджетное образовательное учреждение высшего профессионального образования
«Сыктывкарский государственный университет», город Сыктывкар
Студентка магистерской программы направления подготовки
010200 Математика и компьютерные науки

КОМПЛАЕНС-КОНТРОЛЬ И МАТЕМАТИЧЕСКИЕ МЕТОДЫ В ЦЕЛЯХ МИНИМИЗАЦИИ РИСКОВ УСТОЙЧИВОГО РАЗВИТИЯ ВУЗА

Комплаенс в переводе с английского *compliance* означает согласие, соответствие. Несмотря на то, что в настоящее время, комплаенс является преимущественно направлением профессиональной деятельности, привнесённым в российские организации крупными западными компаниями в финансово-банковскую сферу, применение его этой сферой не ограничивается [2, 39].

Так, комплаенс или комплаенс-контроль вполне применим и в сфере образования. Основной его целью в сфере образования является минимизация социально-экономических, политических, техногенных и репутационных рисков, возникающих вследствие нарушения профессиональных и этических стандартов. Другими словами, у вуза, при несоблюдении требований нормативно-правовых актов, регулирующих его деятельность появляется риск применения к нему юридических санкций или санкций регулирующих органов, существенного финансового убытка или потери репутации вузом.

Комплаенс формирует фундамент контроля вуза, всегда функционирующего по тем или иным стандартам. В этом смысле комплаенс рассматривается как обязательная составляющая системы управления, одной из важнейших частей которой является система внутреннего контроля [1].

Система внутреннего контроля, в конечном счете, должна быть выстроена таким образом, чтобы свести к минимуму возможные потери вуза и привести вуз к его устойчивому развитию.

Изобразим графически распределение вероятностей возможных рисков от их степени (рисунок 1).

На рисунке 1 точка $A^{'}$ определяет вероятность нулевых потерь или отсутствие риска. Вероятность в этой точке максимальна, но меньше единицы:

$$A^{'} = \arg\max_{A \in \Omega} P(A); \quad P(A) \leq 1 \quad (1)$$

В точке A' кривая риска переходит в безрисковую зону, характеризующую возможность ненаступления рискового события и устойчивое развитие вуза.

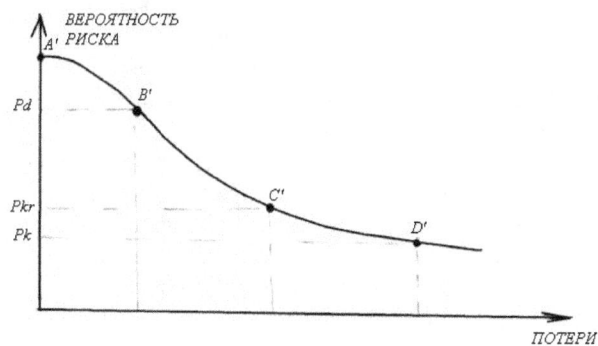

Рисунок 1 – Кривая риска

В интервале от точки A' до точки B' - область допустимого риска. В этом интервале появляются потери, но они меньше получаемого эффекта:

$$Los_p + Los_{c-э} + Los_n + Los_m \leq Dev \quad (2)$$

где Dev - величина устойчивого развития вуза, выраженная в стоимостной форме;

Los_p - репутационные потери, выраженные в стоимостной форме;

$Los_{c-э}$ - социально-экономические потери, выраженные в стоимостной форме;

Los_n - политические потери, выраженные в стоимостной форме;

Los_m - техногенные потери, выраженные в стоимостной форме.

Абсолютные значения величин в стоимостной форме определяются экспертным путем.

Вероятность потерь в области допустимого риска снижается. Точка B' отражает равенство возможных потерь эффективности вуза и его устойчивого развития.

В интервале от точки B' до точки C' - область критического риска. Этот интервал характеризуется дальнейшим ростом потерь и снижением эффекта:

$$Los_p + Los_{c-э} + Los_n + Los_m = Dev \quad (3)$$

В точке C' эффект отсутствует (нулевой эффект). Вуз функционирует, но не отвечает требованиям и, как следствие, подвергается возникновению репутационных, социально-экономических, политических и техногенных рисков.

В интервале от точки C' до точки D' - область катастрофического риска. На этом интервале вероятность получения убытков приближается к минимальной, а величина их значительно возрастает:

$$Los_p + Los_{c-э} + Los_n + Los_m \geq Dev \quad (4)$$

Убытки могут привести к применению санкций со стороны надзорных органов, ведущих к тому, что вуз становится не способным осуществлять образовательную деятельность, а значит он рискует быть ликвидированным. В точке D потери максимальны.

В практической деятельности расчет вероятности риска в пределах всей кривой не требуется. Достаточно определить значения вероятности допустимого Pd, критического Pkr, катастрофического Pk рисков, при которых соответственно потери равны эффекту, наступает начало чистых потерь и достигнуты максимальные чистые потери.

В деятельности любой организации, и вуза, в частности, наступает момент, когда становится очевидным, что стихийным образом складывающаяся практика ведения дел, достигая одних целей, не всегда способна достичь других, не менее важных для организации. Внедрение комплаенс-контроля в систему управления вузом является необходимым фактором, способным оказать синергетический эффект недопущения наступления возможных социально-экономических, политических, техногенных и репутационных рисков.

Источники:

1. Терехов А.Г. Трансформация комплаенса и риск-менеджмента в системе внутреннего контроля // Методический журнал «Внутренний контроль в кредитной организации». 2011. №1. [Электронный ресурс]: http://www.reglament.net/bank/control/2011_1/get_article.htm?id=1241
2. Трунцевский Ю.В., Раменская П.Ю. Корпоративный комплаенс как альтернатива законов, нормативов и правил //Международное публичное и частное право. 2013. №2. С.39-42.

Моглячев А.В.
канд. экон. наук, консультант управления регулирования коммунальной инфраструктуры и газоснабжения министерства энергетики и жилищно-коммунального хозяйства Самарской области

ЗАВИСИМОСТЬ СТОИМОСТИ ОБСЛУЖИВАНИЯ СИСТЕМ ЖИЗНЕОБЕСПЕЧЕНИЯ ОТ ТИПА КОМПЛЕКСНОЙ ЖИЛИЩНОЙ ЗАСТРОЙКИ ТЕРРИТОРИИ

Исследование зависимости стоимости обслуживания систем жизнеобеспечения от типа комплексной жилищной застройки представляет собой актуальную теоретическую проблему.

При этом организация обслуживания коммунальными услугами объектов нового комплексного жилищного строительства – практическая задача для застройщиков территории, ее жителей и органов местного самоуправления, на которых возложены полномочия по ее решению. Нередко стоимость обеспечения коммунальными услугами становится слишком высокой для собственников, которые приобрели жилые дома или квартиры в районах новой застройки.

Необходимо учитывать, что деятельность по обеспечению населения коммунальными услугами тесно связана с географической средой. В частности, цены на ресурсы и услуги зависят от применяемых технологических решений, которые, не в последнюю очередь, определяются местоположением объекта строительства. В этом отношении учет природных факторов, технологических решений и анализ их влияния на стоимость эксплуатации инженерной инфраструктуры требуется на начальном этапе проектирования строительства. Недооценка такого анализа может привести к повышенным удельным издержкам на содержание систем жизнеобеспечения.

Принимая во внимание, что затраты на услуги электро- и газоснабжения населения учитываются в так называемом «котловом тарифе», а отопление объектов комплексной застройки, как правило, осуществляется от индивидуальных тепловых пунктов и котлов, установленных в каждом жилом доме, оценку стоимости обеспечения коммунальными услугами проведем на примере водоснабжения.

Для определения влияния различных схем комплексной жилищной застройки на последующую стоимость обеспечения ее водоснабжением автором рассмотрены варианты размещения жилых домов на условном земельном участке площадью 225 соток (150 м × 150 м).

Предполагается, что на территории имеются достаточные запасы воды для удовлетворения питьевых, хозяйственных, санитарно-гигиенических, коммунально-бытовых и производственных нужд для всех рассматриваемых вариантов застройки территории.

При планировании схемы разводящих сетей водоснабжения мы исходили из того, что развитие жилищной застройки будет происходить «с Запада на Восток», что определяет горизонтальное расположение инженерных сетей в представленных схемах.

Т.к. при таком подходе каждый последующий участок застройки по сути представляет из себя фрактал исходного полигона, при определении загруженности системы водоснабжения автором применяется поправочный коэффициент, учитывающий неравномерность застройки населенного пункта. Такая неравномерность застройки обуславливается необходимостью строительства инженерных коммуникаций (газопроводов, линий электропередач, трансформаторных подстанций, телефонных линий), дорожной сети и пожарных проездов, социальной инфраструктуры, объектов торговли и производства и т.д. Рассматриваемые в статье варианты застройки приведены на рис. 1.

Вариант А. Застройка одноэтажными домами

В качестве базового жилого дома выбран объект размером 10 м × 10 м, расположенный на участке 15 соток (30 м × 50 м). Расстояние от границы участка до проезда – 6 м, ширина проездной улицы – 6 м. По итогам Всероссийской переписи населения 2010 г. среднестатистическое количество членов семьи в Самарской области составляет 2,4 чел. Среднее потребление воды принято в размере 5,0 м^3/чел. в мес. Используя указанные исходные данные проведен расчет показателя загрузки сетей водоснабжения, который составил 2,4 тыс. м^3/км.

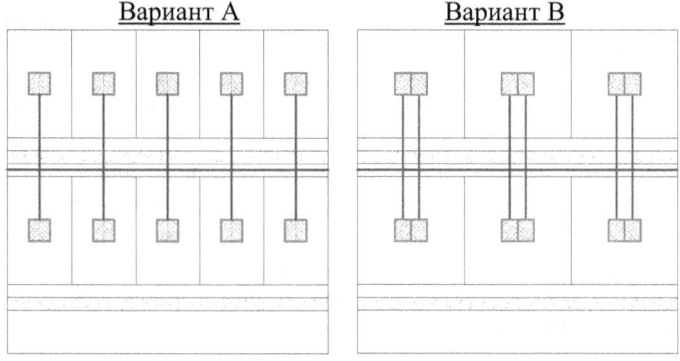

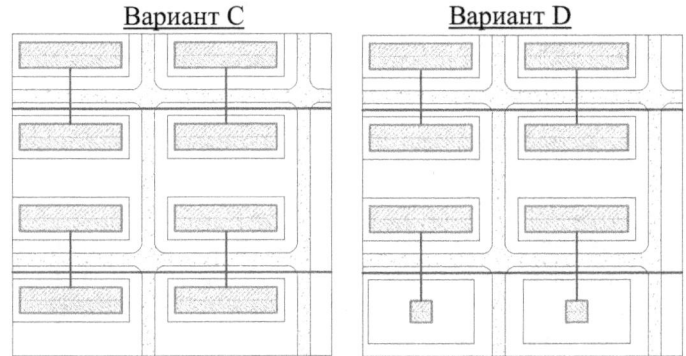

Рис.1. Варианты комплексной жилищной застройки

Вариант В. Застройка 2-квартирными домами коттеджного типа

В качестве типового дома принят объект размером 15 м × 10 м, расположенный на участке 25 соток (50 м × 50 м). Такой вариант застройки на условном участке с учетом коэффициента неравномерности строительства (0,5) обеспечивает реализацию воды в объеме 3,3 тыс. м^3/км сети.

Вариант С. Застройка 18-квартирными 2-этажными домами

Застройка многоквартирными домами (48 м × 12 м) дает объем полезного отпуска в размере 38,5 тыс. м^3/км водопровода. Коэффициент неравномерности строительства принят в размере 0,75.

Вариант D. Комбинированная застройка 27-квартирными 3-этажными домами и 2-квартирными домами коттеджного типа

Комбинированная застройка предполагает строительство как 3-этажных многоквартирных домов, так и 2-квартирных домов коттеджного типа. Такой вариант застройки обеспечит максимальный объем реализуемой воды с 1 км сети (48,3 тыс. м^3), низкую стоимость обслуживания инженерных коммуникаций и оптимальное использование ресурсов для инвестора-застройщика.

Инженерно-технические показатели для каждого варианта застройки приведены в табл. 1.

Таблица 1

Характеристика типов жилищной застройки для условного участка земли площадью 225 соток (150 м × 150 м)

Тип застройки	Количество квартир на условном участке, ед.	Протяженность водопровода, км	Коэффициент неравномерности строительства	Загруженность системы водоснабжения, тыс. м^3/км
Индивидуальные жилые дома	10	0,240	0,40	2,4
2-квартирные дома котте-	12	0,366	0,50	3,3

джного типа				
2-этажные 18-квартирные дома	144	0,404	0,75	38,5
Комбинированная застройка (3-этажные 27-квартирные дома и 2-квартирные дома коттеджного типа)	166	0,404	0,80	48,3

Для оценки величины тарифа на холодную воду для каждого варианта застройки территории и правильного представления о влиянии проектных решений на стоимость обслуживания систем жизнеобеспечения необходимо построить регрессионную модель.

В дальнейшем анализе использованы: зависимая переменная y – тариф на коммунальную услугу по холодному водоснабжению, руб./м^3, x – загрузка системы водоснабжения, тыс. м^3/км. В качестве исходных данных использовались статистические показатели за 2012 – 2013 гг.[1] по Самарской области в разрезе 10 городских округов и 27 муниципальных районов.

В общем виде уравнение регрессии записывается в виде [2, 153]:

$$y_i = b_0 + b_1 x_{1i} + b_2 x_{2i} + \cdots + b_p x_{pi} + c_i \qquad (1)$$

Оценка коэффициентов регрессии представлена в табл. 2.

Таблица 2

Оценка параметров коэффициентов регрессии для y

Итоги регрессии для зависимой переменной: y R=0,60 F(1,35)=16,34 p< 0,0003				
	БЕТА	B	t(35)	p-уровень
Св. член		34,58	18,62	0,0000
x	-0,56	-0,17	-4,04	0,0003

Таким образом,

$$\tilde{y} = 34{,}58 - 0{,}17 \cdot x \qquad (2)$$

При оценке параметров регрессионной модели установлены значения β-коэффициента для x β=-0,56. Как видно из табл. 2 отрицательный знак коэффициента Бета при переменной x означает, что с увеличением объема реализуемой воды с 1 км сети тариф по водоснабжению снижается. Коэффициент уравнения регрессии b статистически значим при уровне значимости p=0,001.

С помощью F-критерия Фишера произведем оценку статистической надежности результатов регрессионного моделирования, по результатам чего примем решение по нулевой гипотезе $H_0 : a_0 = a_1 = r_{YX} = 0$. В итоге примем либо отклоним ее с вероятностью допустить ошибку, которая не превысит 1%. Для этого необходимо провести оценку расчетного F-критерия $F_{рас.}$=16,34, при степенях свободы $d.f._1 = 1$, $d.f._2 = 35$ и уровне значимости 0,01. В силу этого нулевую гипотезу о статистической незначимости выявленной зависимости размера тарифа от загруженности системы водоснабжения можно отклонить с фактической вероятностью допустить ошибку значительно меньшей, чем 1%.

Интерпретация параметров регрессионной зависимости тарифов по водоснабжению от объема реализуемой воды с 1 км сетей следующая: при увеличении загрузки системы водоснабжения на 10 тыс. м^3/км тариф на холодную воду снижается на 1,73 руб./м^3.

Таким образом, для каждого варианта застройки можно определить планируемый тариф (табл. 3).

Наибольшую доступность платы за холодное водоснабжение обеспечивает застройка по варианту D, при которой на каждые 3 многоквартирных дома приходится 1 дом коттеджного типа.

Построенная модель с необходимой степенью точности отражает закономерности процесса системы проектирования, строительства и тарифного регулирования.

Таблица 3

Оценка параметров коэффициентов регрессии для у

Тип застройки	Загруженность системы водоснабжения, тыс. м^3/км	Расчетный тариф на питьевую воду, руб./м^3, без НДС	Расчетный тариф на питьевую воду, руб./м^3, с НДС
Индивидуальные жилые дома	2,4	34,16	40,31
2-квартирные дома коттеджного типа	3,3	34,01	40,13
2-этажные 18-квартирные дома	38,5	27,93	32,96
Комбинированная застройка (3-этажные 27-квартирные дома и 2-квартирные дома коттеджного типа)	48,3	26,23	30,95

В этом отношении при разработке проектов, ориентированных на энергосберегающие технологии, необходимо учитывать технологические решения, применяемые не только к конкретному дому, но и к комплексной застройке в совокупности.

На рис. 2 представлен вариант эффективной застройки территории, обеспечивающий экономическую доступность коммунальных услуг.

Рис. 2. Пример эффективной застройки территории с точки зрения удешевления обслуживания систем жизнеобеспечения

Полученные результаты определяют также приоритетность финансирования программ санации 2-этажных жилых домов с надстройкой 3-го этажа в сельских поселениях. Масштаб таких мероприятий будет определять снижение удельных издержек ресурсоснабжающих организаций.

Смещение акцентов в строну строительства домов на несколько семей (таунхаусы) происходит и в США. Масштабный проект застройки территории индивидуальными жилыми домами, получивший известное во всем мире название «Одноэтажная Америка» по одноименной повести И. Ильфа и Е. Петрова, в результате привел к высокому уровню удельных затрат на содержание инфраструктуры, возмещение которых должно происходить через регулируемые цены, тарифы и налоги.

В этом отношении рассмотренные варианты типов застройки территории объясняют причины боле высокой стоимости коммунальных услуг в сельских муниципальных образованиях по сравнению с городскими округами. Следует отметить, что результаты исследования показывают, что имеется средняя статистическая зависимость между переменными, а значит, уровень тарифов по водоснабжению определяется и другими факторами, к которым следует отнести удаленность источников питьевой воды от конечных потребителей, ее качество, рельеф местности, технологические решения и «тарифная история» регулируемой организации.

СПИСОК ИСПОЛЬЗОВАННЫХ ИСТОЧНИКОВ

1. Сведения о работе жилищно-коммунального хозяйства // Федеральная служба государственной статистики. [Электронный ресурс]. – Электрон. дан. – Режим доступа: www.gks.ru.
2. Халафян А.А. STATISTICA 6.0. Статистический анализ данных. 3-е изд. Учебник – М.: ООО "Бином-Пресс", 2008 г. – 512 с.

Трунина О.Ю.
к.э.н., старший преподаватель кафедры "Экономика, менеджмент и психология" НОУ ВПО "ИГУПИТ" г. Оренбург
okstrun@mail.ru

РОЛЬ ИНФОРМАЦИОННЫХ ТЕХНОЛОГИЙ В ЛОГИСТИКЕ

Значение информационных технологий в деятельности предприятия трудно недооценивать. Современное состояние логистики и ее развитие получило бурное развитие во многом благодаря появлению информационных технологий. Компьютер стал повседневным элементом оргтехники для работников самых разнообразных специальностей, с ним научились обращаться, ему поверили. Программное обеспечение компьютеров дает возможность на каждом рабочем месте решать сложные вопросы по обработке информации. Эта способность микропроцессорной техники позволяет с системных позиций подходить к управлению материальными потоками, обеспечивая обработку и взаимный обмен большими объемами информации между различными участниками логистического процесса.[2]

К настоящему времени логистика занимает важное место в деятельности предприятия. Наличие отдела логистики на предприятии не является чем то необычным, а наоборот это обязательная составляющая в успешном развитии предприятия. Информационные технологии в логистике отвечают за многие области деятельности, такие как документооборот, информационные и финансовые потоки, движение товарно-материальных ценностей.

Информационные технологии как и логистика тесно связаны с экономической деятельностью. Поэтому понятие логистики в более широком смысле можно трактовать как современную методологию и методику управления возникающими в процессе экономической деятельности потоками всех взаимосвязанных видов как единым целым.[1, 88]

Эффективность логистической системы на предприятии определяется наличием информационного базиса. Для его формирование на предприятии проводится сбор данных производственной системы. К данной системе могут относится: наличие планируемых и фактических заказов, срок поставки и его обработка, ожидание и простой, наполненность основных и промежуточных складов и их наличие в принципе. Создается внутренняя сеть предприятия для передачи информации между отделами.

Внедряя информационные технологии предприятия стали более требовательными к программным обеспечениям. они должны обладать точностью и скоростью, однако применение таких программ сдерживается высоким ценовым фактором.

Информационные технологии способствуют внедрению безбумажного обмена информацией между партнерами. Стал возможен автоматический документооборот между партнерами, то есть производителями и магазинами, который включает обмен документами при отправке товаров от производителя к покупателю. С помощью таких технологий покупатель может самостоятельно оформить заказ на покупку.

Разработанные программы в сфере информационных технологий охватывают склад, транспорт, закупки. Все они применяются при построении таких логистических систем, как управление цепями поставок. Использование современных информационных технологий является необходимым условием логистической интеграции. Конечно этого пока не достаточно для решения проблемм в самых различных областях деятельности предприятия, но все меняется!

Литература:

1. Залманова М.Е. Логистика бизнес-ситем. Учебное пособие. Саратов: СГТУ, 1997.С.88.
2. http://learnlogistic.ru/

Леднёва Ю.А.
к.э.н. ассистент кафедры «Экономика предприятия и бизнес-технологии в АПК», ФГБОУ ВПО Ставропольский ГАУ
Наголова А.Д.
студентка 2 курса, ФГБОУ ВПО Ставропольский ГАУ
Led1984_30@mail.ru

ФУНКЦИОНИРОВАНИЕ РЫНКА ВИНОГРАДОВИНОДЕЛЬЧЕСКОЙ ПРОДУКЦИИ В СТАВРОПОЛЬСКОМ КРАЕ

В силу того, что территория нашей страны необычайно велика, каждый регион славится своей отраслью хозяйства или промышленности. Так, Ставропольский край является аграрным и славится обильностью своих полей, количеством производимого зерна, его еще называют «кормилицией хлеба» юга России. Однако, помимо аграрной отрасли, в крае развивается рынок винодельческой продукции и виноградарства. Вместе с тем, процесс формирования рынка виноделия в регионе носит пока стихийный характер, и сам он не обладает теми качествами, которые свойственны агропродовольственным рынкам стран с развитой рыночной экономикой. Но, несмотря на все проблемы и недочеты, которые есть в данной отрасли, правительство края считает необходимым развивать винодельческую промышленность и разрабатывать различные инвестиционные проекты, которые могут улучшить состояние отрасли и качество производимой продукции. [2,3]

В связи с чем, целью данной работы является разработка предложений по дальнейшему развитию виноградовинодельческого подкомплекса с учетом современных условий производства и переработки, определение основных направлений повышения экономической эффективности и успешного функционирования на рынке.

Основным фактором успешного развития рынка виноделия является: особенность территорий, тип почвы, сорта винограда, произрастаемого в крае и люди, работающие в виноградовинодельческой отрасли. В ассортименте Ставропольского края на сегодняшний день насчитывается более 60 наименований сортов винограда. Постепенно в крае увеличивается площадь европейских сортов, что создает хорошую сырьевую базу для дальнейшего производства высококачественных вин и шампанских виноматериалов из сортов: Каберне Совиньон, Алиготе, Сильванер, Саперави, Ркацители с общей площадью более 2000 гектар. [1,4]

В последние годы приоритетным направлением виноградарства на Ставрополье является производство столовых сортов вин, общая площадь которых составляет более 1000 га. Сорта: Молдова; Августин; Аркадия;

Восторг; Кардинал; Мускат янтарный; Мускат гамбурский. Климат края можно охарактеризовать как умеренно-континентальный со средней температурой в июле 24-25°С и в январе - минус 5-4°С. Благоприятные и мягкие климатические условия дают возможность выращивать различные сорта винограда и производить широко известные сорта вин. [1,5]

На повышение экономической эффективности и устойчивое функционирование рынка продукции виноделия оказывают негативное влияние следующие факторы:

– отсутствие устойчивых и взаимовыгодных экономических связей между сельхозтоваропроизводителями и виноделами, что лишает отрасль необходимого ресурсного потенциала;

– не в полном объеме сформированная современная рыночная инфраструктура, т.е. отсутствие крупных предприятий оптовой торговли, систем коммерческой информации, маркетинговых фирмы и т. п.;

– низкая управляемость процессами регулирования и координации рынка со стороны государственных органов власти, в том числе регионального уровня;

– низкий уровень загрузки производственных мощностей (от 30 до 60%) организаций по производству винодельческой продукции;

– износ основного технологического оборудования, слабая материально-техническая база заводов первичного виноделия, недостаток качественных виноматериалов для производства столовых, марочных вин;

– низкая конкурентоспособность продукции, недостаточность рынков сбыта.

В 2012 году в Ставропольском крае из переработанного винограда было выработано более 2101 тыс. дал виноматериалов. Всего вина в 2012 года было произведено 4479,95 тыс. дал, в том числе:

– игристые и газированные 390,09 тыс. дал;
– столовые 3007,61 тыс. дал;
– специальные 928,87 тыс. дал;
– плодовые 130,99 тыс. дал. [3,8]

Но, не смотря на перечисленные проблемы, которые складываются в отрасли, с начала года в крае отмечается рост производства вин столовых на 13%, вин игристых и специальных - в 1,5 и 2,5 раза, что говорит о необходимости дальнейшего развития и инвестирования отрасли. [3,11]

На основании проведенного анализа мы хотели бы предложить следующие пути решения имеющихся проблем:

1) улучшение качества почвы и построение специальных теплиц, помещений для выращивания винограда в холодное время года;

2) расширение рынков сбыта производимой продукции;

3) привлечение дополнительных средств для финансирования производства;

4) повышение уровня образования кадров;

5) закупка современного оборудования.

Для решения всех этих проблем необходима четкая, целенаправленная и хорошо продуманная инвестиционная политика государства. На данный момент в крае действует комплекс мер, законопроектов и программ по поддержке развития виноградарства и винодельческой промышленности. Начиная с 1998 года, в крае начинают действовать программы поддержки развития виноградарства. В настоящий момент действует седьмая программа «Развитие сельского хозяйства в Ставропольском крае». С 1991 года в крае действует некоммерческая организация «Союз виноградарей и виноделов Ставрополья», который объединяет 25 производителей винограда и вина, и лоббирует их интересы. [1,6]

С 2004 года в крае существует специализированное государственное казенное учреждение «Ставропольвиноградпром», специалисты которого оказывают всю необходимую консультационную помощь и информационную поддержку, для комфортного ведения бизнеса. [1,7]

Подводя итог, можно сделать вывод о том, что виноградарство и винодельческая промышленность являются перспективным направлением в развитии экономики края, однако на данный момент отрасль находится в послекризисном состоянии и потребуется много усилий, для того, чтобы она начала функционировать в нормальном масштабе, продукция была максимально конурентоспособной на рынке, а в совокупности все это помогало бы развитию экономики края.

Список использованной литературы:

1. Лысенко, С.Н. Инвестиционная привлекательность отрасли виноградарства и виноделия Ставропольского края / С.Н. Лысенко // http://www.alcoexpert.ru/main/press-relis/12673-investicionnaya-privlekatelnost-otrasli-vinogradarstva-i-vinodeliya-stavropolskogo-kraya.html [1,4;1,5;1,6;1,7].
2. Пучкова, Е.Е. Экономические условия функционирования рынка продуктов виноделия (На материалах виноградно-винодельческого подкомплекса АПК Ставропольского края) / Е.Е. Пучкова // Автореферат 2002 г. http://www.dslib.net/economika-xoziajstva/jekonomicheskie-uslovija-funkcionirovanija-rynka-produktov-vinodelija.html [2,3].
3. Титова, Д. Индустрия напитков Ставрополья / Д. Титова // Пищевая индустрия. – 2011. – № 4 http://rosfood.info/upload/iblock/f0c/8-10.PDF [3,8;3,11].

Yakushenko K.V.
Yakushenko Kseniya Valentinovna – PhD, Associate Professor, Department of World Economy, Belarus State Economic University, Republic of Belarus, Minsk
Yakush.K.V@mail.ru

COMMON INFORMATION SPACE: THEORETICAL APPROACHES TO CONCEPT CONTENT

In the conditions of globalization society entered the new era called by the post-industrial. For this period of development of society prevailing value of a role of information in all spheres of human activities is characteristic. Information becomes the main source of transformation in structure of production and plays an important role at all levels of organizational system of the entity. With development of information technologies more and more the factors involved in a production process, have in the basis information component. It is possible to say that stability of functioning and further development of firms is in direct dependence on information flows internal and environment as the success of the organization will depend on quality and amount of provided information in the conditions of uncertainty and risk.

Sovetov B.Y. notes the characteristic signs of information society giving such feature as availability of a common information space [1, 120]. At the same time, the commonly accepted determination in economic science didn't develop yet. This term is used along with such concepts as «the information environment», «information field», sometimes terms are interchangeable. Kostyuk V. N. is equal concept of information space and information society [2]. However there was a need of forming of the independent concept «common information space» and identification of components of its structure.

As working concept it is possible to use Turovsky R. F. determination: «Space – set of objects (subjects, the phenomena, processes) which are considered by means of such attributes as a provision relatively each other, the extent, a form, distances and orientation, interaction, crossing» [3, 15]. Smirnov M. A. connects concept of the information environment and the real territory «The information environment is set of information living conditions of the subject (this availability of information resources and their quality, development of information infrastructure) and is reflection of the geographical environment» [4]. The author of this determination considers that as development and forming of the first societies happened within development of a natural and geographical factor, it had impact on mastering and accumulating by information, and, therefore, forming of the information environment. Societies more opened in the geographical plan developed quicker.

Social approach determines information space as the sphere of human relations and communities for the purpose of exchange of information. In this case information space can be determined, how a certain community of certain structures (the organizations, certain individuals or their groups) which interact on the basis of information relations, that is the relations of collection, production, distribution and consumption of information [5].

Proceeding from it, it is possible to determine that the common information space – the virtual or material location possessing internal identity, common goals and tasks and available to all participants of this space for the purpose of obtaining, an exchange and use of information resources.

Thus criteria of such space are:

– uniformity of information (it is provided with high information culture of society where information is available to understanding, search and use);

– the purposes (task) of space (when the subjects interacting in space, entered it with the single purpose or the vector of their purposes matches);

– availability in respect of possibility of receipt of access which is implemented only in case of uniformity observance.

The given criteria can be observed by means of common information space components:

• information resources (these are various data which are fixed on the corresponding data carriers);

• organizational structures (provide development and functioning of common information space, namely – search, collection, handling, storage and information transfer);

• means of information exchange of citizens and the organizations (all those technical devices by means of which access to information resources on the basis of the appropriate information technologies, including program technical means and organizationally regulating documents is provided).

The common information space for various systems can significantly differ. In particular, for a certain type of systems it will possess the following parameters:

– types of information resources which objects of system (text, graphical information, databases, programs, an audio-video information etc.) can exchange;

– quantity of objects which it is information interact in system;

– the territory in which the objects covered by a common information space (the whole world, the territory of the country, the region, the area, the city) are located;

– the organizations of an exchange information resources between objects (an exchange like «client–server», «point-to-point», routing, exchange protocols, etc.);

– speed of an exchange of information resources between objects; types of channels of an exchange of information resources between objects (the wire, fiber-optical, satellite channel), etc.

Thus, information space is the field of information relations created by subjects interacting concerning information, but at the same time the having special (system) quality which is absent in subjects. It can be considered as a social resource and as relation space. The space in this context is understood as the certain real or virtual location possessing internal identity on allocated one or several signs. Common space – uniform the object possessing common goals and tasks and available to all participants of this space. So the common information space is the main and indispensable condition of stable development of society and its productive forces. The purpose of creation of common information space is forming of such environment in which reliable information becomes available to any user taking into account uniform criteria. Lack of monopolization will allow to create conditions for the market of perfect competition on the basis of information technologies and communication.

Literature:

1. Sovetov B.Y. Information technologies / B.Y. Sovetov, B.B. Tsekhanovsky. – M: Vysh. shk., 2003. – 263 p.
2. Kostyuk V. N. Information processes in post-industrial society / URL: http://ecsocman.hse.ru/data/546/714/1231/009_Kostyuk.pdf (date of the address: 28.06.13).
3. Turovsky R. F. Political regionalism. – M, 2002. – P. 15.
4. Smirnov M. A. Information environment and society / URL development: http://www.emag.iis.ru/arc/infosoc/emag.nsf/0/ed5b20026789b14ac3256d0600676a7f?OpenDocument (date of the address: 28.06.13).
5. Semenov I.A. Socio-political implication of information technologies / URL: http://www.ict.edu.ru/vconf/index.php?a=vconf&c=getForm&r=thesisDesc&d=light&id_sec=98&id_thesis=3346 (date of the address: 22.06.13).

Semak H.A.
PhD, Associate Professor, Department of International Economic Relations
Belarusian State University.
semak9@gmail.com

COUNTRIES-MEMBERS OF THE CUSTOMS UNION : THE STATE OF TRADE POLICY

Customs Union countries currently involved in varying degrees in world trade, including due to the country's economic and trade policies. When considering international rankings in terms of the index of trade restrictiveness of the World Bank, which only takes into account tariff restrictions, Kazakhstan is the most liberal (7th place), while at the same time, Russia – 70-th place, while Belarus – 87 out of 125 in the world ranking. The value of the average tariff (weighted average of the volume of trade) on imports in Belarus is 8,8 % , in Russia – 6,1 % , while in Kazakhstan only 2 %. According to sub-index rating of "Doing Business 2013", dedicated to international trade, all of CU have significant problems in terms of providing an enabling environment for the development of international trade. Thus in 2011 Russia and Kazakhstan are among the countries with the largest number of documents during import operations, and Kazakhstan was in the list of countries with the maximum time during export operations. The index of the level of development of logistics (characteristic of the external environment for the conduct of international trade) also points to a low level (see table, compiled from World Bank [1]).

Countries	The index of trade restrictions (location, only 125 seats)	The value of the average rate (in %)	Doing Business (International Trade) (place, only 183 seats)	Index level of logistics (location , only 125 seats)
The Republic of Belarus	87	8,8	151	91
Russian Federation	70	6,1	162	86
The Republic of Kazakhstan	7	2	182	95

We consider separately the trade policies of countries-members of the CU. Belarus is actively using measures of tariff regulation, the level of tariffs in Belarus than in Russia and Kazakhstan. After joining the Customs Union of Belarus and the introduction of the Common Customs Tariff vehicle import duties are distributed as follows : 13.6% of product lines have a duty 0 – 5 % ,

30,8 % – from 5 % to 10 %, 20 % – from 10 % to 15 % 22,4 % – 15 % to 20 %. The fees of more than 20 % have 13,2 % of product lines, but the rate of 20 % to 25 % applied only to the 7,2 % and 1,1 % import tariff headings above 60 %. Tariff dispersion is low, but tariff peaks (the proportion of tariff lines above 15%) above the average for the regions of Europe and Central Asia [2, 147].

In order to promote the modernization of production due to the import of industrial equipment in Belarus used a number of exemptions from payment of customs duties. From import duties exempted raw materials imported for investment projects [3].

For the regulation of foreign trade of Belarus, as well as other countries, uses non-tariff barriers. For Belarus, the coverage of non-tariff barriers to imports of 0,29 or 29 %, lower than in Russia (0,39). It should be noted that in many developed countries this ratio is at a level close to the Belarus: United States (0,27), the UK (0,29), France (0,29) [1].

Before the creation of the CU customs and tariff policy of Kazakhstan is mainly protects the interests of consumers and in fact did not stimulate the development of domestic production. The unification of customs duties under the TA is to increase Kazakhstan customs duties and, therefore, the deterioration of the situation of Kazakh entrepreneurs and the public. According to World Bank estimates, the higher rates have led to a loss of real income as a result of Kazakhstan : the increasing cost of import for businesses and consumers; bias towards inefficient production within the tariff range, decreasing real wages, refusal to import technology from the more technologically advanced European Union countries and other countries of the world , leading to a loss of the benefits of productivity gains in the long term.

The Republic of Kazakhstan has moved to the rate of the Common Customs Tariff TC 321-th position, thereby reducing the list of customs duties other than the rates set by the CET to TC 88-position (medicines, medical equipment, railroad cars, greenhouses, polyethylene, foil). However, all the absolute consensus tariff rates is achieved. Kazakhstan until 2014 reserved the list of 400 SKUs, which duty rates remain at a low (or zero) level.

To Kazakhstan is particularly acute problem of increasing exports of finished products and export diversification, which is now almost exclusively raw. To improve the situation, the Government of Kazakhstan has developed a program of development and export promotion: the possibility of recovering 50 % of the costs, the provision of service and support to domestic producers, created the Electronic Information and marketing center, a transition to full automation of customs procedures.

Russia's foreign trade policy in recent years has evolved under the influence of three factors: the entry of Russia into the WTO, education TC; raw nature of Russian exports .

Preparation of Russian accession to the WTO demanded from her to sign the 30 bilateral agreements on market access for services and 57-mi agreements on market access for goods. In 2012, Russia joined the WTO, which has led to the need to reduce customs duties on many products. In general, all products tariff has averaged 7,8 % versus 10 % in 2011 for agricultural products average marginal rate of 10,8 % compared to the average in 2011 of 13,2 %. The average marginal rate of industrial production was 7,3 %, while the average tariff on imported manufactured goods in 2011 was 9.5 % [3].

Changes are also expected in the Russian market of services: financial, transport, communications, insurance and others.

A special place in the foreign policy of Russia takes control of exports of hydrocarbons and petroleum products. On October 1, 2011 in Russia began operating a new mode of calculating export duties on oil and oil products – the so-called system of "60 – 66", which provides that in calculating the export duty on oil will not be taken into account 65 % of the difference between the price monitoring and the price of oil at $ 182.5 per ton, and 60 %. The gasoline tax would be prohibitive, and equal to 90 % the size of the oil.

Thus, it is expected that the export of gasoline will be economically unprofitable, and fuel oil – less profitable. Since January 1, 2015 will increase the rate for black oil to 1.

Russian authorities also have to contend with restrictive measures applied by foreign countries to protect the domestic market. As of 1 January 2012 in respect of Russia there were 72 restrictive measures. Restrictive measures include both anti-dumping and non-tariff measures. Noteworthy is the fact that even the CU countries protect their markets from each other. For example, in Belarus, from March to September 2011 acted measures aimed at limiting the inflow of imported goods by limiting the access of importers to purchase foreign currency for payment of contracts for the procurement of goods uncritical imports.

CU countries to unify customs tariffs conducted distinct tariff policy. The tariff policy of Kazakhstan is the most liberal, while the policy of Belarus was the most fierce. The introduction of a common customs tariff in Kazakhstan demanded increase customs tariffs on imports to Belarus – the decline, which was an unfavorable factor for both countries in terms of economic feasibility.

Of the three CU countries only Russia became a member of the WTO. The obligations assumed by the Russian accession to the WTO, impose restrictions on foreign trade policy, not only for Russia , they will be limited to external trade policies of other countries (at least in the regulation of tariffs) .

In all countries of the vehicle, according to the World Bank's "Doing Business", the currently unfavorable conditions for increasing the volume of export activity . In this context, at the national level, countries are taking steps to improve customs operations and the development of foreign trade infrastructure.

Literature

1. The World Bank. Ratings of Doing Business. – [Electronic resource] http://data.worldbank.org/topic/economic-policy-and-external-debt.
2. Common trade policy and decision modernization tasks CES. – St. Petersburg , 2012. – P. 238.
3. On the unified customs tariff regulation of the Customs Union of Belarus, Kazakhstan and the Russian Federation – [Electronic resource] http://www.tsouz.ru/KTS/meeting11/Pages/kts11_-130.aspx.

Шаповалова С.А.
магистр II курса «Педагогическое образование» по программе «Экономическое образование» Северо-кавказского федерального университета

Коновалова И.А.
кандидат экономических наук, доцент кафедры «Экономическая теория и мировая экономика» Северо-кавказского федерального университета

РОЛЬ ЧЕЛОВЕЧЕСКОГО КАПИТАЛА В ПРОФЕССИОНАЛЬНОМ ОБРАЗОВАНИИ

Человеческий капитал как сложная экономическая категория имеет качественные и количественные характеристики. В рамках современной теории человеческого капитала оценивается не только объем вложений в человеческий капитал, но и объем аккумулированного индивидуумом человеческого капитала. При этом подсчитывают стоимость общего объема человеческого капитала как для одного индивидуума, так и для всей страны.

В настоящее время конкурентные преимущества экономики и возможности ее модернизации в значительной степени определяются накопленным и реализованным человеческим капиталом. Именно люди с их образованием, квалификацией и опытом определяют границы и возможности технологической, экономической и социальной модернизации общества.

В России человеческому капиталу как фактору инновационного развития необходимо уделять большее внимание. Переход к инновационному развитию означает, что инновации должны охватывать не только создание новых технологий, их внедрение в производство, но и продвижение продукции на рынке, адекватную коммуникационную инфраструктуру. Инновационным называется такое развитие общества, основой которого становится интеллектуальный капитал, определяющий конкурентоспособность экономической системы.

Необходимость формирования национальной инновационной системы в России предъявляет особые требования к качеству и уровню человеческого капитала. Вместе с тем, имеет место занижение стоимости рабочей силы высокой квалификации и недооценка человеческого потенциала как ключевого элемента национального богатства, качество которого во многом зависит от тенденций развития производства и экономики в целом. В России происходит существенное истощение человеческого капитала.

Мировой и отечественный опыт показывают, что для экономического подъема в стране наряду с инвестициями в физический капитал необходимы крупномасштабные инвестиции в образование, здоровье, культуру и прочие компоненты человеческого капитала. К инвестициям в человеческий капитал сегодня актуально относить и расходы на фундаментальные научные разработки. В процессе развития науки не только создаются интеллектуальные новации, на основании которых затем формируются новые технологии производства и способы потребления, но и происходит преобразование самих людей как хозяйствующих субъектов, которые выступают носителями новых способностей и потребностей. В информационном обществе наука превращается в своеобразный генератор «человеческого капитала».

Инвестиции в человека становятся все более выгодной и приоритетной сферой государственных и частных вложений. В условиях формирования глобального общества, основанного на знаниях, национальный интеллектуальный капитал становится основой экономического благосостояния, фактором политической мощи государства, определяя его место в постоянно меняющемся мировом разделении труда.

Государственное регулирование уровня и качества жизни населения России реализуется:

- во-первых, через систему социальной политики государства;
- во-вторых, посредством проведения государственной экономической политики.

Социальная государственная политика обеспечивает «прямое» воздействие на уровень и качество отдельных (слабо защищенных) слоев населения и государственная экономическая политика оказывает «косвенное» воздействие на благосостояние населения.

Рост благосостояния населения, его личные сбережения и пенсии оказываются в зависимости от инвестиций в рыночной экономике в силу их воздействия на динамику экономического роста.

Таким образом, капитал порождая цель и импульс инвестиций, становится их объектом как источник реализации инвестиций, а его издержки становятся инвестиционными расходами. В отличие от простого кругооборота авансированного капитала инвестиции предполагают более широкое накопление капитала за счет дополнительных ресурсов производства. Инвестиции дополняют оборот капитала средствами его накопления по мере снижения нормы прибыли и уменьшения собственных ресурсов капитала.

Инвестиции в образовании являются ключевым элементом человеческого капитала. В качестве субъектов инвестирования здесь выступают любые физические и юридические лица от самого носителя человеческого капитала до государства, оплачивающие обучение в вузе рассматриваемого инвестиционного процесса, то есть индивида, имеющего среднее или средне специальное образование. Очевидно, что субъектом такого рода инвестиционного процесса может быть сам обучающийся, его семья, предприятие, муниципалитет, регион, государство – в данном случае это не принципиально. Важно другое: что именно получает взамен потраченных денег каждый инвестор и в первую очередь сам индивид или его семья.

Теории человеческого капитала, инвестиции, экономического роста и ряд других отвечают на вопрос вполне определенно: специалист с более высоким уровнем образования имеет и более высокий уровень квалификации, следовательно, может трудиться более эффективно, обеспечивая тем самым более высокий доход себе, работодателю, региону, государству и т.п. другим субъектам инвестиции в образование носителя человеческого капитала теоретически это также весьма выгодно. Предприятие получает более умелых работников, меньшую текучесть кадров, муниципалитет или регион – более низкий уровень безработицы и больше налогов в эффективно работающих предприятий и т.д.

Формирование новых методологических основ и методических подходов к управлению системой профессионального образования, обеспечивающей развитие человеческого капитала, позволит разработать систему стимулов для инвестиций в человеческий капитал с учетом имеющихся тенденций и приоритетов экономического развития региона. Сбалансированный рынок труда, эффективные механизмы стимулирования населения к получению образования, востребованного экономикой регионов, будут иметь существенное значение для обеспечения устойчивого развития региональной экономики в контексте перехода к инновационному социально ориентированному развитию.

Таким образом, кадровая составляющая инновационной деятельности (в современной трактовке, актуальной для целей и задач экономического развития), включает не только научных работников, но и предпринимателей, молодых специалистов в различных отраслях экономики, являющихся проводниками инновационной культуры. В соответствии с этим, фокус управленческих усилий закономерно сместился от трудового потенциала в сторону развития человеческого капитала, как наиболее емкой категории, вобравшей в себя как личные, так и профессиональные качества индивида. В частности, в Концепции долгосрочного социально-экономического развития Российской Федерации на период до 2020 года усиление роли человеческого капитала рассматривается как основной фактор экономического развития: «Уровень конкурентоспособности современной инновационной экономики в значительной степени определяется качеством профессиональных кадров, уровнем их социализации и кооперационности». Модель инновационного социально ориентированного развития, согласно Концепции предполагает прорыв в повышении эффективности человеческого капитала и создании комфортных социальных условий, либерализацию экономических институтов и усиление конкурентности бизнес-среды, ускоренное распространение новых технологий в экономике и развитие высокотехнологичных производств, активизацию внешнеэкономической политики. Действие этих факторов суммарно обеспечивает выход российской экономики на траекторию долгосрочного устойчивого роста со средним темпом около 6,4–6,5% в год.

Следовательно, основная мотивация вложений в образование на индивидуальном уровне – возможное (но не обязательное и непросчитываемое) увеличение будущих доходов, что несколько отличает данный вид инвестиций от других разновидностей и форм инвестиционного процесса.

Шипилова М.В.
доцент кафедры экономической теории, Институт банковского дела
Университета банковского дела Национального банка Украины
marysh1107@mail.ru

СОЦИАЛЬНЫЙ КАПИТАЛ В КОНТЕКСТЕ ПРОБЛЕМ РАЗВИТИЯ ПОСТ ТРАНСФОРМАЦИОННЫХ ЭКОНОМИК

Изменения, происходящие в современном экономическом пространстве многих стран, заставляют ученых обращаться в поисках решения возникающих проблем как к старым, авторитетным теориям, модифицируемым под условия новой реальности, так и к относительно новым, вновь возникшим и развивающимся особенно активно в последние десятилетия концепциям. Кейнсианские позиции вспоминают в связи с усугублением ситуации, вызванной практикой ограничения бюджетных ограничений, которую некоторые ученые называют «бомбой экономии» [3, 8]. Долгосрочные перспективы развития экономики вступают в противоречие с текущими проблемами по многим направлениям, и в частности, в контексте социальных последствий экономической политики [4, с. 41-43].

В связи с этим актуализируются концепции, охватывающие широкий спектр социально-экономических проблем и использующие методологический инструментарий нескольких смежных наук. При этом немаловажным является также обращение к базовым непреложным понятиям и явлениям экономической жизни, формирующим более сложные подсистемы экономики. В данном контексте институциональная теория и направления ее развития отвечают вызовам времени. Анализ же поведенческих норм в ходе взаимодействия экономических субъектов, внешние проявления и эффективность сложившихся на микро- и макро- уровнях сообществ отношений – те базовые факторы благосостояния, которые объединяет в себе концепция социального капитала.

На наш взгляд, концепция социального капитала способна объяснить многие явления и тенденции, имеющие место в пост трансформационных экономиках (от процессов в отдельных бизнес-сообществах до провалов в государственной политике). Целью данной работы и является выявление взаимосвязи между специфическими проявлениями экономических проблем в постсоветских странах и социальным капиталом в авторской трактовке данной категории.

Прежде всего, следует отметить, что авторские исследования, базирующиеся на синтезе институционального и неоклассического подходов, позволили сделать выводы о внутреннем содержании социального капитала, который мы определяем как «специфическое качество отношений между людьми в процессе их совместной деятельности, регулируемой определенными нормами, традициями и правилами. Эти отношения характеризуются взаимным выполнением правил... учетом в индивидуальной деятельности общих интересов и доверием...» [1, 157-159]. О наличии социального капитала свидетельствует такой тип рационального поведения субъекта в группе, при котором он (она) отказывается от определенной части результатов своей деятельности в пользу других индивидов. При этом человек-носитель социального капитала создает общественное (коллективное) благо, которое потенциально и для индивида-носителя, и для окружающего его общества служит источником экономической и социальной полезности. Особенно очевиден данный эффект в информационном обществе, в обществе, базирующемся на знаниях. От того, насколько продуктивными являются коммуникации и отношения в сфере воспроизводства знаний зависит конечный результат общественного воспроизводства.

Социальному капиталу одновременно и органично присущи две разносторонних характеристики: ресурсная (поскольку социальный капитал принимает участие в воспроизводственных процессах наряду с другими факторами) и результативная (по той причине, что он способен приносить выгоду не только своему носителю-владельцу, но и контрагентам, а также третьим лицам) [2, 16-17].

Тем более важно на всех уровнях принимать во внимание такое социально-экономическое явление как социальный капитал на настоящем этапе качественных изменений в рыночной экономике, поскольку исторически меняется роль нематериальных факторов общественного воспроизводства от опосредующих до непосредственных.

В связи с выше изложенными положениями, возможным и необходимым представляется рассмотрение некоторых ключевых проблем пост трансформационных экономик через призму их связи с наличием и действием социального капитала.

Согласно исследованиям Legatum Institute в таких странах, как Россия и Украина продолжает уменьшаться эффективность государственного аппарата (в 2011 году она составляла, соответственно, -0,4 и -0,83 пункта в диапазоне от -1,66 до 2,25) [5]. Кроме того, анализ, проведенный по другим странам «классического» постсоветского пространства, свидетельствует о том, что, чем ниже в них показатель эффективности государственного управления, тем выше в рейтинге показатели социального капитала, как видно в приведенной ниже таблице:

Страна	Коэффициент эффективности государственного управления	Место в рейтинге уровня социального капитала
Беларусь	-1,1	24
Украина	-0,83	36
Молдова	-0,6	91
Россия	-0,4	62
Румыния	-0,2	114

Составлено по данным: http://www.prosperity.com

Мы связываем эту зависимость с тем, что в данном случае социальный капитал выполняет некую компенсирующую функцию, восполняя проявления неэффективности государства посредством развития альтернативных ему институтов (формального и неформального характера). Эти процессы тесно взаимосвязаны с еще одной особенностью пост трансформационных экономик: наличием и укоренением коррупции как достаточно противоречивого института. Противоречивость его проявляется в положительном эффекте для сторон коррупционной сделки, с одной стороны, но в отрицательном внешнем эффекте для третьих лиц и экономики в целом – с другой стороны. На наш взгляд, тесные связи, существовавшие в рядах власть имущих, относительная замкнутость информационных потоков в данном сообществе, подчиненность определенным шаблонам поведения внутри его и относительно остального общества, дают основание выдвигать гипотезу о существовании такого явления как социальный капитал «со знаком минус» или о «фиктивном социальном капитале» в рамках сообщества коррупционеров.

Это заставляет нас обратиться к еще одной острой проблеме, вызванной подавлением рыночных механизмов конкуренции и перераспределением доходов в обществе под воздействием коррупции – проблеме неравенства и дифференциации доходов. Еще на этапе формирования рыночных отношений, в ходе приватизации, были заложены проявления неравенства, которые наблюдаются в современных постсоветских экономиках. Либерализация цен в ходе реформирования усилила эффект от непрозрачной, основанной на доминировании системы «власть-собственность» приватизации.

Таким образом, феномен социального капитала имеет специфические проявления в пост трансформационных экономиках, а также оказывает воздействие на формирование и изменение институтов, находясь в тесной взаимосвязи с ними, что следует учитывать при решении ключевых экономических проблем.

Литература:

1. Архієреєв С.І., Шипілова М.В Сутність соціального капіталу індивіду з позицій неоінституціональної та некласичної економіки// Социальная экономика. – 2010. - .№1. — С. 145-159.

2. Архієреєв С.І., Шипілова М.В Двоїста природа соціального капіталу// Научные труды ДонНТУ. Серия: Экономическая. Выпуск 40-3. Донецк, 2011. - С. 11-17.

3. Геєць В.М., Гриценко А.А. Вихід з кризи (Роздуми над актуальним у зв'язку з прочитаним)// Економіка України. – 2013. - №6 (619). – С. 4-19.

4. Кругман П. Выход из кризисна есть!; [пер. с англ. Ю.Гольдберга]. – М.: Азбука Бизнес, Азбука-Аттикус, 2013. – 320 с.

5. http://www.prosperity.com

www.ingramcontent.com/pod-product-compliance
Lightning Source LLC
Chambersburg PA
CBHW051633170526
45167CB00001B/173